普通高校本科计算机类"十二五"规划教材

Visual Basic程序设计实用教程

主 编 黄 刚 陆 杨

副主编 黄小林 侯晶晶 党向盈 申 珅

U0361428

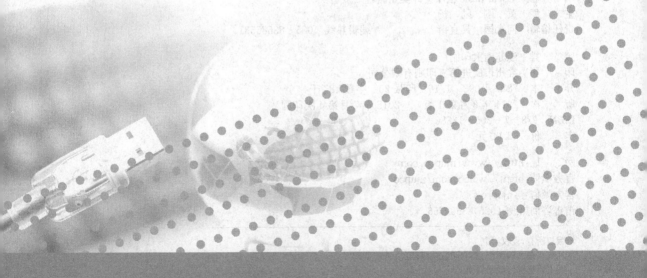

南京大学出版社

图书在版编目(CIP)数据

Visual Basic 程序设计实用教程 / 黄刚,陆杨主编.
—南京:南京大学出版社,2014.8(2018.7重印)
ISBN 978-7-305-13886-7

Ⅰ.①V… Ⅱ.①黄… ②陆… Ⅲ.①BASIC 语言—程序设计—教材 Ⅳ.①TP312

中国版本图书馆 CIP 数据核字(2014)第 192085 号

出版发行　南京大学出版社
社　　址　南京市汉口路 22 号　　　邮编　210093
出 版 人　金鑫荣

书　　名　**Visual Basic 程序设计实用教程**
主　　编　黄 刚 陆 杨
责任编辑　何永国　吴宜锴　　　　编辑热线　025 - 83686531

照　　排　江苏南大印刷厂
印　　刷　常州市武进第三印刷有限公司
开　　本　787×1 092　1/16　印张 20　字数 487 千
版　　次　2014 年 8 月第 1 版　　2018 年 7 月第 4 次印刷
ISBN　978-7-305-13886-7
定　　价　42.00 元

网　　址:http://www.njupco.com
官方微博:http://weibo.com/njupco
官方微信号:njupress
销售咨询热线:(025)83594756

前　　言

Visual Basic(以下简称 VB)是微软公司推出的一款面向对象程序设计语言,由于 VB 程序设计语言具有功能强大、易学易用等特点,大多数高校将 VB 作为非计算机专业学生首选的计算机程序设计语言课程。通过该课程的学习,不仅要求学生掌握计算机程序设计语言的基本知识、编程技术和基本算法,更重要的是要求学生掌握程序设计的思想和方法,具备利用计算机求解实际问题的基本能力,能灵活应用高级语言进行程序设计。

本书以具有一定的 Windows 操作基础、程序设计的初学者为对象,共分 13 章,在编写的过程按照学习编程语言的习惯及开发 VB 应用程序的一般步骤,结合例题,由简单到复杂、由浅入深地介绍了 VB 概况、VB 界面设计、VB 编程基础、程序流程控制结构、数组、过程、键盘与鼠标事件过程、文件和图形处理、数据库编程、程序调试与错误处理和 Visual Basic 应用程序的发布。书中的例题和每章的习题来源于各类各级的 VB 等级考试试题和编者在实际工作的应用实例。

本书主要是面向非计算机专业需要参加 VB 计算机等级考试的本、专科学生,也可以作为计算机专业学生和从事计算机程序开发工作的技术人员的重要参考书。

本书由长期工作在教学一线的多位教师共同编写完成,由黄刚、陆杨主编,其中第 1、2 章由徐州工程学院侯晶晶老师、申珅老师共同编写,第 3、4、5、6、7 章由徐州工程学院陆杨老师编写,第 8 章由徐州工程学院党向盈老师编写,第 10、11 章由徐州工程学院黄刚老师编写,第 9、12、13 章及附录由徐州工程学院黄小林老师编写。全书由陆杨老师负责统稿。

由于编者水平有限,书中难免有疏漏之处,恳请广大专家读者批评指正。

编　者
2014 年 5 月

目　　录

第 1 章　Visual Basic 概述

1.1　Visual Basic 简介

Visual Basic(以下简称 VB)是 Microsoft 公司推出的编程语言产品之一,借助微软在操作系统和办公软件的优势地位,在全世界拥有数以百万计的用户。它之所以受到人们的青睐,原因是多方面的,但主要有两点,一是功能强大,二是容易掌握。Visual Basic 的出现,打破了 Windows 应用程序的开发由专业的 C 程序员一统天下的局面,即使是非专业人员也能胜任,并可以在较短的时间内开发出质量高、界面友好的应用程序。

随着版本的更新,Visual Basic 已经成为真正专业化的大型开发语言和环境,不仅功能越来越强,而且更容易使用。Visual Basic 作为一款功能强大的软件,主要表现在：所见即所得的界面设计,基于对象的设计方法,极短的软件开发周期,较易维护的生成代码。

英文"Visual"的含义是"可视化",在这里是指开发图形用户界面(GUI—Graphical User Interface)的方法,即"可视化程序设计"。这种方法无需编写大量程序代码,只要将所需的控件对象,放置到屏幕的适当位置上,设置对象的属性,并将实现某一功能的代码写入即可。

英文"Basic"是 Beginner's All-purpose Symbolic Instruction Code(初学者通用符号指令代码)的缩写。Basic 语言是一种优秀的程序设计语言,具有语法简单、易学易用的优点。但早期的 Basic 语言是在 DOS 环境下运行的,任何功能的实现都必须通过编制程序来解决,程序量非常大。而 Visual Basic 是对原来的 Basic 语言的扩充,既保留了 Basic 语言简单易用的优点,又充分利用了 Windows 的图形环境,提供了崭新的可视化设计工具。

Visual Basic 语言可用来开发应用于数学计算、字符处理、数据库管理、客户/服务器、Internet 等 Windows 环境下图形用户界面的应用程序或软件。

美国微软公司自 1991 年推出 Visual Basic 1.0 至 Visual Basic 6.0 已经历了 6 个版本,目前的最新版本是 Visual Basic 2010。Visual Basic 5.0 以前的版本主要应用于 DOS 和 Windows 3.X 环境中 16 位程序的开发,而 Visual Basic 5.0 以后的版本必须运行在 Windows 95 以上或 Windows NT 操作系统下,是一个 32 位应用程序的开发工具。

Visual Basic 6.0 共有三种版本：标准版、专业版和企业版。标准版是基于 Windows 的应用程序而设计的;专业版是基于客户/服务器的应用程序开发而设计的;企业版则是为创建更高级的分布式、高性能的客户/服务器或 Internet/Intranet 上的应用程序而设计的。

1.2　Visual Basic 的安装

1. 安装 Visual Basic 6.0

(1) 将下载的压缩包解压出来;

(2) 在解压出来的文件夹 VB60CHS 中双击文件"SETUP. EXE"执行安装程序,会出现 VB 的安装向导;

（3）点击"下一步"，选中"接受协议"，再点击"下一步"；

（4）输入产品序列号；

（5）选中"安装 Visual Basic 6.0 中文企业版"，再点击"下一步"；

（6）一般情况下直接点击"下一步"（公用文件的文件夹可以不需要改变），再按如下顺序点击选择："继续→确定→是"；

（7）可以选择"典型安装"或"自定义安装"，初学者可以选择前者。在弹出对话框中直接点击"是"即可；

（8）在弹出的对话框中，点击"重新启动 Windows"，并继续下一步安装。

2. 安装 MSDN（帮助文件）

（1）重新启动计算机后，在出现的 VB 安装界面中可以直接安装帮助文件，选中"安装 MSDN"项，再点击"下一步"；

（2）在弹出的对话框中单击"浏览"，找到"MSDN for VB 6.0"文件夹；

（3）单击"继续"按钮，再单击"确定"，选中"接受协议"；

（4）单击"自定义安装"，在"VB6.0 帮助文件"前打钩，再点击"继续"；

（5）完成 MSDN 的安装，点击"确定"。

（6）直接点击"下一步"，再点击"完成"，即完成 VB 的安装。

3. 安装补丁程序

安装 VB 补丁程序非常重要，它可以避免许多错误，还可以直接使用 Access 2000，否则需要转换到低版本的 Access 数据库。

（1）在解压出来的文件夹 VB60SP6 中双击文件"setupsp6. exe"执行安装程序。

（2）在弹出的对话框中按"继续"，再按"接受"许可协议。

（3）点击"确定"，完成 VB 补丁程序的安装。

4. 添加或删除 Visual Basic 6.0 组件

在 VB 6.0 安装完成后，可能还会遇到需添加未安装组件或删除不再需要组件的情况，此时需做添加或删除操作。

（1）再次运行 VB 6.0 安装程序。

（2）选择"工作站工具和组件"选项后，打开"添加/删除"对话框。

（3）根据需要单击对话框中的"添加/删除"、"重新安装"或"全部删除"按钮。

（4）单击"确定"按钮完成添加/删除工作。

1.3　Visual Basic 集成开发环境

1.3.1　VB 集成开发环境介绍

Visual Basic 为用户提供了一个功能强大且易于操作的集成开发环境，利用 VB 开发应用程序的大部分工作都可以通过该集成开发环境来完成。在 Windows 界面下，启动 VB 后出现在屏幕上的界面就是 VB 的集成开发环境（IDE），如图 1 - 1 所示。

1.3.2　主窗口

VB 的集成开发环境也称为 VB 的主窗口，由"标题栏"、"菜单栏"、"工具栏"、"控件工具箱"、"窗体设计器"、"工程资源管理器"、"属性设置窗口"和"窗体布局窗口"等组成。VB 集成开发环境中还有一些在必要时才会显示出来的子窗口,如"代码编辑器"和用于程序调试的"立即"、"本地"和"监视"窗口等。

1. 标题栏

标题栏位于主窗口的顶部,如图 1－1 所示。标题栏除了可显示正在开发或调试的工程名外,还用于显示系统的工作状态。在 VB 中,用于创建应用程序的过程,称为"设计态"或"设计时"(Design-time);运行一个应用程序的过程,则称为"运行态"或"运行时"(Run-time)。当一个应用程序在 VB 环境下进行调试(即试运行),并由于某种原因其运行被暂时终止时,称为"中断态"(Break-time)。标题栏最左侧为控制菜单框,用来控制主窗口的大小、移动、还原、最大化、最小化及关闭等操作,双击此框可以退出 VB 集成开发环境。

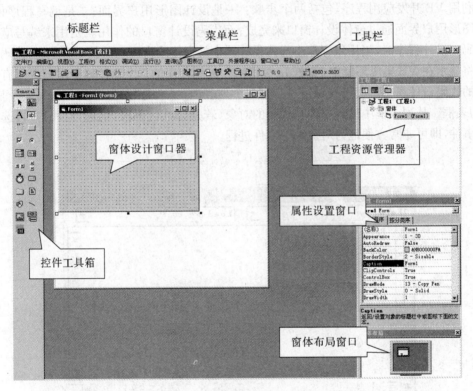

图 1－1　VB 的集成开发环境

2. 菜单栏

菜单栏位于标题栏的下方,如图 1－1 所示。VB 的菜单栏除了提供标准的"文件"、"编辑"、"视图"、"窗口"和"帮助"菜单之外,还提供了编程专用的功能菜单,如"工程"、"格式"、"调试"、"运行"、"查询"、"图表"、"工具"和"外接程序"。

3. 工具栏

工具栏一般位于菜单栏的下方,如图 1－1 所示。VB 的工具栏主要包括"标准"、"编辑"、"窗体编辑器"和"调试"四组工具栏。每个工具栏都由若干命令按钮组成,在编程环境下提供对常用命令的快速访问。在没有进行相应设置的情况下,启动 VB 之后只显示"标准"工具栏。"编辑"、"窗体编辑器"和"调试"三个工具栏在需要使用的时候可通过选择"视图"菜单的"工具栏"命令中的相应工具栏名称来显示,也可通过鼠标右击"标准"工具栏的空白部分,从打开的弹出式菜单中选择需要的工具栏名称来显示。

1.3.3　窗体/代码设计窗口

1. 窗体设计窗口

窗体设计窗口位于 VB 主窗口的中间,如图 1-1 所示。它是一个用于设计应用程序界面的自定义窗口。应用程序中每一个窗体都有自己的窗体设计器。窗体设计窗口总是和它中间的窗体同时出现,在启动 VB 并创建一个新工程时,窗体设计窗口和它中间的初始窗体"Form1"同时出现。要在应用程序中添加其他窗体,可单击工具栏上的"添加窗体"按钮。

2. 代码设计窗口

利用 VB 开发应用程序,包括两个步骤:一是设计图形用户界面;二是编写程序代码。设计图形用户界面通过窗体设计窗口来完成;而代码设计窗口的作用就是用来编写应用程序代码。设计程序时,当用鼠标双击窗体设计器中的窗体或窗体上的某个对象时,代码设计窗口将显示在 VB 集成环境中,如图 1-2 所示。应用程序的每个窗体和标准模块都有一个单独的代码设计窗口。代码设计窗口中有两个列表框,一个是"对象"列表框;另一个是"事件"列表框。从列表框中选定要编写代码的对象(若是公共代码段,则选"通用"),再选定相应的事件,即可非常方便地为对象编写事件过程。

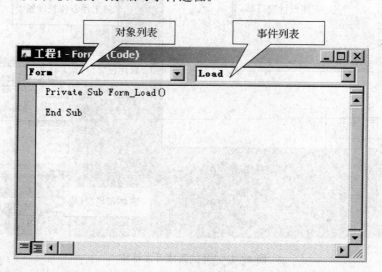

图 1-2　代码设计窗口

1.3.4　属性窗口

属性设置窗口位于窗体设计器的右方,如图 1-1 和图 1-3 所示。它的作用是在设计界面时,为所选中的窗体和窗体上的各个对象设置初始属性值。它由标题栏、"对象"列表框、"属性"列表框及属性说明几部分组成。属性设置窗口的标题栏中标注窗体的名称。用鼠标单击标题栏下的"对象"列表框右侧的按钮,打开其下拉列表框,可从中选取本窗体内的各个对象,对象选定后,下面的属性列表框中就会列出与该对象有关的各个属性及其设定值。

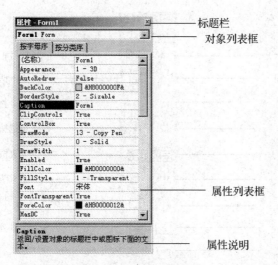

标题栏
对象列表框
属性列表框
属性说明

图 1-3　属性设置窗口

　　属性窗口设有"按字母序"和"按分类序"两个选项卡,可分别将属性按字母或按分类顺序排列。当选中某一属性时,在下面的说明框里就会给出该属性的相关说明。

1.3.5　工程资源管理器窗口

　　工程资源管理器又称为工程浏览器,位于窗体设计器的右上方,如图 1-1 和图 1-4 所示。它列出了当前应用程序中包含的所有文件清单。

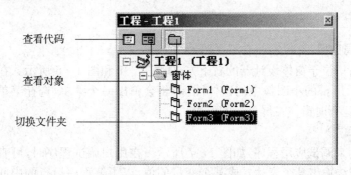

查看代码
查看对象
切换文件夹

图 1-4　工程资源管理器

　　工程资源管理器窗口上有一个小工具栏,上面的三个按钮分别用于查看代码、查看对象和切换文件夹。在工程资源管理器窗口中选定对象,单击"查看对象"按钮,即可在窗体设计器中显示所要查看的窗体对象;单击"查看代码"按钮,则会出现该对象的"代码编辑器"窗口。

1.3.6　工具箱窗口

　　控件工具箱又称为工具箱,位于 VB 主窗口的左下方,如图 1-1 所示。它提供的是软件开发人员在设计应用程序界面时需要使用的常用工具(控件)。这些控件以图标的形式存放在工具箱中,软件开发人员在设计应用程序时,使用这些控件在窗体上"画"出应用程序的界面。工具箱中常用控件中图标和名称如图 1-5 所示。

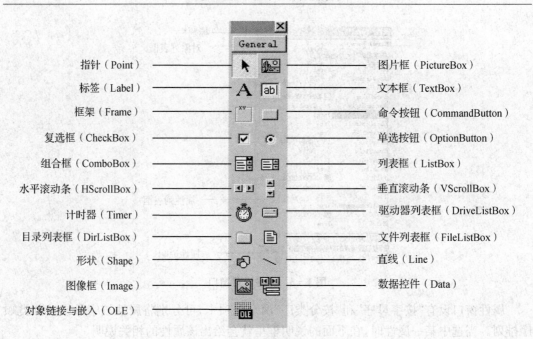

图 1-5 VB 的控件工具箱

工具箱除了最常用的控件以外，用户根据设计程序界面的需要也可以向工具箱中添加新的控件，添加新控件可以通过选择"工程"菜单中的"部件"命令或通过在工具箱中右击鼠标，在弹出菜单中选择"部件"命令来完成。

1.3.7 其他窗口

1. 窗体布局窗口

窗体布局窗口位于窗体设计器的右下方，如图 1-1 和图 1-6 所示。在设计界面时通过鼠标右击表示屏幕的小图像中的窗体图标，将会弹出一个菜单，选择菜单中的相关命令项，可设置程序运行时窗体在屏幕上的位置。

2. 立即窗口

立即窗口用来调试应用程序，如图 1-7 所示。在用户调试程序时，可直接在立即窗口中用 Print(?)方法输出某个表达式或某个变量的值，以了解程序运行的中间结果。立即窗口用来实现计算器的功能，用 Print 方法输出表达式的计算结果。

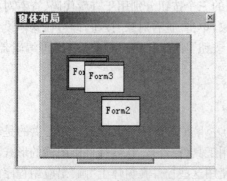

图 1-6 窗体布局窗口

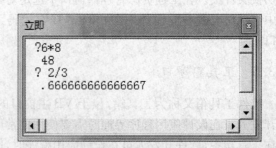

图 1-7 立即窗口

1.4　面向对象程序设计基本概念

　　自 Windows 逐步取代 DOS 以后,随着 Windows 图形界面的诞生,可视化的操作使程序设计具备了面向对象的可能,Visual Basic 6.0 就采用了面向对象的程序设计思想,它与一般的面向对象的程序设计语言(如 C++)不完全相同。在一般的面向对象程序设计语言中,对象由程序代码和数据组成,是抽象的概念;而 Visual Basic 则是应用面向对象的程序设计方法(OOP,Object Oriented Programming),将程序和数据封装起来作为一个对象,并为每个对象赋予应有的属性,使对象成为实在的东西。在设计对象时,不必编写建立和描述每个对象的程序代码,而是用工具"画"在界面上,Visual Basic 自动生成对象的程序代码并封装起来。每个对象以图形方式显示在界面上,都是可视的。

1.4.1　对象和类

　　广义上的"对象"在生活中随处可见,例如一个人、一棵树、一座楼房等都是一个对象。对象是具有某些特性的具体事物的抽象。每个对象都具有描述其特征的属性及附属它的行为。例如,一辆汽车有型号、外壳、车轮、颜色和功率等特性,又有启动、加速和停止等行为。对象还可以分为很多更小的对象。例如,车轮也是一个对象,它有外胎、内胎和尺寸等属性,也有充气和放气等行为。这些都可以在面向对象的程序中用对象及其属性、方法模拟出来。而在 VB 中,所谓"对象"就是指一个可操作的可视化的实体,如窗体(Form)以及窗体中的按钮(CommandButton)、文本框(TextBox)、文件列表框(FileListBox)等控件。

　　类是用来创建对象实例的模板,是同种对象的集合与抽象,它包含所创建对象的属性描述和行为特征的定义。类是对象的定义,而对象是类的一个实例。例如,在马路上看到的各式各样的汽车都属于汽车的范畴。那么,一辆具体的卡车就是汽车的一个实例。在这里,汽车是类,一辆具体的卡车是对象。

1.4.2　属性

　　VB 程序中的对象都有许多属性,属性是对对象特性的描述,VB 为每一类对象都规定了若干属性,设计中可以改变具体对象的属性值。例如,控件名称(Name)、标题(Caption)、字体(Font)、是否可见(Visible)等属性决定了对象展现给用户的界面具有什么样的外观及功能。

　　可以通过以下两种方法设置对象的属性:

　　(1) 在设计阶段利用属性框直接设置对象的属性。

　　(2) 在程序代码中通过赋值语句实现,其格式为:

　　对象.属性=属性值

　　例如,给一个对象名为 Command1 的命令按钮的 Caption 属性赋值为字符串"确定",其在程序代码中的书写形式为:

　　Command1. Caption ="确定"

1.4.3　事件及事件过程

　　事件是发生在对象上的动作。事件的发生不是随意的,某些事件仅发生在某些对象上。

在 VB 中，系统为每个对象预先定义好了一系列的事件。例如，单击（Click）、双击（DblClick）、改变（Change）、获取焦点（GotFocus）和键盘按下（KeyPress）等。

事件过程定义语句格式：

Private Sub 对象名称_事件名称（[（参数列表）]）

　　＜程序代码＞

End Sub

在 VB 中，一个对象可以识别和响应一个或多个事件。多数情况下，事件是通过用户的操作行为引发的（如单击控件、鼠标移动、键盘按下等），一旦事件发生时，将执行包含在事件过程中的代码。事件有的适用于专门控件，有的适用于多种控件，见表 1-1 所示列出了 VB 系统中的核心事件。

表 1-1　常用核心事件及功能

事　件	触发事件的操作
Click	鼠标单击时发生该事件
DblClick	鼠标双击时发生该事件
DragDrop	拖动鼠标至控件上然后放开时发生该事件
GotFocus	对象获得焦点时发生该事件
KeyPress	在键盘上按下某键松开键盘时发生该事件
KeyUp	对象具有焦点时释放一个键时发生该事件
Load	窗体被装载时发生该事件
LostFocus	对象失去焦点时发生该事件
MouseDown	按下鼠标按钮时发生该事件
MouseMove	移动鼠标时发生该事件
MouseUp	释放鼠标按钮时发生该事件
Scroll	拖动滚动按钮时发生该事件
SelChange	当前文本的选择发生改变或插入点发生变化时发生该事件
Unload	窗体从屏幕上删除时发生该事件

1.4.4　方法（Method）

方法指的是控制对象动作行为的方式。它是对象本身内含的函数或过程，它也是一个动作，是一个简单的不必知道细节的无法改变的事件，但不称作事件。同样，方法也不是随意的，一些对象有一些特定的方法。

1. 方法的调用格式：

[＜对象名称＞].方法名称

因为方法是面向对象的，所以调用对象的方法一般要明确对象。

2. 属性、方法和事件之间的关系

日常生活中的对象,就像小孩玩的气球,同样也具有属性、方法和事件。气球的属性包括可以看到的一些性质,如它的直径和颜色。其他一些属性描述气球的状态(充气的或未充气的)或不可见的性质,如它的寿命。通过定义,所有气球都具有这些属性。这些属性也会因气球的不同而不同。

气球还具有本身所固有的方法和动作。如充气方法(用氦气充满气球的动作),放气方法(排出气球中的气体)和上升方法(放手让气球飞走)。所有的气球都具备这些能力。

气球还有预定义的对某些外部事件的响应。例如,气球对刺破它的事件响应是放气,对放手事件的响应是升空。

在 VB 程序设计中,对象具有属性、方法和事件。属性是描述对象的数据;方法告诉对象应做的事情;事件是对象所产生的事情,事件发生时可以编写代码进行处理。因此 VB 的基本设计原则就是:改变对象的属性、使用对象的方法、为对象事件编写事件过程。程序设计时要做的工作就是决定应更改哪些属性、调用哪些方法、对哪些事件作出响应,从而得到希望的外观和行为。

1.4.5　Visual Basic 应用程序的工作方式

事件是窗体或控件所能识别的动作。在响应事件时,事件驱动应用程序执行 Basic 代码。Visual Basic 的每一个窗体和控件都有一个预定义的事件集。如果其中有一个事件发生,而且,在关联的事件过程中存在代码,则 Visual Basic 调用该代码。

尽管 Visual Basic 中的对象自动识别预定义的事件集,但要判定它们是否响应具体事件以及如何响应具体事件,则是编程的责任了。代码部分(即事件过程)与每个事件对应。想让控件响应事件时,就将代码写入这个事件的事件过程之中。

对象所识别的事件类型多种多样,但多数类型为大多数控件所共有。例如,大多数对象都能识别 Click 事件——如果单击窗体,则执行窗体的单击事件过程中的代码;如果单击命令按钮,则执行命令按钮的 Click 事件过程中的代码。每个情况中的实际代码几乎完全不一样。

这里是事件驱动应用程序中的典型事件序列:

(1) 启动应用程序,装载和显示窗体。

(2) 窗体(或窗体上的控件)接收事件。事件可由用户引发(例如键盘操作),可由系统引发(例如定时器事件),也可由代码间接引发(例如,当代码装载窗体时的 Load 事件)。

(3) 如果在相应的事件过程中存在代码,就执行代码。

(4) 应用程序等待下一次事件。

注意:许多事件伴随其他事件发生。例如,在 DblClick 事件发生时,MouseDown、MouseUp 和 Click 事件也会发生。

1.5　利用 VB 开发应用程序的一般步骤

在使用 VB 创建一个应用程序之前,应先做好系统需求和功能分析。确定数据来源、数据处理方法等。在此基础上,就可以启动 VB 系统,进入程序的实际创建过程。启动 VB 后,系统总是将新建工程命名为"工程 1"(Project 1)。

以下是用 VB 系统创建应用程序的一般步骤。

1. 创建程序界面

程序界面是程序与用户进行交互的桥梁,通常由窗体、窗体中的各种按钮、文本框、菜单栏和工具栏等组成。创建程序界面,实际上就是根据程序的功能要求、程序与用户间相互传送信息的形式和内容、程序的工作方式等,确定窗体的大小和位置、窗体中要包含哪些对象,然后再使用窗体设计器来绘制和放置所需的控件对象。

2. 设置对象的属性

在创建程序界面的过程中,应根据需要同时为窗体及窗体上的对象设置相应的属性。属性的设置既可在设计时通过属性窗口设置,也可通过程序代码,在程序运行时进行改变。

3. 编写程序代码

界面仅仅决定程序的外观。程序通过界面上的对象接收到必要的信息后如何动作,要做什么样的操作,对用户通过界面输入的信息做出何种响应、进行哪些信息处理,还需要通过编写相应的程序代码来实现。编写程序代码通过代码编辑器进行。

4. 保存工程

一个 VB 工程(程序)创建完成以后,可使用"文件"菜单中的"保存工程"命令或工具栏上的"保存工程"按钮进行保存。初次保存时,应根据系统提示依次对所有文件进行保存。一个工程中的所有文件最好都保存在同一个独立的文件夹中,这样便于管理和使用。

5. 测试和调试应用程序

测试和调试程序是保证所开发的程序实现预定的功能,并使其工作正确、可靠的必要步骤。

6. 创建可执行程序

创建可执行程序就是将该工程编译成可执行程序(.exe 文件),使其可以脱离 VB 集成开发环境,可以直接在 Windows 环境下独立运行。

1.6 程序示例

我们以一个简单的程序为例,介绍如何编写 VB 程序。

【例 1-1】 设计一个窗体,窗体内有一个标签和三个命令按钮控件。当按"显示"按钮时,在标签内显示"欢迎学习 VB!";当按"清除"按钮时,清除标签内全部信息;当按"退出"按钮时,结束程序运行。程序运行界面如图 1-8 所示。

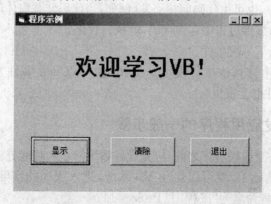

图 1-8 简单 VB 程序示例

操作步骤如下：

（1）在 VB 系统环境下，依次选择"文件→新建工程"菜单选项，打开"新建工程"窗口，如图 1-9 所示。

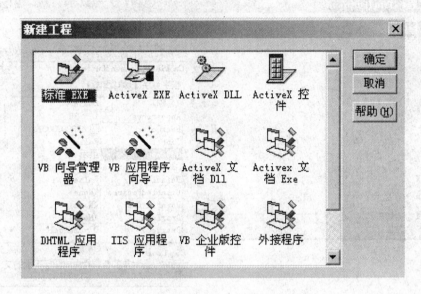

图 1-9　创建一个窗体

（2）在"新建工程"窗口中单击"确定"按钮，打开"工程设计"窗口，如图 1-10 所示。

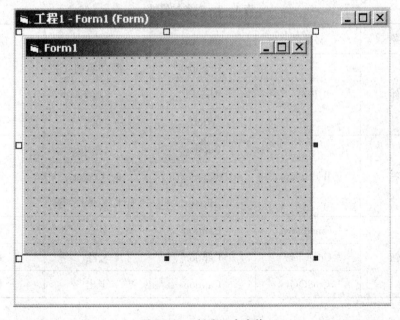

图 1-10　创建一个窗体

（3）首先设计窗体的属性，再打开"工具箱"窗口给窗体添加控件，最后依次设计每个控件的属性，如图 1-11 所示。

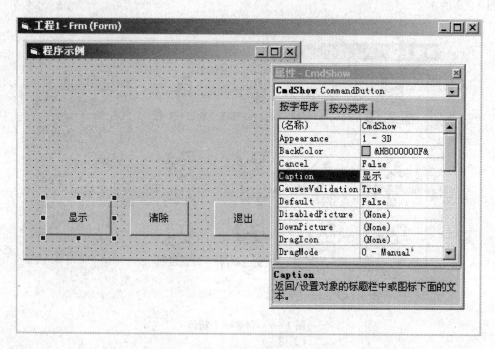

图 1-11　设置窗体及其他控件的属性

窗体及控件的属性见表 1-2 所示。

表 1-2　对象的属性

对　　象	对象名	属　　性	属性值	事　　件
窗　　体	Frm	Caption	程序示例	无
		Height	3 000	
		Width	6 000	
标　　签	lbldisplay	Caption	（空）	无
		Alignment	2 - Center	
		Font	黑体/粗体/一号	
命令按钮	CmdShow	Caption	显示	Click
	CmdClear	Caption	清除	Click
	CmdQuit	Caption	退出	Click

（4）在"工程设计"窗口，依次选择"视图"→"代码窗口"菜单选项，打开"代码窗口"。设计命令按钮控件的事件代码，如图 1-12 所示。

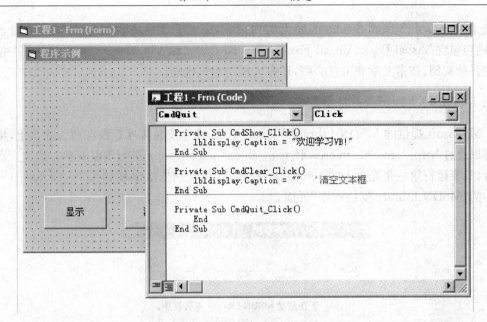

图 1-12　编写命令按钮控件的事件代码

【程序代码】如下：

```
Private Sub CmdShow_Click()
    lbldisplay. Caption = "欢迎学习 VB!"
End Sub
Private Sub CmdClear_Click()
    lbldisplay. Caption = ""        '清空文本框
End Sub
Private Sub CmdQuit_Click()
    End
End Sub
```

（5）在 VB 系统菜单下，依次选择"文件"→"保存窗体"菜单选项，将所建的窗体保存在指定的磁盘或指定文件中。

（6）在 VB 系统菜单下，依次选择"运行"→"启动"菜单选项，运行 VB 程序，其结果如图1-8 所示。

虽然这是一个极其简单的程序，但是它描述了一个 VB 程序创建与运行的全过程，无论多么复杂的程序，其程序设计过程大致都是相同的，不同之处在于程序的数据结构、控制流程、事件及方法代码。

可以说，当我们完成以上操作后，就已经初步认识并学会了设计 VB 程序的操作方法。这就是 VB 系统程序的魅力之所在，可见 VB 确实是一个可以快速入门的程序设计语言。

1.7　帮助系统的使用

Visual Basic 提供了功能非常强大的帮助系统，这是我们学习 VB 和查找资料的重要渠道。从 Microsoft Visual Studio 6.0 开始，Microsoft 将所有可视化编程软件的帮助系统统一采用全新的 MSDN（MicroSoft Developer Network）文档形式提供给用户。MSDN 实际上就是 Microsoft Visual Studio 的庞大的知识库,完全安装后将占用超过 800MB 磁盘空间,内容包含 Visual Basic、Visual FoxPro、Visual C++和 Visual J++等编程软件中使用到的各种文档、技术文章和工具介绍,还有大量的示例代码。

1.7.1 MSDN Library 的安装

Microsoft 提供的 MSDN Library Visual Studio 6.0 安装程序存放在两张光盘上,用户也可以通过 http://msdn2.microsoft.com/zh-cn/default.aspx 进行下载安装。通过光盘安装时,只要运行第一张光盘上的 setup.exe 程序,就将看到依次出现如图 1-13 和图 1-14 所示的"MSDN Library 安装程序"界面。

图 1-13　MSDN Library 安装程序界面(一)

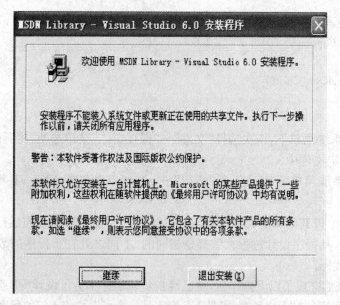

图 1-14　MSDN Library 安装程序界面(二)

当如图 1-15 所示的选择安装类型的窗口出现时,用户可以根据需要选择"典型安装"、"自定义安装"或"完全安装"。"典型安装"方式允许用户从光盘上运行 MSDN Library。Setup 程序只将最小的文件集复制到用户的本地硬盘上。这些文件包括 MSDN 查阅器的系统文件、目录索引文件以及 Visual Studio 开发产品要使用的帮助文件。

图 1 - 15　选择安装类型

在"自定义安装"方式中用户可以指定在本地硬盘安装哪些 MSDN Library 文件。所选的文件将会与"典型"方式安装中所提到文件一起复制到本地硬盘上。用户仍可看到完整的 Library 目录。如果所选择的内容尚未安装在本地硬盘上,则将会提示插入 MSDN Library CD。因此,选择特定的自定义安装选项可加速搜索,并可减少与光盘的数据交换量。

选择安装类型后,将进入如图 1 - 16 所示的程序安装过程。

图 1 - 16　安装程序进度

MSDN Library 程序安装完成后,将出现如图 1 - 17 所示的界面,单击"确定"即可结束整个安装过程。

图 1 - 17　安装完成

1.7.2　MSDN Library 阅读器的使用

　　MSDN Library 是用 Microsoft HTML Help 系统制作的。HTML Help 文件在一个类似于浏览器的窗口中显示,该窗口不像完整版本的 Internet Explorer 那样带有所有工具栏、书签列表和最终用户可见的图标,它只是一个分为三个窗格的帮助窗口。MSDN Library 程序安装成功后,可以通过两种方法打开 MSDN Library Visual Studio 查阅器。

　　❑ 方法一:选择"开始"→"程序"→"Microsoft Developer Network"→"MSDN Library Visual Studio 6.0(CHS)";

　　❑ 方法二:在 VB 窗口中,直接按 F1 或选择"帮助"菜单下的"内容"、"索引"或"搜索"菜单项均可。

　　MSDN Library 查阅器的窗口打开后如图 1-18 所示。

图 1-18　MSDN Library 查阅器

　　窗口顶端的窗格包含有工具栏,左侧的窗格包含有各种定位方法,而右侧的窗格则显示主题内容,此窗格拥有完整的浏览器功能。任何可在 Internet Explorer 中显示的内容都可在 HTML Help 中显示。定位窗格包含有"目录"、"索引"、"搜索"及"书签"选项卡。单击目录、索引或书签列表中的主题,即可浏览 Library 中的各种信息。"搜索"选项卡可用于查找出现在任何主题中的所有单词或短语。

1.8　本章小结

　　本章主要介绍了 Visual Basic 高级程序设计语言的发展过程和历史地位,简单介绍了其安装过程,并详细阐述了 Visual Basic 的集成开发环境。通过具体实例介绍了面向对象程序设计的基本概念,以及 Visual Basic 应用程序的工作方式。最后通过具体的程序示例讲解了利用 Visual Basic 开发应用程序的一般步骤。

1.9　习题

1.9.1　选择题

(1) 与传统的程序设计语言相比,VB 最突出的特点是(　　)。

A. 结构化程序设计　　　　　　　　B. 程序开发环境

C. 事件驱动编程机制　　　　　　　D. 程序调试技术

(2) 在正确安装 VB 6.0 后,可以通过多种方式启动 VB,以下方式中,不能启动 VB 的是(　　)。

A. 通过"开始"菜单中的"程序"命令

B. 通过"我的电脑"找到 vb6.exe,双击该文件名

C. 通过"开始"菜单中的"运行"命令

D. 进入 DOS 方式,执行 vb6.exe 文件

(3) 为了用键盘打开菜单和执行菜单命令,第一步应该按的键是(　　)。

A. Alt　　　　　　　　　　　　　B. Shift+功能键 F4

C. Ctrl 或功能键 F8　　　　　　　D. Ctrl+Alt

(4) VB 6.0 集成环境的主窗口中不包括(　　)。

A. 标题栏　　　　B. 菜单栏　　　　C. 状态栏　　　　D. 工具栏

(5) 用标准工具栏中的工具按钮不能执行的操作是(　　)。

A. 添加工程　　　B. 打印源程序　　　C. 运行程序　　　D. 打开工程

(6) VB 窗体设计器的主要功能是(　　)。

A. 建立用户界面　　　　　　　　　B. 编写源程序代码

C. 画图　　　　　　　　　　　　　D. 显示文字

1.9.2　填空题

(1) VB 6.0 分为三种版本,这三种版本是_____、_____和_____。

(2) 可以通过_____菜单中的_____命令退出 VB。

(3) 退出 VB 系统的快捷键是_____。

(4) 快捷键 Ctrl+O 的功能相当于执行_____菜单中的_____命令,或者相当于单击工具栏上的_____按钮。

(5) 如果打开了不需要的菜单或对话框,可以用_____键关闭。

(6) 工程文件的扩展名是_____,窗体文件的扩展名是_____。

(7) VB 中的工具栏有两种形式,分别为_____形式和_____形式。

1.9.3　编程题

(1) 练习使用 VB 的集成开发环境创建一个简单的与【例 1-1】类似的应用:将标签的 Caption 属性改为用户的名字,字体改为宋体四号字,使用 Forcolor 属性将文字颜色设为红色,将代码段中的"欢迎学习 VB!"改为"我爱 VB!"。试运行改正后的程序,并将其保存。

(2) 在窗体上画一个标签、一个文本框和一个命令按钮,界面如图 1-19 所示。然后编写命令按钮的 Click 事件过程。当程序运行后,在文本框中输入"欢迎学习 VB!",然后单击命令按钮,则文本框消失,并在标签内显示文本框中的内容。运行后的窗体如图 1-20 所示。

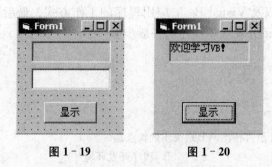

图 1 - 19   图 1 - 20

　　提示：要在程序运行时实现题目所要求的功能，只需在命令按钮 Click 事件过程中用代码设置文本框的 Visible 属性值为 False，并将文本框中的内容赋值给标签的 Caption 属性，设置标签的 Visible 属性值为 True。

第2章 Visual Basic 界面设计

2.1 窗体

窗体就是一块"画布",在窗体上可以直观地建立应用程序。在设计程序时,窗体是程序员的"工作台",而在运行程序时,每个窗体对应于一个窗口。

窗体是 Visual Basic 中的对象,具有自己的属性、事件和方法。

窗体模块简称窗体(Form),它包括事件过程、通用过程和声明部分。窗体对于我们并不陌生,窗体就是呈现在计算机屏幕上各式各样的"工作窗口",或者说在 Windows 应用程序中的大多数工作窗口都是窗体。窗体及其所含控件的属性的不同,使得窗体的形式也是多样的。另外,通过对控件的操作,窗体可实现的功能也是不同的。

在 Visual Basic 应用程序中,窗体是构成程序的核心,是控件的容器和载体。

窗体同样也是对象的一种,本节将介绍窗体的主要属性、常用事件和方法。

2.1.1 窗体主要属性

1. Name 属性

该属性不仅是窗体的属性,也是所有的对象都具有的属性,是所创建对象的名称。所有的窗体或控件在创建时都会由 VB 自动提供一个默认名称。在 VB 6.0 中,Name 名称属性在属性窗口的"名称"栏进行修改。在程序中,对象名是作为对象的标识在程序中被引用,而不会显示在窗体上。

2. Caption 属性

该属性决定了窗体标题栏上显示的内容。

3. Height、Width、Top 和 Left 属性

Height 和 Width 属性决定了窗体的高度和宽度,Top 和 Left 属性决定了窗体在整个屏幕中的位置,Top 表示窗体到屏幕顶部的距离,Left 表示窗体到屏幕左边的距离。而对于其他控件来说,Height 和 Width 属性决定了控件的高度和宽度,Top 表示控件到窗体顶部的距离,Left 表示控件到窗体左边框的距离。

在窗体上设计控件时 VB 自动提供了默认坐标系统,窗体的上边框为坐标横轴,左边框为坐标纵轴,窗体左上角顶点为坐标原点,单位为 twip(特维)。1 twip=1/20 点=1/1 440 英寸=1/567 厘米。

例如:建立一个窗体 Form1,窗体的 Height、Width、Top 和 Left 的值根据其在屏幕上的大小和位置决定。设置后界面如图 2-1 所示。

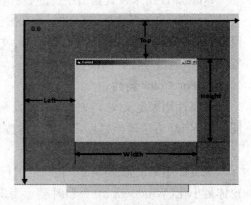

图 2-1 窗体属性示意图

如果通过程序代码设置 Height、Width 这两个属性，则格式如下：

对象. Height[＝数值]

对象. Width[＝数值]

这里的"对象"可以是窗体和各种控件，包括复选框、组合框、命令按钮、目录列表框、文件列表框、驱动器列表框、框架、网格、水平滚动条、垂直滚动条、图像框、标签、列表框、OLE、单选按钮、图片框、形状、文本框、屏幕及打印机。"数值"为单精度型，其计量单位为twip。如果省略"＝数值"，则返回"对象"的高度或宽度。

如果通过程序代码设置 Top、Left 这两个属性，则格式如下：

对象. Top[＝y]

对象. Left[＝x]

这里的"对象"可以是窗体和绝大多数控件。

4. Enabled 属性

该属性用于激活或禁止窗体响应用户输入信息。每个对象都有一个 Enabled 属性，可以被设置为 True 或 False，分别用来激活或禁止该对象。对于窗体，该属性一般设置为True；但为了避免鼠标或键盘事件发送到某个窗体，也可以设置为 False。该属性可在属性窗口中设置，也可以通过程序代码设置，其格式如下：

对象. Enabled[＝Boolean 值]

这里的"对象"可以是窗体、所有控件及菜单，其设置值可以是 True 或 False。当该属性被设置为 False 后，运行时相应的对象呈灰色显示。表明处于不活动状态，用户不能访问。在默认情况下，窗体的 Enabled 属性为 True。如果省略"＝Boolean 值"，则返回"对象"当前的 Enabled 属性。

5. ControlBox 属性

该属性用来设置窗口控制框(也称系统菜单，位于窗口左上角)的状态。当该属性被设置为 True(默认)时，窗口左上角会显示一个控制框。此外，ControlBox 属性还与BorderStyle 属性有关系。如果将 BorderStyle 属性设置为"0－None"，则 ControlBox 属性将不起作用(即使被设置为 True)。ControlBox 属性只适用于窗体。

6. Font 属性

Font 属性用来设置输出字符的各种特性，包括字体、大小等。这些属性适用于窗体和大部分控件，包括复选框、组合框、命令按钮、目录列表框、文件列表框、驱动器列表框、框架、网格、标签、列表框、单选按钮、图片框、文本框及打印机。Font 属性可以通过属性窗口设置，也可以通过程序代码设置。

7. ForeColor 属性

该属性用来定义文本或图形的前景颜色，其设置方法及适用范围与 BackColor 属性相同。由 Print 方法输出(显示)的文本均按用 ForeColor 属性设置的颜色输出。

8. Icon 属性

该属性用来设置窗体最小化时的图标。通常将该属性设置为. ico 格式的图标文件，当窗体最小化(WindowState＝1)时显示为图标。. ico 文件的位置没有具体规定，但通常应和其他程序文件放在同一个目录下。如果在设计阶段设置该属性，可以从属性窗口的属性列表中选择该属性,然后单击设置框右端的"…",再从显示的"加载图标"对话框中选择一个图标文件。如果用程序代码设置该属性,则需使用 LoadPicture 函数或将另一个窗体图标的属性赋给该窗体的图标属性。

9. MaxButton 和 MinButton 属性

这两个属性用来显示窗体右上角的最大、最小化按钮。如果要求显示最大或最小化按钮,则应将两个属性设置为 True,这两个属性只在运行期间起作用。在设计阶段,这两项设置不起作用。因此,即使将 MaxButton 属性和 MinButton 属性设置为 False,最大、最小化按钮也不会消失。如果 BorderStyle 属性被设置为"0 - None",则这两个属性将被忽略。

该属性只适用于窗体。

10. Picture 属性

该属性用来在窗体中显示一个图形。在设计阶段,从属性窗口中选择该属性,并单击右端的"…",将弹出"加载图片"对话框,利用该对话框选择一个图形文件,该图形即可显示在窗体上。用该属性可以显示多种格式的图形文件,包括 ICO、BMP、WMF、GIF、JPG、CUR、EMF、DIB 等格式文件。

该属性还适用于图像框、OLE 和图片框。

11. Visible 属性

用来设置窗体是否可见。如果将该属性设置为 False,则将窗体隐藏;如果设置为True,则窗体可见。当用程序代码设置时,格式如下:

对象. Visible[＝Boolean 值]

这里的"对象"可以是窗体和任何控件(计时器除外),其设置值为 True 或 False。在默认情况下,Visible 属性的值为 True。

注意:只有在运行程序时,该属性才起作用。也就是说,在设计阶段,即使将窗体或控件的 Visible 属性设置为 False,窗体或控件也仍然可见,程序运行后消失。

当对象为窗体时,如果 Visible 的属性值为 True,则其作用与 Show 方法相同;类似地,如果 Visible 的属性值为 False,则其作用与 Hide 方法相同。

12. WindowState 属性

该属性用来设置窗体的操作状态,可以用属性窗口设置,也可以用程序代码设置,格式如下:

对象. WindowState［＝设置值］

这里的"对象"只能是窗体,"设置值"是一个整数,取值为 0、1、2,代表的操作状态分别为:

0——正常状态,有窗口边界;

1——最小化状态,显示一个示意图标;

2——最大化状态,无边界,充满整个屏幕。

"正常状态"也称"标准状态",即窗体不缩小为一个图标,一般也不充满整个屏幕,其大小以设计阶段所设计的窗体为基准。但是,程序运行后,窗体的实际大小取决于 Width 和Height 属性的值,同时可用鼠标改变其大小。

2.1.2　窗体常用事件

与窗体有关的事件较多,其中常用的有以下几个:

1. Click 事件

Click 事件是单击鼠标左键时发生的事件。程序运行后,当单击窗体内的某个位置时,Visual Basic 将调用窗体事件过程 Form_Click。注意:单击的位置必须没有其他对象(控件),如果单击窗体内的控件,则只能调用相应控件的 Click 事件过程,不能调用 Form_Click 过程。

2. DblClick 事件

程序运行后,双击窗体内的某个位置,Visual Basic 将调用窗体事件过程 Form_DblClick。

3. Load 事件

Load 事件在程序运行加载窗体后自动触发,因此 Load 事件可以用来在启动程序时对属性和变量进行初始化。Load 是将窗体装入工作区的事件,如果这个过程存在,接着就执行它。Form_Load 过程执行完之后,Visual Basic 将显示该窗体并暂停程序的执行,等待触发下一个事件过程。

4. Unload 事件

当从内存中清除一个窗体(关闭窗体或执行 Unload 语句)时,触发该事件。如果重新装入该窗体,则窗体中所有的控件都要重新初始化。

5. Activate、Deactivate 事件

当窗体变为活动窗口时触发 Activate 事件,而在另一个窗体变为活动窗口时,触发此窗口的 Deactivate 事件。

6. Paint 事件

当窗体被移动或放大时,或者窗口移动覆盖了另一个窗体时,触发该事件。

2.1.3　窗体常用方法

窗体的方法是指窗体可以执行的动作和行为。下面主要介绍窗体的一些常用方法。

1. Print 方法

Print 方法的作用是在对象上输出信息。

格式:[对象.] Print [| Spc(n) | Tab(n)][表达式列表][;|,]

说明:

❑ 对象:可以是窗体(Form)、图片框(PictureBox)或打印机(Printer)。若省略了对象,则在窗体上输出。

❑ Spc(n)函数:输出时插入 n 个空格(从当前打印位置起空 n 个空格),允许重复使用。

❑ Tab(n)函数:输出表达式时定位于第 n 列(从对象界面最左端第 1 列开始计算的第 n 列),允许重复使用。

❑ 表达式列表:要输出的数值或字符串表达式,若省略,则输出一个空行,多个表达式之间用空格、逗号、分号分隔,也可出现 Spc 和 Tab 函数。表达式列表开始打印的位置是由对象的 CurrentX 和 CurrentY 属性决定的,默认为打印对象的左上角(0，0)。

❑ ;(分号)：表示光标定位在上一个显示的字符后。

❑ ,(逗号)：表示光标定位在下一个打印区的开始位置处,打印区每隔 14 列开始。若无";"或",",则表示输出后换行。

【例 2 - 1】　用 Print 方法输出图形。

程序运行界面如图 2 - 2 所示。

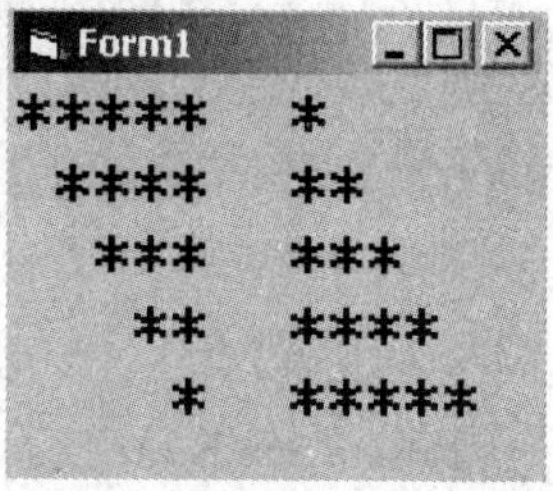

【程序分析】程序循环 5 次,每次打印一行。Tab(i)的作用是定位打印的起始位置,而 Spc(2)的作用是在左右两个图形中间空 2 个空格,String 函数是用来重复显示"∗"的。

【程序代码】如下:

```
Private Sub Form_Click()
    For i = 1 To 5
        Print Tab(i); String(6−i, " ∗ "); Spc(2); String(i, " ∗ ")
    Next i
End Sub
```

图 2 - 2　【例 2 - 1】运行界面

2. Cls 方法

Cls 方法用于清除运行时在窗体或图片框中显示的文本或图形。

格式：[对象.] Cls

其中："对象"为窗体或图片框,省略对象时为窗体。

例如：

```
Picture1. Cls          '清除图片框内显示的图形或文本
Cls                    '清除窗体上显示的文本
```

注意：

(1) Cls 方法只清除运行时在窗体或图片框中显示的文本或图形,不清除窗体在设计时的文本和图形。

(2) Cls 方法使用后,CurrentX 和 CurrentY 属性均被设置为 0。

3. Move 方法

Move 方法用于移动窗体或控件,并可改变其大小。

格式：[对象.]Move 左边距离[,上边距离[,宽度[,高度]]]

说明：

❑ "对象"可以是窗体及除了计时器、菜单以外的所有控件,省略对象时则为窗体。

❑ 左边距离、上边距离、宽度、高度：数值表达式,以 twip 为单位。如果对象是窗体,则"左边距离"和"上边距离"以屏幕左边界和上边界为准,否则以窗体的左边界和上边界为准,给出宽度和高度表示可改变其大小。

【例 2 - 2】　移动方法示例,程序运行时在图像框装载一幅图片,单击图像框的时候使图像框移到窗体的中心。

程序运行界面如图 2 - 3 所示。

【程序代码】如下:

（a）移动前的界面　　　　　　　（b）移动后的界面

图 2 - 3　Move 方法程序示例

```
Private Sub Form_Load()                          '图像框定位在窗体的左上角
    Image1. Top = 0
    Image1. Left = 0
    Image1. Picture = LoadPicture("D:\VB2 - 3. jpg")     '装入图形
End Sub
```

单击图像框，将图像框移动到窗体中心位置。

```
Private Sub Image1_Click()
    Image1. Move (Form1. ScaleWidth — Image1. Width) \ 2 , (Form1. ScaleHeight — Image1. Height)\2
End Sub
```

【程序分析】主要思路如下：

（1）ScaleWidth 与 ScaleHeight 是窗体的相对宽度与高度，即扣除了窗体的边框和标题栏的高度，Form1. ScaleWidth\2 和 Form1. ScaleHeight\2 表示窗体的中心位置。

（2）移动窗体上的一个控件，就改变了该控件的 Left 和 Top 属性。所以除了利用 Move 方法可以实现控件的移动之外，还可通过改变控件的属性来移动控件。例如执行下面的语句，得到的效果和【例 2 - 2】是一样的。

```
Private Sub Image1_Click()
    Image1. Left = (Form1. ScaleWidth — Image1. Width) \ 2
    Image1. Top = (Form1. ScaleHeight — Image1. Height) \ 2
End Sub
```

2.1.4　与多重窗体程序设计有关的语句和方法

在单窗体程序设计中，所有的操作都在一个窗体中完成，不需要在多个窗体间切换。而在多窗体程序中，需要打开、关闭、隐藏或显示指定的窗体，这可以通过相应的语句和方法来实现，下面对它们作简单介绍。

1. Load 语句

格式：Load 窗体名称

Load 语句将一个窗体装入内存。执行 Load 语句后，可以引用窗体中的控件及各种属性，但此时窗体没有显示出来。"窗体名称"是窗体的 Name 属性。

2. Unload 语句

格式：Unload　窗体名称

该语句与 Load 语句的功能相反，它可以清除内存中指定的窗体。

3. End 语句

格式：End

End 语句用于终止应用程序的执行，并从内存卸载所有窗体。

注意：End 语句提供了一种强迫中止程序的方法，执行 End 语句可以强制结束整个程序；而执行 Unload Me 语句只是卸载当前窗体，只有当程序中最后一个窗体被卸载后，整个程序才会自动结束，如果当前窗体不是程序中的最后一个窗体，程序是不会结束的。

4. Show 方法

格式：[窗体名称.]Show[模式]

Show 方法用来显示一个窗体。如果省略"窗体名称"，则显示当前窗体。参数"模式"用来确定窗体的状态，可以取两种值，即 0 和 1（不是 False 和 True）。当"模式"值为 1（或常量 vbModal）时，表示窗体是"模态型"窗体。在这种情况下，鼠标只在此窗体内起作用，不能到其他窗口内操作，只有在关闭该窗口后才能对其他窗口进行操作。当"模式"值为 0（或省略参数"模式"值）时，表示窗体为"非模态型"窗口，不用关闭该窗体就可以对其他窗口进行操作。

Show 方法兼有装入和显示窗体两种功能。也就是说，在执行此方法时，如果窗体不在内存中，则自动将窗体装入内存，然后再显示出来。

5. Hide 方法

格式：[窗体名称.]Hide

Hide 方法使窗体隐藏，即不在屏幕上显示，但仍在内存中，因此，它与 Unload 语句的作用是不一样的。

在多窗体程序中，经常要用到关键字 Me，它代表的是程序代码所在的窗体。例如，建立一个窗体 Form1，则可以通过下面的代码使该窗体隐藏。

Form1. Hide

它与下面的代码等价：

Me. Hide

这里要注意的是："Me. Hide"必须是 Form1 窗体或控件的事件过程中的代码。

2.1.5　设置启动窗体

对于多重窗体应用程序，需要指定程序运行时的启动窗口。其他窗体的装载与显示由启动窗体控制。在默认情况下，系统会以创建的第一个窗体为启动窗体。如果想指定其他窗体为启动窗体，打开【工程】菜单，执行【工程属性】命令，出现如图 2-4 所示【工程属性】对话框【通用】选项卡。在【启动对象】列表框中列出了

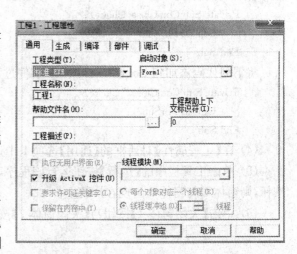

图 2-4　【工程属性】对话框的【通用】选项卡

当前工程的所有窗体,从中选择要作为启动窗体的窗体后,单击【确定】按钮即可。

这里以一个实例来学习如何设置启动窗体以及窗体的装载与显示。

【例 2-3】 多窗体应用程序。

(1) 使用【工程】菜单中的【添加窗体】命令为当前工程添加两个新的窗体。它们的属性设置见表 2-1 所示。

表 2-1 窗体属性设置

对 象	属 性 名	属 性 值	备 注
窗体 1	Caption	ForMain	启动窗体
窗体 2	Caption	ForSub1	窗体 1
窗体 3	Caption	ForSub2	窗体 2

(2) 在主窗体上放置三个按钮,各按钮控件的属性设置见表 2-2 所示。

表 2-2 启动窗体中按钮属性的设置

对 象	属 性 名	属 性 值	备 注
按钮 1	Caption	ComOpen	打开窗体
按钮 2	Caption	ComClose1	关闭窗体 1
按钮 3	Caption	ComClose2	关闭窗体 2

(3) 双击【打开窗体】按钮,打开【代码】窗口,将下列代码添加到 ComOpen_Click 事件过程中:

```
Private Sub ComOpen_click()
    ForSub1. show
    ForSub2. show
End Sub
```

将下列代码添加到 ComClose1_Click 事件过程中:

```
Private Sub ComClose_Click()
    Unload ForSub1
End Sub
```

将下列代码添加到 ComClose2_Click 事件过程中:

```
Private Sub ComClose2_Click()
    Unload ForSub2
End Sub
```

(4) 在【工程属性】对话框的【通用】选项卡中设置启动窗体为 ForMain。

(5) 单击工具栏中的【运行】按钮运行该程序,则屏幕上出现启动窗体,单击【打开窗体】按钮,则窗体 1 与窗体 2 出现在屏幕上。

(6) 单击【关闭窗体 1】按钮与【关闭窗体 2】按钮,则分别可关闭窗体 1 与窗体 2。

2.2　常用控件

2.2.1　命令按钮

1. 主要属性

在 VB 程序中,命令按钮通常被用来在单击时执行指定的操作。前面介绍的窗体的大多数属性也都可以用于命令按钮,其中包括以下属性 Caption、Enabled、FontBold、FontItalic、FontName、FontSize、FontUnderline、Height、Left、Name、Top、Visible 和 Width。除了这些属性之外,命令按钮还有以下属性:

(1) Cancel 属性

当一个命令按钮的 Cancel 属性被设置为 True 时,按 Esc 键与单击该命令按钮的作用相同。在一个窗体中,只允许有一个命令按钮的 Cancel 属性被设置为 True。

(2) Default 属性

当一个命令按钮的 Default 属性被设置为 True 时,按回车键与单击该命令按钮的作用相同。在一个窗体中,只允许有一个命令按钮的 Default 属性被设置为 True。

(3) Enabled 属性

用于设置命令按钮是否有效,即是否可以被操作。当属性值设为 True 时,该按钮处于"活动状态",即可以对其进行操作;若为 False 时,该按钮将变灰,表示处于不可操作状态。如图 2-5 所示,按钮 1 处于可操作状态,按钮 2 处于不可操作状态。

图 2-5　按钮属性示例

(4) Style 属性

命令按钮不仅在 Caption 属性中可以设置显示的文字,还可以设置显示图形。若要显示图形,首先必须在 Style 属性中设置为 1,然后在 Picture 属性中设置显示的图形文件。在运行时 Style 属性是只读的。

0——Standard:(默认)标准的,按钮上不能显示图形,只能显示文字。

1——Graphic:图形的,按钮上可以显示图形,也能显示文字。

注意:若在 Picture 属性中选择了图片文件,而此处的属性值为 0,则图形仍不能显示。

(5) Picture 属性

若 Style 属性值设置为 1,则 Picture 属性可显示图形文件(. bmp 和. ico)。

2. 常用事件

Click 事件:当单击鼠标时触发的事件。

3. 常用方法

SetFocus 方法:使命令按钮获得焦点,对于获得焦点的按钮,程序运行时按"Enter"键等同于用鼠标单击本按钮。获得焦点的按钮,其四周有一矩形虚线框,如图 2-5 所示的"按钮 1"。

4. 应用

【例 2-4】　创建一个窗体,对不同的命令按钮进行操作,完成如下功能:

(1) 当按"标准按钮"时,打开一个对话框;

（2）当按"隐藏按钮"时,隐藏按钮被隐藏；

（3）当按"浮动按钮"时,浮动按钮被移走；

（4）当按"跳动按钮"时,按钮将在鼠标移动到该按钮上时随机移动到其他位置；

（5）当按"图标（STOP）按钮"时,停止程序的运行,关闭窗体。

程序界面如图 2-6 所示。

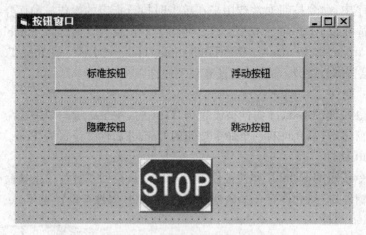

图 2-6　多种效果的命令按钮

操作步骤如下：

（1）创建一个窗体,参照如图 2-6 所示添加所需的控件。

（2）打开"属性"窗口,设置窗体及控件属性,参照表 2-3 所示设计。

表 2-3　窗体及控件属性

对　象	对象名	属性名	属性值	事件名
窗体	Frm	Caption	按钮窗口	无
		Height	3 840	
		Width	6 270	
		BackColor	&H00FFC0C0&	
命令按钮	CmdStandard	Caption	标准按钮	Click
	CmdFloat	Caption	浮动按钮	Click
	CmdHide	Caption	隐藏按钮	Click
	CmdJump	Caption	跳动按钮	MouseMove
		BackColor	&H00FFC0FF&	
		Style	1 - Graphical	
	CmdStop	Caption	（空）	Click
		Picture	2 - 1. ico	
		Style	1 - Graphical	

（3）打开"代码设计"窗口,设计窗体及控件事件代码。

```
'标准按钮
Private Sub CmdStandard_Click()
        MsgBox "这是一个标准按钮,确定返回!", 48, "提示"
End Sub
'隐藏按钮
Private Sub CmdHide_Click()
        CmdHide. Visible = False
End Sub
'浮动按钮
Private Sub CmdFloat_Click()
        CmdFloat. Move 100, 200
End Sub
'跳动按钮
Private Sub CmdJump_Click()
        x = Rnd() * (Frm. Width - CmdJump. Width) '随机取横坐标
        y = Rnd() * (Frm. Height - CmdJump. Height) '随机取纵坐标
        CmdJump. Left = x
        CmdJump. Top = y
End Sub
'停止按钮
Private Sub CmdStop_Click()
        End
End Sub
```

（4）运行程序。

（5）保存窗体,保存工程。

2.2.2　标签

1. 主要属性

标签主要用来显示文本信息,它所显示的内容只能用 Caption 属性来设置或修改,不能直接编辑。有时候,标签常用来标注本身不具有 Caption 属性的控件,例如,可以用标签为文本框、列表框、组合框等控件附加描述性信息。

标签的部分属性与窗体及其他控件相同,包括:

FontBold、FontItalic、FontName、FontSize、FontUnderline、Height、Left、Name、Top、Visible 和 Width。

除了以上这些常见的属性之外,标签的其他常用属性如下:

（1）Alignment 属性

该属性用来确定标签中标题的放置方式,可以设置为 0、1 或 2,其作用如下:

0——从标签的左边开始显示标题(默认)。

1——标题靠右显示。

2——标题居中显示。

（2）AutoSize 属性

如果将该属性设置为 True,则可根据 Caption 属性指定的标题自动调整标签的大小；如果把 AutoSize 属性设置为 False,则标签将保持设计时定义的大小,在这种情况下,如果标题太长,则只能显示其中的一部分。

（3）BorderStyle 属性

用来设置标签的边框,可以取两种值,即 0 和 1,在默认情况下,该属性值为 0,标签无边框；如果需要为标签加上边框,则应改变该属性的设置为 1。

（4）Caption 属性

用来在标签中显示文本。标签中的文本只能用 Caption 属性显示。

（5）Enabled 属性

该属性用来确定标签控件是否能够对用户激发的事件做出反应。当该值为 False 时,禁止对事件做出反应,标签控件文字变为灰色。

（6）BackStyle 属性

该属性可以取两个值,即 0 和 1。当值为 1（默认值）时,标签将覆盖背景；如果为 0,则标签为“透明”的。该属性可以在属性窗口中设置,也可以通过程序代码设置,其格式为：

对象. BackStyle[＝0 或 1]

这里的“对象”可以是标签、OLE 控件和形状控件。

（7）WordWrap 属性

该属性用来决定标签的标题（Caption）属性的显示方式。该属性取两种值,即 True 和 False,默认为 False。如果设置为 True,则标签将在垂直方向变化大小来和标题文本相适应,水平方向的大小与原来所画的标签相同；如果设置为 False,则标签将在水平方向上扩展到标题中最长的一行,在垂直方向上显示标题的所有行。为了使 WordWrap 起作用,应该将 AutoSize 属性设置为 True。

2. 常用事件

标签对象主要用来提供文字说明,因此尽管可以响应 Click、DblClick 等事件,但这些事件在程序设计中很少使用。

3. 常用方法

（1）Refresh 方法：刷新标签中的文字内容,使标签对象中显示最新的 Caption 属性值。

（2）Move 方法：作用和使用方法同窗体对象。

2.2.3　文本框

文本框是一个文本编辑区域,在设计阶段或运行期间可以在这个区域中输入、编辑和显示文本,类似于一个简单的文本编辑器。

1. 主要属性

文本框的部分属性与窗体及其他控件相同,包括：

BorderStyle、FontBold、FontItalic、FontName、FontSize、FontUnderline、Height、Left、Name、Top、Visible 和 Width。

除了以上这些常见的属性之外,文本框的其他常用属性：

（1）Text 属性

文本框无 Caption 属性，显示的正文内容存放在 Text 属性中。当程序执行时，用户通过键盘输入，编辑文本。

（2）MaxLength 属性

MaxLength 属性表示文本框中能够输入的文本内容的最大长度。可以设置以下几种取值：

0——任意长度字符串。

非零值——文本框中字符个数的最大值。

注意：在 VB 中字符长度以字为单位，也就是一个西文字符与一个汉字都是一个字，长度为 1，占两个字节。

（3）MultiLine 属性

当 MultiLine 属性为 True 时，文本框可以输入或显示多行文本，同时具有自动换行功能，即输入的文本超出显示框时，会自动换行。按 Enter 键回车换行。

（4）PasswordChar 属性

该属性可用于口令输入。在默认状态下，该属性被设置为空字符串（不是空格），用户从键盘上输入时，每个字符都可以在文本框中显示出来。如果将 PasswordChar 属性设置为一个字符，例如星号（＊），则在文本框中键入字符时，显示的不是键入的字符，而是被设置的字符（如星号）。不过文本框中的实际内容仍是输入的文本，只是显示结果被改变了。利用这一特性，可以设置口令输入框。

（5）ScrollBars 属性

当 MultiLine 属性为 True 时，ScrollBars 属性才有效。其属性值有：

0——None：无滚动条。

1——Horizontal：加水平滚动条。

2——Vertical：加垂直滚动条。

3——Both：同时加水平和垂直滚动条。

注意：当加了水平滚动条之后，文本框内的自动换行功能会自动消失，只有按 Enter 键才能回车换行。

（6）Locked 属性

指定文本控件是否可被编辑，默认值是 False，表示可编辑；当设置为 True 时，文本控件相当于标签的作用。

（7）SelStart、SelLength 和 SelText 属性

在程序运行中，对文本内容进行选择操作时，这三个属性用来标识用户选中的文本。

SelStart：选定文本的开始位置，第一个字符的位置是 0，依此类推；

SelLength：选定文本的长度；

SelText：选定的文本内容。

设置了 SelStart 和 SelLength 属性后，VB 会自动将选定的文本送入 SelText 存放。这些属性一般用于在文本编辑中设置插入点及范围，选择字符串，清除文本等，并且经常与剪贴板一起使用，完成文本信息的剪切、拷贝和粘贴等功能。

【例 2-5】 建立两个文本框,它们的有关属性见表 2-4 所示,Text1 的 Text 属性值是 "文本框是一个文本编辑区域,用户可在该区域输入、编辑、修改和显示正文内容,即创建一个简单的文本编辑器"。

表 2-4 文本框属性

默认控件名	多行属性(MultiLine)	滚动条属性(ScrollBars)
Text1	True	2——Vertical '只有垂直滚动条
Text2	True	3——Both '同时加水平和垂直滚动条

程序运行界面如图 2-7 所示。

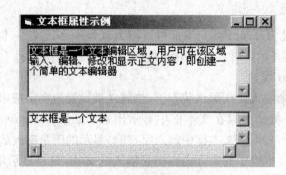

图 2-7 文本框属性示例

【程序代码】如下:

```
Private Sub Form_Click()
    Text1. SelStart = 0          '将文本框 Text1 中的第 1 个字符前设为标识区的起点
    Text1. SelLength = 8         '将整个标识区长度设为 8
    Text2. Text = Text1. SelText '将选定的字符串存入 Text2 中
End Sub
```

若要对任意选定的文本内容进行复制,只要将上述事件过程中删除前两句定位语句,即改为:

```
Private Sub Form_Click()
    Text2. Text = Text1. SelText        '将选定的字符串存入 Text2 中
End Sub
```

当选定要复制的文本后,单击窗体即可。

2. 文本框事件

文本框除了支持常见的 Click、DblClick 等鼠标事件外,还支持以下事件:

(1) Change 事件

当用户向文本框中输入新信息,或当程序把 Text 属性设置为新值从而改变文本框的 Text 属性时,将触发 Change 事件。程序运行后,在文本框中每键入一个字符,就会引发一次 Change 事件。

(2) GotFocus 事件

当文本框具有输入焦点(即处于活动状态)时,触发该事件。只有当一个文本框被激活并且可见性为 True 时,才能接收到焦点。

程序运行时还可以通过 SetFocus 方法使文本框获得焦点,格式如下:

〔对象.〕SetFocus

该方法可以将输入光标(焦点)移到指定的文本框中。当在窗体上建立了多个文本框后,可以用该方法把光标置于所需要的文本框。

(3) LostFocus 事件

此事件是在文本框失去焦点时发生,当按下 Tab 键使光标离开当前文本框或者用鼠标选择窗体中的其他对象时触发该事件。LostFocus 事件过程主要是用来对数据更新进行验证和确认。常用于检查 Text 属性的内容,比在 Change 事件过程中检查有效得多。

(4) KeyPress 事件

当用户按下并且释放键盘上的一个按键时,就会引发焦点所在文本框的 KeyPress 事件,此事件会返回一个 KeyAscii 参数到该事件过程中。例如,当用户输入字符"a",返回 KeyAscii 的值为 97,当输入字符"A",返回 KeyAscii 的值为 65。

3. 常用方法

(1) Refresh 方法:刷新文本框中显示的内容,使文本框对象中显示最新的 Text 属性值。

(2) SetFocus 方法:使文本框获得焦点,也就是成为当前文本框。当文本框成为当前文本框时,框中具有闪动的光标,此时通过键盘可直接在该文本框中输入信息。

4. 文本框的应用

在程序设计中,文本框有着重要的作用,下面通过例子来说明它的用途。

【例 2 - 6】 用 Change 事件改变文本框的 Text 属性。

在窗体上建立三个文本框和一个命令按钮,其 Name 属性分别为 Text1、Text2、Text3 和 Command1,然后编写如下的事件过程:

```
Private Sub Command1_Click()
    Text1. Text = "Microsoft Visual Basic 6.0"
End Sub
Private Sub Text1_Change()
    Text2. Text = LCase(Text1. Text)
    Text3. Text = UCase(Text1. Text)
End Sub
```

程序运行后,单击命令按钮,在第一个文本框中显示的是由 Command1_Click 事件过程设定的内容,执行该事件后,将引发第一个文本框的 Change 事件,执行 Text1_Change 事件过程,从而在第二、第三个文本框中分别用小写字母和大写字母显示文本框 Text1 中的内容。

2.2.4　框架

框架(Frame)是一个容器控件,用来对其他控件进行分组,以便用户识别。主要用于为单选按钮分组,因为在若干个单选按钮中只可以选择一个,但是有时有多组选项,希望在每组选项中各选一项。这时就可将单选按钮分成几组，每组作为一个单元，用框架分开。

1. 主要属性

框架的 Enabled 属性一般要设置为 True,这样才能保证框架内的对象是"活动"的。如果将框架的 Enabled 属性设置为 False,则其标题会变灰,框架中的所有对象,包括文本框、命令按钮及其他对象,均被屏蔽。

2. 常用事件

没有值得掌握的常用事件。

3. 常用方法

没有值得掌握的常用方法。

向框架中添加控件需要注意:如果希望将已经存在的若干控件放在某个框架中,可以先选择所有控件,将它们剪贴到剪贴板上,然后选定框架控件并将它们粘贴到框架上,而不能直接拖动到框架中,否则该控件不是框架的一部分,当移动框架时,该控件不会移动;也可以先添加框架,然后选中框架,再在框架中添加其他控件,这样在框架中建立的控件和框架就会形成一个整体,可以同时被移动、删除。

注意:不能用双击的方法向框架中添加控件,也不能将控件选中后直接拖动到框架中,否则这些控件不能和框架成为一体,其载体不是框架而是窗体。

选择框架中的多个控件:要选择框架中的多个控件,在使用鼠标拖拉框架内包围控件的时候需要按下 Crtl 键。在释放鼠标的时候,位于框架之内的控件将被选定。或者按下 Crtl 键,再使用鼠标单击各控件,这样位于框架之内的控件也可以被选定。

【例 2-7】 框架用法示例。

在窗体上添加三个框架,每个框架内添加三个单选按钮,然后再添加两个命令按钮和一个文本框,如图 2-8 所示。

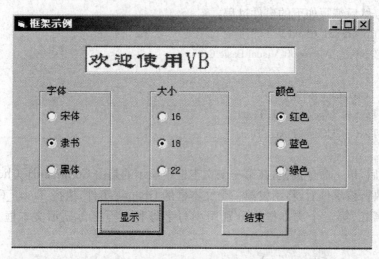

图 2-8　框架示例

窗体及控件属性见表 2-5 所示。

表 2-5　控件属性

控件名(Name)	标题(Caption)
Form1	框架示例
Frame1	字体
Frame2	大小
Frame3	颜色
Command1	显示
Command2	结束
Option1	宋体
Option2	隶书
Option3	黑体
Option4	16
Option5	18
Option6	22
Option7	红色
Option8	蓝色
Option9	绿色

【程序代码】如下：

```
Private Sub Form_Load()
    Option2. Value = True
    Option5. Value = True
    Option7. Value = True
End Sub
Private Sub Command1_Click()
    Text1. Text = "欢迎使用 VB"
    If Option1. Value Then Text1. FontName = "宋体"
    If Option2. Value Then Text1. FontName = "隶书"
    If Option3. Value Then Text1. FontName = "黑体"
    If Option4. Value Then Text1. FontSize = 16
    If Option5. Value Then Text1. FontSize = 18
    If Option6. Value Then Text1. FontSize = 22
    If Option7. Value Then Text1. ForeColor = vbRed
    If Option8. Value Then Text1. ForeColor = vbBlue
    If Option9. Value Then Text1. ForeColor = vbGreen
End Sub
```

```
Private Sub Command2_Click()
    End
End Sub
```

2.2.5　复选框与单选按钮

单选按钮(OptionButton)的左边有一个○。单选按钮必须成组出现,用户在一组单选按钮中必须并且最多只能选择一项。当某一项被选定后,其左边的圆圈中出现一个黑点⊙。单选按钮主要用于在多种功能中由用户选择一种功能的情况。

复选框(CheckBox)的左边有一个□。复选框列出可供用户选择的选项,用户根据需要选定其中的一项或多项。当某一项被选中后,其左边的小方框就变成☑。

1. 主要属性

(1) Caption 属性

设置单选按钮或复选框的文本注释内容,即单选按钮或复选框边上的文本标题。

(2) Alignment 属性

设置标题和按钮显示位置:

0——控件按钮在左边,标题显示在右边(默认设置)。

1——控件按钮在右边,标题显示在左边。

(3) Value 属性

该属性是默认属性,表示单选按钮或复选框的状态。

单选按钮:

True——单选按钮被选定。

False——单选按钮未被选定(默认设置)。

复选框:

0——Unchecked:复选框未被选定(默认设置)。

1——Checked:复选框被选定。

2——Grayed:复选框变成灰色,禁止用户选择。

(4) Style 属性

指定单选按钮或复选框的显示方式,用于改善视觉效果。

0——Standard:标准方式。

1——Graphic:图形方式。

2. 常用事件

单选按钮和复选框都能接收 Click 事件。当用户单击单选按钮或复选框时,它们会自动改变状态。

3. 常用方法

复选框和单选按钮的常用方法有 Move、Refresh 和 Setfocus,其调用方法可参考标签和命令按钮对象的同名方法。

【例 2-8】　通过单选按钮和复选框设置文本框的字体。

运行界面如图 2-9 所示。窗体上复选框和单选按钮的属性见表 2-6 所示。文本框(Text1)的 Text 属性在设计时设置为"VB 程序设计"。

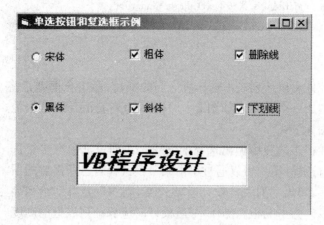

图 2-9　　单选按钮和复选框

表 2-6　控件属性

控件名（Name）	标题（Caption）
Option1	宋体
Option2	黑体
Check1	粗体
Check2	斜体
Check3	删除线
Check4	下划线

【程序代码】如下：

```
Private Sub Option1_Click()
    Text1. Font. Name = "宋体"
End Sub
Private Sub Option2_Click()
    Text1. Font. Name = "黑体"
End Sub
Private Sub Check1_Click()
    Text1. Font. Bold = Not Text1. Font. Bold
End Sub
Private Sub Check2_Click()
    Text1. Font. Italic = Not Text1. Font. Italic
End Sub
Private Sub Check3_Click()
    Text1. Font. Strikethrough = Not Text1. Font. Strikethrough
End Sub
Private Sub Check4_Click()
```

```
        Text1. Font. Underline = Not Text1. Font. Underline
    End Sub
```

2.2.6 列表框与组合框

使用列表框控件可以从列表中选择所需要的项目,而组合框则是将一个文本框和一个列表框组合起来构成一个整体。如图 2 - 10 所示为列表框和组合框控件在工具箱中的图标形式。

图 2 - 10 组合框与列表框图标

列表框用于在很多选项中做出选择的操作。在列表框中有多个选项可以供用户进行选择,用户可以通过单击某一项选择自己所需要的项目。如果项目太多,超出了列表框设计时的长度,则 VB 会自动给列表框加上垂直滚动条。为了能正确操作,一般设计时应保证列表框的高度能够显示不少于三行文本。

组合框是将文本框和列表框的特性组合在一起而形成的控件,因此它兼有文本框和列表框的功能。既可以像列表框一样,让用户通过鼠标选择所需要的项目,也可以像文本框一样,用键入的方式选择项目。

1. 列表框和组合框共有的主要属性

列表框和组合框的部分属性与其他控件相同,包括:

Enabled、FontBold、FontItalic、FontName、FontSize、FontUnderline、Height、Left、Name、Top、Visible 和 Width。

除了以上这些常见的属性之外,列表框和组合框还具有以下主要属性:

(1) List 属性

List 属性用于设置或返回列表框或组合框中的列表项。设计时,在属性设置窗口中可以通过该属性向列表框或组合框逐一添加列表项,具体操作方法是:单击该属性右端的按钮,在弹出的下拉列表框中逐个输入列表项,每输入一项按 Ctrl＋Enter 键换行,输入结束按 Enter 键,如图 2 - 11 所示。运行程序,列表框界面如图 2 - 12 所示。

图 2 - 11 设置 List 属性

图 2 - 12 运行时列表框外观

（2）ListCount 属性

该属性只能在程序中设置或引用。ListCount 的值表示列表框或组合框中项目数量。列表框中表项的排列从 0 开始，ListCount－1 表示最后一项的序号。例如执行以下代码：

X＝List1.ListCount

X 的值为列表框 List1 中的总项数。

（3）ListIndex 属性

该属性只能在程序中设置或引用。ListIndex 的值表示程序运行时被选定的选项的序号。第一项的索引值为 0，第二项为 1，依此类推。如果未选中任何选项，则 ListIndex 的值为－1。如图 2-11 所示，"计算机"被选定，则 ListIndex 的值就是 3。

（4）Text 属性

该属性只能在程序中设置或引用。Text 属性是被选定的选项的文本内容。如图 2-11 所示，"计算机"被选定，因此对应 List 的 Text 属性值为"计算机"。

（5）Columns 属性

该属性用来确定列表框或组合框中存放的项目是多列显示还是单列显示。当该属性设置为 0 时（默认设置），所有项目呈单列显示；如果设置为 1，则呈多列显示；如果大于 1 且小于列表框或组合框中的项目数，则列表框或组合框呈单行多列显示。如果在默认设置 0 的状态下，项目的总高度超出了列表框或组合框的高度，那么列表框或组合框会自动在右侧添加一个滚动条。如果设置的值不为 0，而项目的总高度又超出列表框或组合框高度的话，则自动将超出高度的表项移到右边一列或几列显示。当各列的总宽度超出了列表框或组合框的宽度时，将自动在底部增加一个水平滚动条。

（6）Sorted 属性

该属性决定在程序运行期间列表框或组合框的选项是否按字母顺序排列显示。如果 Sorted 属性设置为 True，则项目按字母顺序排列显示；如果 Sorted 属性设置为 False，则选项按加入的先后顺序排列。

2. 列表框特有的重要属性

（1）Selected 属性

Selected 属性是一个逻辑数组，其元素对应列表框中相应的项，表示对应的项在程序运行期间是否被选中。例如，如图 2-11 所示，"计算机"被选中，则对应 List 的 Selected(3)为 True，其余都是 False。

（2）MultiSelected 属性

在默认情况下，在一个列表框中只能选择一项，这是因为 MultiSelected 属性为 0。当 MultiSelected 属性为 1 或 2 时允许多项选择。

❑ 0——None：禁止多项选择。

❑ 1——Simple：简单多项选择，鼠标单击或按空格键表示选定或取消选定一个选择项。

❑ 2——Extended：扩展多项选择。按住 Ctrl 键，同时用鼠标单击或按空格键表示选定或取消选定一个选择项；按住 Shift 键同时单击鼠标，或者按住 Shift 键并且移动光标键，就可以从前一个选定的项扩展选择到当前选择项，即选定多个连续项。

3. 组合框特有的重要属性

Style 属性是组合框的重要属性,其取值为 0、1 和 2,分别对应了组合框三种不同的类型。

- ❑ 0——属性设置为 0 时,组合框被称为下拉式组合框(Dropdown ComboBox)。它看起来像一个下拉列表框,但可以输入文本或从下拉列表中选择表项。单击右端的箭头可以下拉显示表项,并运行用户选择,可识别 DropDown 事件。
- ❑ 1——当属性设置为 1 时,组合框为简单组合框(Simple ComboBox),它由可输入文本的编辑框和一个标准列表框组成。列表框右侧没有下拉箭头按钮,不能被收起和拉下,可以选择列表项,也可以在文本框中输入文本,能够识别 DbClick 事件。
- ❑ 2——当属性设置为 2 时,组合框被称为下拉式列表框(DropDown ListBox)。和下拉组合框一样,它的右侧也有下拉箭头按钮,和卜拉式组合框不同的是,它不能输入列表框中没有的选项。

4. 常用事件

列表框接收 Click 和 DbClick 事件,所有类型的组合框都能接收 Click 事件,但是只有简单组合框(Style 属性为1)才能接收 DbClick 事件。一般情况下,不用编写 Click 事件过程代码,而是当单击一个命令按钮或发生 DbClick 事件时,读取 Text 属性。

5. 常用方法

列表框和组合框中的选项可以通过使用 AddItem、RemoveItem 和 Clear 等方法,在程序运行期间修改其内容。

（1）AddItem 方法

该方法用来在列表框或组合框中插入一行文本,其格式如下:

对象. AddItem 项目字符串[,索引值]

其中对象可以是列表框或组合框。AddItem 方法将"项目字符串"的文本内容放入列表框或组合框中。如果省略"索引值",则文本被放在列表框或组合框的尾部。"索引值"可以指定插入项在列表框或组合框中的位置,表中的项目从 0 开始计数。

（2）RemoveItem 方法

该方法用来从列表框或组合框中删除一个选项,其格式如下:

对象. RemoveItem　索引值

其中对象可以是列表框或组合框。索引值是被删除项目在列表框或组合框中的位置,对于第一个选项,索引值为 0。

（3）Clear 方法

Clear 方法可以清除列表框或组合框的所有内容。其格式如下:

对象. Clear

6. 列表框应用举例

【例 2-9】　编写一个能对列表框进行项目添加、修改和删除的应用程序,如图 2-13 所示。因为不能直接对列表框中的选项进行添加、修改和删除操作,所以需要利用一个文本框(Text1)。列表框(List1)的选项在 Form_Load 中用 AddItem 方法添加。"添加"(Command1)按钮的功能是将文本框中的内容添加到列表框,"删除"(Command2)按钮的功能是删除列表中选定的选项。如果要修改列表框,则首先选定选项,然后单击"修改"

(Command3)按钮,所选的选项显示在文本框中,当在文本框中修改完之后再单击"修改确定"(Command4)按钮更新列表框。初始化时,"修改确定"按钮是不可选的,即它的 Enabled 属性为 False。

图 2-13　列表框应用示例

【程序代码】如下:

```
Private Sub Form_Load()
    List1. AddItem "语文"
    List1. AddItem "数学"
    List1. AddItem "英语"
    List1. AddItem "计算机"
    List1. AddItem "音乐"
    List1. AddItem "美术"
    List1. AddItem "体育"
    Command4. Enabled = False
End Sub
Private Sub Command1_Click()
    List1. AddItem Text1
End Sub
Private Sub Command2_Click()
    List1. RemoveItem List1. ListIndex
End Sub
Private Sub Command3_Click()                '将选定的选项送到文本框供修改
    Text1. Text = List1. Text
    Text1. SetFocus
    Command1. Enabled = False
    Command2. Enabled = False
    Command3. Enabled = False
    Command4. Enabled = True
    List1. Enabled = False
```

```
    Text1. Text=""
End Sub
```

'将修改好的选项送回列表框,替换原项目,实现修改

```
Private Sub Command4_Click()
List1. List(List1. ListIndex) = Text1. Text
    Command1. Enabled = True
    Command2. Enabled = True
    Command3. Enabled = True
    Command4. Enabled = False
    List1. Enabled = True
    Text1. Text = ""
End Sub
```

2.2.7　图片框与图像框

图片框(PictureBox)和图像框(ImageBox)是 Visual Basic 中用来显示图形的两种基本控件,用于在窗体的指定位置显示图形信息。图片框比图像框更加灵活,且适用于动态环境,而图像框则适用于静态情况,即不需要修改的位图、图标、Widows 元文件及其他格式的图形文件。

图片框和图像框都是以基本相同的方式出现在窗体上,都可以装入多种格式的图形文件。其主要区别是:图像框不能作为父控件(即容器),而且不能通过 Print 方法接收文本,而图片框恰恰与之相反。

1. 主要属性

图片框和图像框的部分属性和其他控件相同,包括:

Enabled、FontBold、FontItalic、FontName、FontSize、FontUnderline、Height、Left、Name、Top、Visible 和 Width。

除了以上这些常见的属性之外,图片框和图像框还具有以下主要属性:

(1) Picture 属性

该属性可以用于窗体、图片框和图像框,它可以通过属性窗口设置,其作用是将图形放入这些对象中。在窗体、图片框和图像框中显示的图形以文件形式存放在磁盘上。Visual Basic 6. 0 支持以下格式的图形文件:

位图——将图像定义为像素的图案。位图文件扩展名是. bmp 或. dib。

图标——是特殊类型的位图,图标的最大尺寸为 32 像素×32 像素。图标文件的扩展名为. ico。

图元文件——将图形定义为编码的线段和图形。普通图元文件扩展名为. wmf。增强型图元文件扩展名为. emf。Visual Basic 只能加载与 Windows 兼容的图元文件。

GIF——是最初由 CompuServe 开发的一种压缩位图格式。该格式可支持多达 256 种颜色,它是 Internet 上一种流行的文件格式。

JPEG——是一种支持 8 位和 24 位颜色的压缩位图格式。也是 Internet 上经常使用的一种流行的文件格式。

（2）Stretch 属性

该属性用于图像框，用以确定图像框与所显示的图片是否能自动调整大小，使其相互匹配。当属性设置为 True 时，图形可以自动调整尺寸，以适应图像框的大小。当 Stretch 属性为 False 时，图像框可以自动改变大小，以适应所显示的图片。

2. 常用事件

和窗体一样，图片框和图像框可以接收 Click 和 DbClick 事件，可以在图片框中使用 Cls 和 Print 方法。

3. 常用方法

图像框的常用方法有 Move 和 Refresh，其作用和调用格式可参考上述相关控件对象的同名方法。与图像框相比，图片框除了可以调用 Move 和 Refresh 方法外，还支持 Print 方法，有关该方法的调用可参考窗体的同名方法。

2.2.8 计时器与滚动条

1. 计时器

Visual Basic 利用系统内部的计时器计时，为用户提供了定制时间间隔的功能，用户可以自行设置每个计时器事件的时间间隔。所谓的时间间隔，指的是各个计时器事件之间的时间，一般以毫秒（ms）为基本单位。因为计时器在 1 秒钟内最多产生 18 个事件，所以两个事件之间的时间间隔精确度不超过 1/18 秒（s）。计时器控件在设计时可以看到，在运行时就会隐藏起来，但是在后台每隔一定的时间间隔，系统就会自动执行一次计时器事件。

（1）主要属性

计时器除了 Name 和 Enabled 两个基本属性之外，还有一个主要属性 Interval。Interval 属性是用来设置两个计时器事件之间的间隔的。时间间隔以毫秒为单位，取值范围是 0～65 535，因此其最大的时间间隔不能超过 65 秒。60 000 毫秒为一分钟，如果把 Interval 属性设置为 1 000，则表明每秒钟发生一个计时器事件。如果希望每秒产生 n 个事件，则 Interval 的值应该设置为 1 000/n。

（2）常用事件

计时器的常用事件就是 Timer 事件。在每隔 Interval 指定的时间间隔就执行一次该事件过程。

（3）常用方法

没有值得掌握的常用方法。

（4）计时器应用举例。

【例 2 - 10】 设计一个程序，用计时器控制字幕在窗体上水平滚动。

程序界面设计如图 2 - 14 所示，在窗体上添加一个 Caption 属性为"滚动字幕"的标签（Label1）和一个计时器（Timer1），并将计时器（Timer1）的 Interval 属性设置为 200。程序运行过程中，通过 Interval 时间间隔触发 Timer 事件，改变标签

图 2 - 14 计时器应用示例

(Label1)的坐标位置来实现字幕的滚动。

【程序代码】如下：

```
Private Sub Timer1_Timer()
    Label1. FontSize = 24
    Label1. Left = Label1. Left - 100
    If Label1. Left < -Label1. Width Then
        Label1. Left = Form1. Width
    End If
End Sub
```

2. 滚动条

滚动条(ScrollBar)通常用来附在窗体上协助观察数据或确定位置，也可用来作为数据输入的工具。滚动条有水平和垂直两种，如图 2-15 所示。

（1）主要属性

滚动条除了支持 Enabled、Height、Left、Top、Visible、Width 等标准属性外，还具有以下属性：

① Max

该属性表示当滑块处于最大位置时所代表的值，取值范围为-32 768~32 767。当滑块位于最右端或者最下端的时候，Value 属性(见下)将被设置为该值。

② Min

该属性表示当滑块处于最小位置时所代表的值，取值范围为-32 768~32 767。当滑块位于最左端或者最上端的时候，Value 属性(见下)将被设置为该值。

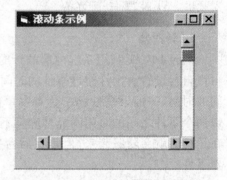

图 2-15 水平滚动条和垂直滚动条

③ LargeChange

该属性表示用户在滚动条的空白处单击时，滑块移动的增量值。

④ SmallChange

该属性表示用户单击滚动条两端箭头时，滑块移动的增量值。

⑤ Value

该属性表示滑块所处位置所代表的值。如果在程序中设置了该属性值，则将滑块移到相应位置。注意：不能将 Value 值设置为 Max 和 Min 范围之外的值。

（2）常用事件

与滚动条有关的重要事件是 Scroll 和 Change。当拖动滑块时会触发 Scroll 事件，而当改变 Value 属性(滚动条内滑块位置改变)会触发 Change 事件。Scroll 事件用于跟踪滚动条中的动态变化，Change 事件则用来跟踪滚动条的变化结果。

（3）常用方法。

滚动条可以调用 Move、Refresh 等方法，但很少使用。

（4）滚动条应用举例

【例 2-11】 建立一个水平滚动条(HScroll1)，其 Max 属性为 100，Min 属性为 0，SmallChange 属性为 2，LargeChange 属性为 10，Value 属性为 50。另有一个文本框

(Text1)用来显示滑块当前位置所代表的值,如图 2 - 16 所示。

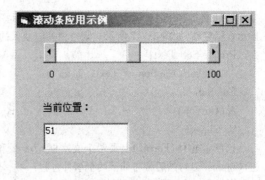

図 2 - 16　滚动条应用示例

为了让文本框能够即时地显示出滑块当前的位置所代表的值,在代码窗口中添加如下代码:

```
Private Sub HScroll1_Change()
    Text1. Text = HScroll1. Value
End Sub
```

2.3　本章小结

本章主要介绍了窗体的常用属性、方法和事件,窗体的显示与隐藏、装载与卸载,以及与多重窗体程序设计有关的语句和方法,并阐述了设置启动窗体的过程。同时介绍了几种常用控件的常用属性、方法和事件,包括命令按钮、标签、文本框、框架、复选框与单选按钮、列表框与组合框、图片框与图像框、计时器与滚动条等。

2.4　习题

2.4.1　选择题

(1) 下面四个选项中,不是窗体属性的是(　　)。

A. Unload　　　　　B. BorderStyle　　　　C. MinButton　　　　D. Caption

(2) 确定一个窗体或控件大小的属性是(　　)。

A. Width 和 Height　　　　　　　　B. Width 或 Height

C. Top 和 Left　　　　　　　　　　D. Top 或 Left

(3) 当窗体最小化时缩小为一个图标,设置这个图标的属性是(　　)。

A. MouseIcon　　　　　　　　　　B. Icon

C. Picture　　　　　　　　　　　　D. MousePointer

(4) 取消窗体的最大化功能,需要将它的一个属性设置为 False,这个属性是(　　)。

A. ControlBox　　　　　　　　　　B. MinButton

C. Enabled　　　　　　　　　　　　D. MaxButton

(5) 设计窗体时双击窗体的任何位置,将打开(　　)。

A. 窗口设计器　　　B. 代码窗口　　　C. 工具箱窗口　　　D. 属性窗口

(6) 为了使文本框同时具有水平和垂直滚动条,应该先把 MultiLine 属性设置为 True,然后再把 ScrollBars 属性设置为(　　)。

A. 0　　　　　　　　B. 1　　　　　　　　C. 2　　　　　　　　D. 3

(7) 使文本框获得焦点的方法是(　　)。

A. Change　　　　B. GotFocus　　　　C. SetFocus　　　　D. LostFocus

(8) 为了使标签覆盖背景,应把 BackStyle 属性设置为(　　)。

A. 0　　　　　　　　B. 1　　　　　　　　C. True　　　　　　D. False

(9) 已将文本框的 ScrollBars 属性设置为 3,却看不到任何效果,原因是(　　)。

A. 文本框中没有内容　　　　　　　B. 文本框的 Locked 属性值为 True

C. 文本框的 MultiLine 属性值为 False　　　D. 文本框的 MultiLine 属性值为 True

(10) 在窗体上有一个文本框 Text1 和一个标签 Label1,要求运行程序时,在文本框中输入的内容立即显示在标签中(如图 2-17 所示),则空白处应填入的内容是(   )。

```
Private Sub Text1_ _____ ()
    Label1. Caption = Text1. Text
End Sub
```

A. GetFocus   B. Click

C. Change   D. LostFocus

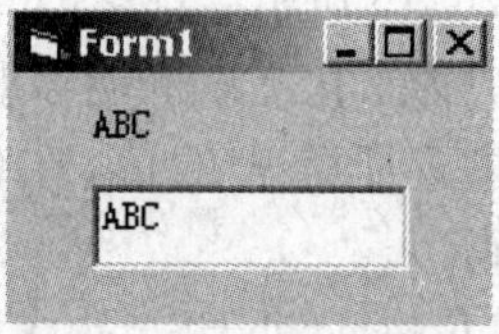

图 2-17 2.4.1(10)题图

(11) 在窗体(Form1)上画两个文本框(Text1 和 Text2)和一个命令按钮(Command1),然后编写如下两个事件过程:

```
Private Sub Command1_Click()
    a = Text1. Text + Text2. Text
    Print a
End Sub


Private Sub Form_Load()
    Text1. Text = ""
    Text2. Text = ""
End Sub
```

程序运行后,在第一个文本框(Text1)和第二个文本框(Text2)中分别输入 123 和 321,然后单击命令按钮,则输出结果为(   )。

A. 444   B. 321123   C. 123321   D. 132231

(12) 复选框是否被选中,取决于复选框的(   )。

A. Enabled 属性   B. Value 属性   C. Checked 属性   D. Visible 属性

(13) 在窗体上有一个文本框控件,名称为 TextTime;一个计时器控件,名称为 Timer1。要求每 1 s 在文本框中显示一次当前的时间。在下划线上应填入的内容是(   )。

```
Private Sub Timer1_ _____ ()
    Texttime. Text = Time
End Sub
```

A. Enabled   B. Visible   C. Timer   D. Interval

(14) 用户在组合框中输入或选择的数据可以通过一个属性获得,这个属性是(   )。

A. List   B. ListIndex   C. Text   D. ListCount

(15) 要想不使用 Shift 或 Ctrl 键就能在列表框中同时选择多个项目,则应把该列表框的 MultiSelect 属性设置为(   )。

A. 0   B. 1   C. 2   D. 其他

(16) 使图像控件(Image)中的图像自动适应控件的大小应将控件的(   )。

A. AutoSize 属性设为 False   B. AutoSize 属性设为 True

C. Stretch 属性设为 False   D. Stretch 属性设为 True

(17) 当拖动滚动条中的滑块时,将触发滚动条的事件是(   )。

A. Move   B. Change   C. Scroll   D. SetFocus

2.4.2 填空题

(1) 为了使标签能自动调整大小以显示全部文本内容,应将标签的_____属性设置为 True。

(2) 文本框接受的最长字符数由文本框的_____属性确定。

(3) 要想在文本框中显示垂直滚动条,必须将_____属性设置为 2,同时还应将_____属性设置为_____。

（4）窗体上已经建立多个控件，如 Text1、Command1、Label1，若要使程序开始运行时焦点定位在 Command1 控件上，则应将 Command1 控件的_____属性值设置为_____。

（5）窗体、图片框或图像框中图形通过对象的_____属性设置。

（6）计时器事件之间的间隔通过_____属性设置。

（7）组合框是文本框和_____特性的组合。

（8）组合框有三种不同的类型，这三种类型是_____、_____和_____，分别通过把_____属性设置为_____、_____和_____来实现。

2.4.3　编程题

（1）在窗体上建立三个文本框和一个命令按钮。程序运行后，单击命令按钮，在第一个文本框中显示由 Command1_Click 事件过程设定的内容（例如"Visual Basic"），同时在第二、第三文本框中分别用小写字母和大写字母显示第一个文本框中的内容。

提示：用第一个文本框的 Change 事件过程在第二、三文本框中显示指定的内容。

（2）在名称为 Form1，标题为"标签示例"的窗体上，画一个可以自动调整大小的标签，其标题为"欢迎学习 VB!"，字体大小为三号字；再画两个命令按钮，标题分别是"宋体"和"黑体"。编写两个命令按钮的 Click 事件过程，程序运行后，单击"宋体"命令按钮，则标签内容显示为宋体字体；单击"黑体"按钮，则标签内容显示为黑体字体。

（3）在窗体上画一个图片框、一个垂直滚动条和一个命令按钮，通过属性窗口在图片框中装入一个图形，并编写适当的事件过程，使得程序运行后，如果单击命令按钮，则设置垂直滚动条的如下属性：

Min=100

Max=2400

LargeChange=200

SmallChange=20

之后就可以通过移动滚动条上的滑块来放大或缩小图片框的高度。

（4）在窗体上画一个文本框，初始内容为空白；然后再画三个单选按钮，标题分别为北京、西安和成都，编写适当的事件过程，使得程序运行后，如果选择单选按钮"北京"，则在文本框中显示"故宫"；如果选择单选按钮"西安"，则在文本框中显示"兵马俑"；如果选择单选按钮"成都"，则在文本框中显示"都江堰"，运行情况如图 2-18 所示。

图 2-18　2.4.3(4)题图

（5）在窗体上建立两个列表框，两个命令按钮，如图 2-19 所示。程序运行后，在第一个列表框中选择所需要的项目，单击"添加"按钮，将所选择的项目移到第二个列表框中，如果单击"删除"按钮，则执行相反的操作。

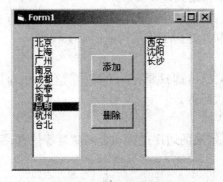

图 2-19　2.4.3(5)题图

第3章 Visual Basic 编程基础

3.1 Visual Basic 工程管理及用户环境设置

一个 Visual Basic 的应用程序也叫一个工程,它可以由若干个窗体模块、标准模块、类模块组成,每个模块又可以包含若干过程,如图 3-1 所示。Visual Basic 通过工程实现对程序的组织、管理,最终构成应用程序中不同的各个部件。

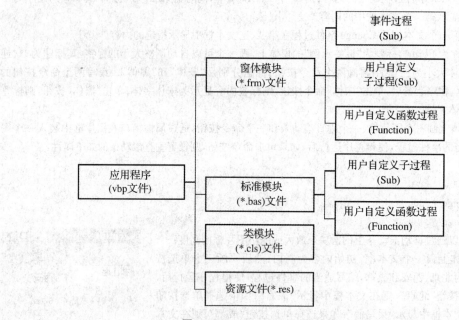

图 3-1 Visual Basic 工程结构

3.1.1 工程中的文件

1. 工程文件(.vbp)和工作组文件(.vbg)

每个工程对应一个工程文件,该文件保存着工程所需的所有文件和对象清单。当一个应用程序包含两个以上工程时,这些工程就构成一个工程组。

2. 窗体文件(.frm)

每个窗体对应一个窗体文件,即只要有一个窗体就有一个窗体文件。窗体文件存放着窗体及其控件的属性、过程代码等。

3. 标准模块文件(.bas)

该文件用来保存用户自定义的通用过程和全局变量等信息,是一个纯代码性质的文件,它不属于任何一个窗体。

4. 类模块文件(.cls)

Visual Basic 提供了大量预定义的类,同时允许用户根据需要定义自己的类。用户可以通过类模块来创建对象,每个类都用一个文件来保存。

5. 资源文件(.res)

资源文件中可以存放多种资源,如文本、图片、声音等。

Visual Basic 文件中还包括窗体二进制数据文件(.frx)、ActiveX 控件文件(.ocx)、用户文档文件(.dob)等。

3.1.2　创建、打开和保存工程

在 Visual Basic 中,对工程文件的操作可以使用菜单命令,也可使用工具栏中对应的快捷按钮。其中,各命令的介绍见表 3-1 所示。

表 3-1　创建和保存工程

菜单命令	描　　　述
新建工程	关闭当前工程,提示用户保存所有修改过的文件。可以从"新建工程"对话框中选定一个工程类,Visual Basic 随后创建一个带有单个新文件的新工程
打开工程	关闭当前工程,提示用户保存所有改动。随后,Visual Basic 打开一个现有工程,包括其工程文件(.vbp)中所列的窗体、模块和 ActiveX 控件
保存工程	更新当前工程的工程文件及其全部窗体、标准和类模块
工程另存为	更新当前工程的工程文件,用规定的文件名保存此工程文件。Visual Basic 还提示用户保存所有修改过的窗体或模块

1. 新建工程

要创建新的工程,常用的方法有如下两种:

方法 1:启动 Visual Basic 后,在【新建工程】对话框中选择"标准 EXE"选项。

方法 2:在 Visual Basic 主窗口中,依次单击【文件】|【新建工程】命令。

2. 保存工程

一般情况下,设计好的应用程序以文件的方式保存在磁盘上。先保存工程后调试程序,这样可以避免由于意外错误造成程序丢失。当然,也可先对程序进行调试和运行,调试成功后再保存工程。

依次单击菜单【文件】|【保存工程】(或【工程另存为】)命令,或单击工具栏上的【保存工程】按钮 ▉ ,可以保存当前工程。当第一次保存工程时,系统将弹出【另存为】对话框,提示用户先保存窗体文件(.frm),再保存工程文件(.vbp)。在保存过程中,最好将同一工程所有类型的文件都存放在同一文件夹中,以便以后的维护和管理。

如果是打开磁盘上已有且修改过的工程文件,可直接单击工具栏上的【保存工程】按钮。此时系统还会同时保存与工程相关的修改过的窗体文件或标准模块文件等。

3. 打开工程

打开一个现有工程的方法有如下几种:

方法 1:依次单击菜单【文件】|【打开工程】命令。

方法 2:单击工具栏上的【打开工程】按钮 ▉ 。

方法 3：在工程文件所在文件目录下双击工程文件的图标 。

4. 关闭工程

关闭当前工程的方法很简单，只要单击菜单【文件】|【移除工程】命令即可。

5. 删除工程

从现有工程组中删除一个工程的方法：在"工程资源管理器"中选定一个工程或一个工程部件，然后依次单击【文件】|【删除工程】命令即可。

3.1.3　添加、删除和保存文件

一个 Visual Basic 应用程序可能由不同的文件所组成，对于每个文件来讲，存在着多种操作，下面将对其进行具体介绍。

1. 添加文件

向工程中添加文件步骤如下：

(1) 单击菜单【工程】|【添加文件】命令，打开【添加文件】对话框。

(2) 在对话框中选定一个现有文件，然后单击【打开】按钮。

2. 删除文件

从工程中删除某个文件的操作如下：

(1) 在"工程资源管理器"窗口中选定要删除的文件。

(2) 单击菜单【工程】|【移除】命令。

3. 保存文件

若只保存文件而不保存工程，可以采用如下操作：

(1) 在工程资源管理器窗口选定此文件。

(2) 单击菜单【文件】|【保存】命令。

3.1.4　程序的解释与编译

在 Visual Basic 中，提供了解释和编译两种运行程序的方式。

1. 解释方式

单击菜单【运行】|【启动】命令，或单击工具栏上的【启动】按钮，或按键盘上的 F5 键，Visual Basic 会以解释方式运行程序。此时，系统读取触发事件过程的代码，将程序代码逐句转换（翻译）为机器代码，翻译一句执行一句，边翻译边执行。由于转换后的机器代码不保存，如需再次运行程序，需要重新解释。

解释方式执行速度慢，适合程序的调试阶段，编程人员可以随时发现程序运行中的错误，并及时修改源程序，因此在初学阶段或调试程序时，一般都采用这种方式。

2. 编译方式

单击菜单【文件】|【生成 * . exe】命令（" * "此处代表工程文件名），系统将读取 Visual Basic 程序中全部代码，并将其转换（编译）为机器代码，并以扩展名为 exe 的可执行文件保存。保存后的文件可以脱离 Visual Basic 环境直接在 Windows 环境下运行。

3.2　Visual Basic 代码书写规范

为了编写高质量的程序，从一开始就必须养成一个良好的习惯：注意培养和形成良好的

程序风格。用户首先必须了解 Visual Basic 代码编写规则并严格遵守,否则编写出来的代码就不能被计算机正确识别,发生编译或运算错误。其次,必须遵守一些编程约定,这样有利于对程序代码的理解和维护。

3.2.1　对象命名规则

Visual Basic 是面向对象的编程语言,程序中会经常对对象进行引用,赋予对象一个有意义的名字可以增加程序的可读性。如果在程序中出现大量类似 Command1、Picture1、Text1、Label1 等默认的名称,不仅编写程序时分辨困难,而且对程序的后期调试、修改也会造成一些困扰。因此,合理的对象命名有助于编程人员在程序中识别对象的类型和功能。见表 3-2 所示列举了部分常用控件对象命名前缀的约定。

表 3-2　常用控件对象命名的前缀

控 件	前 缀	示 例
窗体(Form)	Frm	FrmLogin
标签(Label)	Lbl	LblName
文本框(TextBox)	Txt	TxtPassWord
命令按钮(CommandButton)	Cmd	CmdExit
框架(Frame)	Fra	FraCountry
单选按钮(OptionButton)	Opt	OptSex
复选框(CheckBox)	Chk	ChkChina
图片框(PictureBox)	Pic	PicSource
图像框(ImageBox)	Img	ImgIcon
列表框(ListBox)	Lst	LstCourse
组合框(ComboBox)	Cbo	CboStudentName
水平滚动条(HscrollBar)	Hsb	HsbVolume
垂直滚动条(VscrollBar)	Vsb	VsbRate
时钟(Timer)	Tmr	TmrBeep
驱动器列表框(DriveListBox)	Dir	DirDestination
目录列表框(DirListBox)	Drv	DrvSource
文件列表框(FileListBox)	Fil	FilDestination
直线(Line)	Lin	LinWide
通用对话框(Dialog)	Dlg	DlgSave

3.2.2　代码书写规则

在 Visual Basic 程序代码中,除字符串常量及注释内容外,语句中使用的分号、引号、括号等符号都应为半角符号(即英文状态下的符号),切记不能使用中文状态下的字符。其他书写规则如下：

❑ Visual Basic 代码中不区分字母的大小写：即"A"和"a"在 VB 中等同。但为了方便阅读，系统会自动将代码中关键字的首字母转换为大写，其余字母均转换为小写。

❑ 在同一行上可以书写多条语句，但语句间要用冒号"："分隔。

❑ 一行最多允许 1 023 个字符。

❑ 一般一条语句行书写一条语句，如果一行不能写下全部语句或有特别需要时，可以换行。换行时需要在本行后加入续行符，即 1 个空格加下划线"_"。

❑ 对于用户自定义的变量、过程名，Visual Basic 以第一次定义为准，以后输入的将自动向首次定义转换。

❑ 编写代码时，应通过适当的缩进以反映语句间的逻辑结构和嵌套关系。

3.2.3　注释

程序中添加注释有利于程序的调试、修改和维护，因此要养成添加注释的良好习惯。Visual Basic 中提供了两种添加注释的方法：

❑ 使用 Rem 关键字注释一整行。

格式为：Rem 注释内容

❑ 使用英文状态下的单引号"'"注释一行中后半部分内容。

格式为：'注释内容

说明：

(1) 注释语句可以单独占一行，也可以放在某一可执行语句的后面。

(2) 如果在其他语句行后使用 Rem 关键字，必须使用冒号"："与语句隔开。

(3) 注释语句不能放在续行符"_"的后面。

(4) 注释语句不是可执行语句，仅对相应位置上的代码起注释说明作用。

例如：

```
'*******************************************
'程序功能：两个数交换
REM 请考生填写以下内容

TEMP=X：X=Y：Y=TEMP        '两个数交换
'*******************************************
```

3.3　Visual Basic 基本数据类型

数据是程序的重要组成部分，也是程序处理的对象。在高级语言中，数据信息被按照一定的原则分类，"数据类型"的概念被广泛使用，不同语言拥有各自的数据分类方式。VB 提供了基本的数据类型，并且允许用户根据需要定义自己的数据类型，使得用户可以从自己的角度对数据进行分类。本章仅介绍基本数据类型，用户自定义数据类型将在"数组"一章中再作介绍。

基本数据类型是系统定义的数据类型，描述 VB 编程系统的原子类型，即不可再细分，但各类型之间允许在一定条件下隐式地相互转换，所以 VB 编程系统属于弱类型编程语言。

如表 3-3 所示列出了 VB 基本数据类型。

表 3-3 VB 标准数据类型

数 据 类 型	存储大小	取 值 范 围
Integer(整型)	2 Byte	$-2^{15} \sim 2^{15} - 1$,即 $-32\,768 \sim 32\,767$
Long(长整型)	4 Byte	$-2^{31} \sim 2^{31} - 1$
Single(单精度数)	4 Byte	$-3.402823E38 \sim -1.401298E-45$ $1.401298E-45 \sim 3.402823E38$
Double(双精度数)	8 Byte	$-1.79769313486232E308 \sim$ $-4.94065645841247E-324$; $4.94065645841247E-324 \sim$ $1.79769313486232E308$
Byte(字节型数)	1 Byte	$0 \sim 255$(无符号)
Currency(货币型数)	8 Byte	$-922,337,203,685,477.5808 \sim$ $922,337,203,685,477.5807$
Boolean(逻辑型数)	2 Byte	True(-1)或 False(0)
String(变长字符串型数)	10 Byte+串长度	0~约 20 亿个字符
String(定长字符串型数)	串长度	0~约 65 400 个字符
Date(日期型数)	8 Byte	100 年 1 月 1 日~ 9999 年 12 月 31 日
Object(对象型数)	4 Byte	任何对象引用
Variant(变体型数)	>=16 Byte	数值可达 Double 型的范围; 字符型可达变长字符串型的串长度

1. 数值数据类型(Numeric)

表 3-3 中前 6 个数据类型可统称为数值数据类型,它们的区别如下:

(1) Integer 型和 Long 型用于保存整数,整数运算速度较快、精确,但是表示数值的范围小。Single 型和 Double 型用于保存浮点实数,浮点实数表示数值的范围大,但有误差。Currency 型是定点实数,它保留小数点右边 4 位和小数点左边 15 位,多用于货币计算。Byte 型用于存储二进制数,也可以用来表示为无符号整数。

(2) 所有数值型数据可以相互赋值,若将浮点型数据赋给整型数据,将对小数进行四舍五入之后再赋值。

(3) 在 Visual Basic 中,数值型数据都有一个有效的范围值,程序中的数据如果超过规定的范围,就会出现"溢出"信息。如果小于范围的下限,系统将按"0"处理;如果大于上限值,则系统只按上限值处理,并显示出错信息。

例如,执行以下代码:

```
Dim x As Integer，y As Integer
x = 400；y = 500
Print x * y
```

运行之后，系统会给出"数据溢出"的出错信息，其原因就是 x * y 结果超过了整数可表示的范围 32 767。

2. 日期（Date）数据类型

在 Visual Basic 中，Date 型数据按 8 字节的浮点数来存储，表示的时间范围从公元 100年 1 月 1 日至 9999 年 12 月 31 日，而时间范围从 0:00:00 至 23:59:59。Data 型数据必须用"#"括起来，三种标准形式如下：

❑ #月/日/年#——例如，#10/23/2001#。

❑ #时:分:秒 AM/PM#——例如，#9:20:56 AM#。

❑ #月/日/年时:分:秒 AM/PM#——例如，#10/23/2001 21:12:00 PM#。

VB 除了接受标准格式外，也接受非标准格式。例如：

2010 - 2 - 12 #，# 2010/2/12 #，# February　12,2010#，#12　February,2010#。

以上都表示 2010 年 2 月 12 日，但若写成"#2010 年 2 月 12 日#"则是错误的。建议使用标准格式。

当其他数据类型转换为日期型数据时，小数点左边的数字代表日期，而小数点右边的数字代表时间：0 为午夜，0.5 为中午 12 点；负数代表的是 1899 年 12 月 31 日之前的日期和时间。

3. 逻辑（Boolean）数据类型

Boolean 数据类型用于逻辑判断，它只有 True 和 False 两个值。当逻辑数据转换成整型数据时，True 转换为 -1，False 转换为 0；当将其他类型数据转换成逻辑数据时，非 0 数转换为 True，0 转换为 False。

4. 字符（String）数据类型

String 数据类型存放字符型数据时有两种表示形式：变长字符串和定长字符串。例如：

```
Dim s1 as String              '声明变长字符串变量
Dim s2 as String * 50         '声明定长字符串变量,可存放 50 个字符
```

上面例子中声明的定长字符串变量 s2，若赋予的字符少于 50 个，则右边补空；若赋予的字符超过 50 个，则多余部分截去。因为定长字符串用空格填充尾部多余空间，所以在处理定长字符串时，删除空格的函数 Ltrim、Ttrim 和 RTrim 都是很有用的。

5. 对象（Object）数据类型

Object 数据类型的变量通过 32 位（4 个字节）地址来存储，该地址可以引用应用程序中的对象。使用时先用 Set 语句给对象赋值，然后才能引用对象。

6. 变体（Variant）数据类型

Variant 类型也称为可变类型，此处的"可变"表示了数据类型的可变性，而不是 Variant长度的可变性，Variant 类型具有固定的 16 个字节的长度，前两个字节用于表示实际存放的数据类型，其余字节则存放了实际的数据值。

除了定长 String 型和自定义类型外，Variant 类型可存放任何类型的数据，是一种万能

的数据类型。Variant 也可以包含 Empty、Error、Nothing 及 Null 等特殊值。Variant 数据类型可以用来替换任何数据类型。如果 Variant 变量的内容是数字，它可以用字符串来表示数字或是用它实际的值来表示，这将由上下文来决定，例如：

Dim MyVar As Variant
MyVar = 89236

在上面的例子中，MyVar 变量包含了两个值，其一为表示该数据的数据类型，占 2 个字节，其余字节则存储了实际值为 89 236 的数据。

Variant 数据类型并没有类型声明字符，该数据类型是所有没被显式声明（使用 Dim、Private、Public 或 Static 等语句）为其他类型变量的数据类型。通常，数值 Variant 数据保持为其 Variant 中原来的数据类型。

例如，如果将一个 Integer 赋值给 Variant，则接下来的运算会将此 Variant 当成 Integer 来处理。然而，如果算术运算针对含 Byte、Integer、Long 或 Single 之一的 Variant 执行，并当结果超过原来数据类型的正常范围时，则在 Variant 中的结果会提升到较大的数据类型。是 Byte 则提升到 Integer，是 Integer 则提升到 Long，而 Long 和 Single 则提升为 Double。当 Variant 变量中有 Currency、Single 及 Double 值超过它们各自的范围时，会发生错误。可以用 VarType 函数或 TypeName 函数来决定如何处理 Variant 中的数据。

3.4　常量与变量

3.4.1　常量

常量是指在程序运行过程中始终保持不变的数值、字符串等常数。如果在程序中多次出现一些很大的数字或很长的字符串，为了改进代码的可读性和可维护性，应该定义常量，即给某一特定的值赋予一个名字。

在 Visual Basic 中常量有三种：直接常量、用户声明的符号常量和系统提供的常量。

1. 直接常量

（1）整型、长整型与字节型常量

整型常量在 Visual Basic 中可以使用如下三种形式：

① 十进制表示法：整型、长整型与字节型常量的十进制表示法与人们日常书写方法相同。如果在一个"整型常量"之后加"&"字符，会使其成为"长整型常量"。

例如：0、−13、5000、10&。

② 八进制表示法：八进制以"&O"（字母 O）开头，后面接 0 到 7 组成的八进制数。如果要表示长整型数，末尾要加一个"&"号。

例如：&O13、&O451、&O1546&。

③ 十六进制表示法：十六进制以"&H"开头，后面接由 0 到 9，A 到 F 组成的十六进制数。如果要表示长整数，末尾要加一个"&"号。VB 中的颜色数值常常用十六进制整数表示。

例如：&H1E、&HFD、&HF76&。

（2）浮点型常量

浮点型常量有单精度实数（Single）和双精度实数（Double），它们在计算机中是以浮点数形式存放的，又称为浮点实数。浮点型常量有两种表示形式：

① 十进制小数形式。由正负号（＋、－）、数字（0～9）和小数点或类型符号（！、♯）组成。

例如：3.1415926、0.54、24.0、123！、345♯。

② 指数形式。用 mEn 来表示 $m \times 10^n$。这里的 m 是一个整数或实数，n 必须是整数，m 和 n 均不能省略。

例如：1E5 表示 1×10^5；－0.6E－2 表示－0.6×10^{-2}。

其中浮点常量中的"E"可以是小写"e"，也可以用"D"或是"d"来代替。

Visual Basic 默认的浮点型常量都是双精度类型，可以在浮点型常量后面加感叹号"！"来指明该常量是单精度浮点型常量。

（3）字符串型常量

字符串常量要使用英文状态下的双引号""""将实际的文本括起来。双引号称为字符串的"界定符"，表示字符串的开始与结束。

例如："□"（空格串）、""（空串）、"你好！"、"a123□"、"VB□欢迎你！"。

字符串常量中可以包括任何输入字符。空格也是合法的字符。如果两个引号之间没有任何字符，则表示一个空字符串，空字符串是一个特殊的字符串，不能将它和只有空格的字符串相混淆。

因为双引号作为字符串常量的定界符，所以如果要在字符串中包含双引号，就要使用两个连续的双引号表示一个双引号，例如，Print "这是一个双引号："""！"" "。

（4）逻辑型常量

逻辑型常量只有两个：True 和 False，它们不需要任何界定符。注意，"True"与"False"不是逻辑值，而是字符串常量。

（5）日期时间型常量

日期时间型常量，既可以表示一个日期，也可以表示一个时间，或者同时表示日期与时间。日期时间型常量使用"♯"号作界定符。一般可辨认的表示日期时间的文本都可以作为日期时间型常量。

2. 符号常量

符号常量是指用一个符号代表常量值，该符号在程序中表示恒定值。用户可以自己定义符号常量，以便在一个程序中使用这个符号所代表的常量。

符号常量的定义格式为：

Const　符号常量名［As　数据类型］＝表达式

例如：

```
Const PI＝3.1415926        '用 PI 表示圆周率的值
Const R As Integer ＝ 100 * 5        '等号右边可以是表达式，但不能包含函数
```

3. 系统常量

Visual Basic 提供了许多系统预先定义的、具有不同用途的常量。它们包含了各种属性值常量、字符编码常量等，用 vb 作为前缀。

通过使用常量,可以使程序变得易于阅读和编写。例如:

Form1. WindowsState ＝ vbMaximized　　　　'窗体的最大化

最常用的是 vbCrLf,表示回车换行组合符,也可以用 Chr(13)＋Chr(10)表示。

3.4.2 变量

变量是指在程序运行过程中,其值可以变化的量。变量在使用时,Visual Basic 会按照每个变量不同的数据类型在内存中分配一定字节的存储空间,并且用变量名代替该存储空间的内存地址,所以在程序中借助变量名就可以访问内存中的数据。如图 3 - 2 所示。例如:

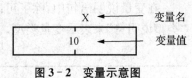

图 3 - 2　变量示意图

Dim x as Integer　　　　'声明一个整型的变量 x,整型变量占 2 个字节

x＝10　　　　'变量值赋值为 10

1. 变量命名规则

(1) 以字母开始,可以包括数字、字母和下划线。

(2) 不能包含标点符号。

(3) 不能多于 255 个字符。

(4) 不能与关键字重复(如 End、Private、Sub 等)。

(5) 在同一作用域中,变量名不能重复。

(6) 作为变量名的字符串,不得包括点号和用于类型说明的字符:%、&、!、#、@、$。虽然变量名中可以包含汉字,但是不建议这样做。

下面是一些正确的变量名:

Abc、Name、MY_12、Inte。

当变量名不符合规则时,Visual Basic 编辑器会显示错误信息。

2. 变量声明与定义

变量的数据类型决定了如何将代表这些值的位存储到计算机的内存中,所以在使用变量前要先声明变量名和其类型。在 VB 中可以采用两种方式声明变量:显式声明变量和隐式声明变量。

(1) 显式声明变量

显式声明变量,就是用一个声明语句来定义变量的数据类型。声明语句的语法为:

Dim|Private|Static|Public　变量名［As　类型］

说明:Public 语句用于说明全局变量,Private 常用于在窗体或模块中定义本地变量(局部变量),它们都只能用在模块的通用部分;Static 用于说明过程级的静态变量,而 Dim 语句既可用于说明模块级的变量(在模块的通用部分使用),也可用于说明过程级的变量(在过程内使用),因此较常用。

Dim、Private、Public 都是声明语句定义符,它们在代码窗口中定义变量的位置不同,所代表的变量的作用范围也不同,具体说明将在 6.5 节讨论。

在声明一个变量后,系统自动为该变量赋予一个初始值。

❏ 若变量是数值型的,则初始值为"0";

❏ 若变量是变长字符串型的,则初始值为空串;

❑ 若为定长字符串（设长度为 n），则初始值为 n 个空格；

❑ 逻辑型变量的初始值为"False"。

在变量类型说明语句中，必须对每个需要说明的变量逐个使用"As Type"说明其类型，未加说明的变量将按变体类型处理。

例如：

Dim a，b As Integer 'a 是变体类型，b 是整型。

在变量说明语句中，除了可以使用"As Type"子句说明其类型，也可以在变量名后面加"类型说明符"来表示变量类型。VB 规定的类型说明符见表 3-4 所示。

表 3-4   VB 类型说明符

说　明　符	示　　例	意　　义
%	x%	表示 x 是整型变量
&	x&	表示 x 是长整型变量
!	x!	表示 x 是单精度型变量
#	x#	表示 x 是双精度型变量
@	x@	表示 x 是货币型变量
$	x$	表示 x 是字符型变量

说明：变量后要紧接"类型说明符"，中间不能有空格。

【例 3-1】 要求单击 Command1，在 Picture1 中输出圆面积，设 PI 表示圆的圆周率，r 表示半径，s 表示面积。

【程序代码】如下：

图 3-3 类型
说明符应用

```
Private Sub Command1_Click()
Const PI As Integer = 3.14        'Const 是定义常量关键字
Dim r%,s%                         'Dim 是定义变量关键字
r = 4
s = PI * r * r
Picture1. Print "s="; s           '输出到图片框中
End Sub
```

运行结果如图 3-3 所示。

（2）隐式声明变量。

Visual Basic 程序设计语言允许在变量使用之前不声明该变量，因此，当变量未声明而直接使用时称为隐式声明。所有隐式声明的变量都是 Variant 类型。例如，执行以下代码：

```
Private Sub Form_Click()
TempVar = 1
Print TempVar * 2
End Sub
```

在该事件过程代码中 TempVar 变量使用之前没有声明该变量的类型，代码也能正常运行，其结果为"2"；VB 为其自动创建一个 Variant 类型，可以认为它就是一个隐式声明，但是，Variant 类型有其自身的缺点(见本章上节 3.3)。

为了便于调试程序，最好在使用变量之都加以声明，强制声明变量语句(Option Explicit)，强制用户必须进行变量声明，否则会出现"变量未定义"编译错误。

3. 强制声明变量

Visual Basic 中虽然不要求强制声明变量，但是为了有效降低错误率，提高调试效率，避免写错变量名引起麻烦，可以规定，只要遇到未经明确声明就执行使用的变量名，VB 都要发出错误警告。强制声明语句是：Option Explicit。如图 3-4 和图 3-5 所示。

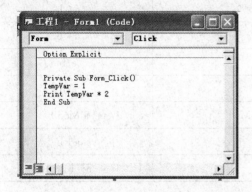

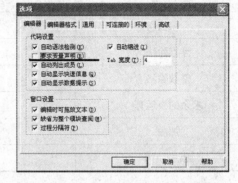

图 3-4　手动添加强制变量声明图　　　图 3-5　"选项"窗口添加强制变量声明

强制声明语句一般放在类模块、窗体模块或是标准模块的通用声明段中，有两种方式添加。

(1) 对于已经建立起来的模块，在工程内部，用手工方法在通用部分，向现有模块添加 Option Explicit，如图 3-4 所示。

(2) 在将要建立新模块之前，选择菜单命令"工具→选项→'编辑器'卡"，在"代码设置"框中选中"要求变量声明"。如图 3-5 所示。这样在新模块中系统会自动插入 Option Explicit 语句。

上面例子中，如果在通用部分写上语句"Option Explicit"，那么 VB 将认定变量"TempVar"是未经声明变量，发出错误信息如图 3-6 所示。

需要说明的是：Option Explicit 语句的作用范围仅限于语句所在模块，所以，对每个需要 VB 强制显示变量声明的窗体模块、标准模块及类模块，必须将 Option Explicit 语句放在这些模块的声明段中。如果选择选项卡中"要求变量声明"，VB 会在后续的窗体模块、标准模块及类块中自动插入 Option Explicit 语句。

图 3-6　编译错误

3.5　运算符与表达式

运算是对数据的加工，VB 提供了丰富的运算符，可以构成多种运算符和表达式。下面将对它们依次详细介绍。

3.5.1　算术运算符与算术表达式

1. 算术运算符

VB 提供了八种算术运算符,见表 3-5。

表 3-5　算术运算符

名　　称	运　算　符	表 达 式 例 子
乘方(幂)	^	a ^ b
乘法	*	a * b
浮点除法	/	a/b
整数除法	\	a\b
求余的模运算	Mod	a Mod b
加法	+	a+b
减法、负号	—	a—b、—c

对表 3-5 的说明如下:

(1) +、—、*、/、^ 运算的含义与数学中的含义基本相同。

(2) 在这八种算术运算中,只有取负(—)是单目运算符,其他均为双目运算符。

(3) / 和 \ 的区别:"/"为浮点除法,"\"为整数除法。例如:1/2=0.5,1\2=0。

(4) 进行除法(包括整除)运算,除数为 0 或进行乘幂运算、指数为负而底数为 0 时,都会产生算术溢出错误信息。

(5) 模运算符 Mod 用来执行整数除法返回余数的操作,例如:5 Mod 3 = 2。

2. 算术运算的优先级

在算术表达式中包含各种算术运算符,必须规定各个算术运算符的优先级别。

算术运算符的运算优先顺序如下:

^ →—(取负)→ * 和/ → \(整除)→Mod→+和—(减)

☐ 当一个表达式中包含多种算术运算符,将按上述顺序求值。

☐ 如果表达式中包含括号"()",则先计算括号内表达式的值。

☐ 多层括号,先计算最内层括号中的表达式。

3.5.2　字符连接符与字符表达式

字符串表达式由字符串常量、字符串变量、字符串函数和字符串连接符组成。它可以是一个简单的字符串常量,也可以是若干个字符串常量或字符串变量的组合。

VB 中字符串连接符是"&",用于连接两个或更多的字符串。例如:

"abcd"&"ef"　　　　　　　　'连接后结果为"abcdef"

另外,在 VB 中,除用"&"作为连接符外,还可以用"+"将两个字符串连接成一个字符串。但是"+"容易与算术加法混淆,此外,"&"会自动将非字符串类型的数据转换成字符串后再进行连接，"＋"则不能自动转换，例如：

A	B	A＋B	A&B
"123"	"3"	"1233"	"1233"
"123"	3	126	"1233"
123	3	126	"1233"
"123a"	3	出错	"123a3"

3.5.3　关系运算符与关系表达式

1. 关系运算符

VB 常用的关系运算符见表 3-6 所示。

表 3-6　关　系　运　算　符

运算符	＜	＜=	＞	＞=	＜＞	=
功能	小于	小于等于	大于	大于等于	不等于	等于

此外，"Is"运算符用来比较两个对象的引用变量。

2. 关系表达式

关系表达式如下：

〈表达式 1〉〈关系运算符〉〈表达式 2〉

3. 比较规则

□ 数值比较：按数值大小比较。

□ 日期比较：按年月日的整数形式 yyyymmdd 的值比较。

□ 例如：#08/02/2010# 与 #08/05/2010# 是按 20100802 与 20100805 进行比较。

□ 单字符比较：按 ASCII 码大小比较。例如：

" "(空格)＜"0"＜…＜"9"＜"A"＜"B"＜…＜"Z"＜"a"＜…＜"z"

字符串比较：较短字符串补足空格，从左开始按 ASCII 码大小比较。

4. 运算结果

关系表达式的运算是采用"按值比较"的方法，即先求出运算符两边的表达式的"值"（若是变量，则取其当前值），如果两端的值可满足关系运算符，则结果为"True"，否则"False"。例如：

```
#08/02/2010# ＜ #08/05/2010#          '结果为 True
"信电"＜="信电学院"                     '结果为 True
"abCd"＜"abcd"                         '结果为 True
```

3.5.4　逻辑运算符与逻辑表达式

1. 逻辑运算符

逻辑运算符常用六种运算符，见表 3-7 所示。

表 3-7　逻辑运算符

运　　算	运算符	格　　式	说　　明
逻辑非	Not	Not X	将 X 取反
逻辑与	And	X And Y	当 X 和 Y 均真才真
逻辑或	Or	X Or Y	当 X 和 Y 均假才假
逻辑异或	Xor	X Xor Y	当 X 和 Y 相同为假,不同为真

2. 运算结果

逻辑运算的结果值只有两个: True 或 False。

3. 逻辑运算的优先级

运算的优先顺序为: Not→And→Or→Xor。

例如:

A=5; B=4; C=3

Not(A>B)　　　　　　　　'结果为 False

B>C And B>A　　　　　　'结果为 False

3.5.5　运算符的优先级与结合性

❑ 在表达式中,当运算符不止一种时,运算符处理顺序为:

　算术运算符>字符串运算符>关系运算符>逻辑运算符

　运算符内的优先次序,则按前面小节定义的次序进行。

❑ 可以用括号改变其优先顺序,强制表达式的某些部分优先运行,括号内的运算符总是优先于括号外的运算;但是,在括号之内,运算符的优先顺序不变。

❑ 如果两个运算对象类型相同,它们的运算结果也将是同一类型。

❑ 如果不同数据类型的数据进行运算,运算结果的类型为两个对象中存储长度较长的那个对象数据类型。例如,一个整型与一个长整型进行运算,结果是长整型;一个整型与一个单精度进行运算,结果为单精度数。但是长整型与单精度运算,结果为双精度数,以此类推。

当要判断某变量的数据类型时,可以使用 VarType 函数。该函数返回一个整数值用来表示相对应的数据类型,见表 3-8 所示。

表 3-8　VarType 数据类型函数返回值

类型	Integer	Long	Single	Double	Date	String	Object	Boolean	Variant	Array
值	2	3	4	5	7	8	9	11	12	8192

3.6　常用系统函数

函数是一种特定的运算符,在程序中要使用一个函数时,只要给出函数名并给出一个或多个参数,就能得到它的函数值,VB 中提供了大量的内部函数,这些函数可以分为:转换函数、数学函数、字符串函数、日期函数和其他实用函数等。限于篇幅,以下仅以表格形式简述函数形式和调用方法,详细使用方法读者可以通过安装了 MSDN 的帮助菜单学习。

3.6.1　算术函数

Visual Basic 提供的常用算术函数见表 3-9 所示。

表 3-9　VB 算术函数

函数名	功　　能	返回值类型	示例	结果
Sqr(n)	求平方根,n≥0	Double	Sqr(16)	4
Abs(n)	求 n 的绝对值	同 n	Abs(−3)	3
Exp(n)	求以 E 为底的幂值	Double	Exp(1)	2.7182818
Log(n)	求以 E 为底的自然对数	Double	Log(2)	0.30102999
Sin(n)	求 n 的正弦值,n 单位是弧度	Double	Sin(0)	0
Cos(n)	求 n 的余弦值,n 单位是弧度	Double	Cos(0)	1
Tan(n)	求 n 的正切值,n 单位是弧度	Double	Tan(0)	0
Atn(n)	求 n 的反正切值,函数返回的是主值区间的弧度值	Double	Atn(1)	0.78539816
Sgn(n)	根据 N>0,N<0,N=0 分别取值 1,−1,0	Integer	Sgn(−2.6)	−1

说明:使用函数应注意函数定义域以及函数与自变量的数据类型;在使用三角函数时,自变量单位应该是弧度,因此,在使用三角函数求角度的函数值时,应当把角度转换为弧度,例如,求表达式 $Sin(30^0)$ 在 VB 中应该为 Sin(30 * 3.1415926/180)。

3.6.2　字符串函数

VB 常用的字符串函数见表 3-10 所示,其中假设 S1="ABC12def ";S2="□□34ABcd□"(此处"□"表示空格)。

表 3-10　字符串函数

函　数　名	功　　能	示　例	结　果
Len(S)	返回 S 字符串的长度(字符个数)	Len(S1) Len("VB 程序设计")	8 6
Left (S, n)	取字符串 S 左边的 n 个字符	Left(S1, 3)	"ABC"
Right (S, n)	取字符串 S 右边的 n 个字符	Right(S1, 2)	"ef"
Mid (S, n1, n2)	从字符串 S 左边第 n1 个位置开始向右取 n2 个字符	Mid(S1, 3, 4)	"C12d"
Ltrim (S)	去掉字符串 S 左边的空格	Ltrim(S2)	"34AB cd□"
Rtrim (S)	去掉字符串 S 右边的空格	Rtrim(S2)	"□□34AB cd"
Trim (S)	去掉字符串 S 左、右两边的空格	Trim(S2)	"34AB cd"

续　表

函　数　名	功　　能	示　例	结　果
String(n,"字符")	返回由 S 的首字符组成的 n 个字符串	String(3，S) String(4,"a")	"AAA" "aaaa"
Space(n)	得到 n 个空格的字符串	Space(2)	"□□"
Instr([n,] S,"字符串")	在 S 中从 n 开始查找给定字符串,返回该字符串在 S 中的位置,n 的缺省值为 1	Instr(2，S1，"2de")	5
Replace(C, C1, C2)	在 C 字符串中将 C1 替换为 C2	Replace(S1，"12"，"34")	"ABC34def"

说明:

(1) 一个英文字符求 Len 长度结果为 1,一个中文汉字求 Len 长度结果为 1。

(2) Instr 函数又称查找函数,用于在 S 字符串中查找给定字符串是否存在,如果存在,则返回其最先出现的位置;如果不存在,则返回 0。

(3) Mid 函数可以替代 Left 函数和 Right 函数;String 函数可以替代 Space 函数。

3.6.3　转换函数

VB 提供的常用转换函数见表 3-11 所示。

表 3-11　转　换　函　数

函　数　名	功　　能	举　例	结　果
Str (n)	将数值数据 n 转换成字符串(含符号位)	Str (65) Str(-65)	"□65" "65"
CStr(n)	将 n 转换成字符串。若 n 为数值型,则转为数字字符串(对于正数,符号位不予保留)	Cstr (65)	"65"
Val(n)	将数字字符串 n 转换数值	Val("123")	123
Chr (n)	将 n 的值转换为对应的 ASCII 字符	Chr(65)	"A"
Asc(n)	将字符串 n 首字符转换为对应的 ASCII 代码值(十进制)	Asc("ABC")	65
Int(n)	取小于等于 n 的最大整数	Int(-3.4) Int(3.4)	-4 3
CInt(n)	将数值型数据 n 的小数部分四舍五入取整	CInt(2.5)	3
Fix(n)	将数值型数据 n 的小数部分舍去	Fix(3.4) Fix(-3.4)	3 -3
Ucase (n)	将字符串 n 中所有的字母转换成大写	Ucase("32.1abc")	"32.1ABC"
Lcase(n)	将字符串 n 中所有的字母转换成小写	Lcase("32.1ABC")	"32.1abc"

续　表

函 数 名	功　　　　能	举　例	结　果
CCur(n)	将 n 的值转换为货币类型值,小数部分最多保留四位且自动四舍五入	CCur(2.565693)	2.5657
CLng(n)	将 n 的小数部分四舍五入,转换为长整数	CLng(4.58)	5
CDbl(n)	将 n 值转换为双精度数	CDbl(2.565869)	2.565869
CSng(n)	将 n 值转换为单精度数	CSng(2.565861525)	2.565862

说明:

(1) Str (n)和 Val(n)互为反函数。Str(n)函数是将数值型转换字符串,当数值为正时,返回的字符串包含一个前导空格表示一个正号。Val(n)函数是将字符串转换成数值型,在它不能识别为数字的第一个字符上,停止读入字符串。如果第一个字符不是数字、正负号或小数点,则返回 0。例如:

```
Print Str(65)              '结果为:字符串数据"65"
Print Val("65year")        '结果为:数值 65
Print Val("−123+45")       '结果为:−123
Print Val("−a1.23+45")     '结果为:0
```

(2) CStr 与 Str 的区别:在进行转换时,CStr 函数不会在一个正数前增添表示正号的符号位。

(3) Asc(n)和 Chr (n)互为反函数,Chr 函数的自变量为 0 到 255 之间的整数,使用该函数,将返回与该数值对应的 ASCII 码字符;Asc(n)函数的自变量 n 则为一个字符,使用它将返回该字符对应的 ASCII 代码对应的十进制数值。例如:

```
Asc("ABC")=65;Chr (65) = "A"
```

(4) CInt(x)、Int(x)、Fix(x)的区别。CInt(x)函数(CLng 函数)运算规则是:当小数部分大于 0.5,则进位加 1;小数部分小于 0.5,则舍去;小数部分等于 0.5,则以整数位得到最靠近的偶数进行取舍。Int(x)函数:取小于等于 x 的最大整数;Fix(x)函数:将数值型数据 x 的小数部分直接舍去。例如,

CInt(3.51)=4,CInt(3.49)=3, CInt(2.5)=2;

Int(3.8)= 3,Int(−3.8)= −4;

Fix(3.4)=3,Fix(−4.3)= −4。

除了上表中转换函数之外,还有下列一些不常用的转换函数:

CVar(n):将 n 值转换为变体型值。

CBool(n):将任何有效的字符串或数值转换为逻辑型。

CByte(n):将 0 到 255 之间的数值转换为字节型。

CDate(n):将有效的日期字符串转换成日期。

3.6.4　日期/时间函数

Visual Basic 中提供一个变体型的内部变量 Now,该变量保存系统当前日期时间,系统

还提供内部变量 Timer,例如:执行下列代码。

```
Private Sub Form_Click()
Print Now();Timer
Print Date
End Sub
```

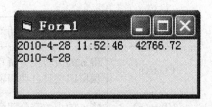

运行界面如图 3-7 所示。

VB 提供的常用日期/时间函数见表 3-12 所示。

图 3-7　日期/时间函数应用

表 3-12　日期/时间函数

函数名	功能	函数名	功能
Date[()]	返回系统当前日期	Day(d)	返回 d 的日期号
Time[()]	返回系统当前时间	WeekDay(d)	返回 d 的星期号
Now	返回系统当前的日期和时间	Hour(d)	返回 d 的小时
Year(d)	返回 d 的年号	Minute(d)	返回 d 的分钟
Month(d)	返回 d 的月份号	Second(d)	返回 d 的秒

3.7　其他常用函数

除了本节上面列举的函数之外,VB 系统还提供了许多用于其他处理的函数。例如用于输入与输出的函数,用于处理数据的函数,用于处理文件的函数等。可以通过 VB 帮助系统查阅到各种函数的功能及使用方法信息。在使用函数时应注意下列一些情况:

(1) 使用正确的函数名;

(2) 准确熟悉函数的功能;

(3) 注意函数及各个变量的数据类型、各个自变量的意义和允许的数值范围。

3.7.1　InputBox 函数

InputBox 函数生成一个对话框,此对话框作为输入数据的界面,等待用户输入数据或按下按钮,并返回所输入的内容。函数返回值是 String 类型(每执行一次 InputBox,只能输入一个数据)。

InputBox 函数使用的形式如下:

V=InputBox(提示 [,标题][,默认值(default)][,X][,Y])

其中,V 可以是变体型变量或字符串型变量,也可以是数值型变量(若输入内容不可转换成数值型数据,将会产生运行错误)。如图 3-8 所示是一个 InputBox 实例。

InputBox 函数参数说明如下:

(1) 提示:是作为对话框提示消息出现的字符串表达式,最大长度为 1 024 个字符,若提示内容中需要换行显示,在换行处加 Chr(13) 和 Chr

图 3-8　InputBox 对话框

(10)或是 VbCrlf。

(2) 标题：作为对话框的标题，显示在对话框顶部标题区。

(3) 默认值：是一个字符串，用来作为对话框中用户输入区域的默认值，一旦用户输入数据，则该数据立即取代默认值；若省略该参数，则默认值为空白。

(4) X,Y：是两个整数值，作为对话框左上角在屏幕上的点坐标，其单位为 Twip，若省略，则对话框显示在屏幕中心线向下约 1/3 处。

(5) 各项参数位置必须一一对应，除了"提示"一项不能缺省，其余各项均可省略，如果处于中间的参数省略了，但默认部分要用逗号占位符隔开，跳过。

例如：V＝InputBox(提示,,default)

下面一个简单的示例：

```
Private Sub Form_Click()
Dim Sum As Integer
′从键盘键入 5 个数
For i = 1 To 5
N = InputBox("请输入第" & i & "个数：", "求 5 个数之和示例", 0)
Sum = Sum + N
Next i
Print Sum
End Sub
```

如图 3-9 所示为上面代码执行 InputBox 函数的语句时显示的画面，缺省值为 0，输入某数后单击"确定"按钮，程序继续执行。此画面将执行 5 次，分别输入 5 个数并求和。

图 3-9　5 个数求和

3.7.2　MsgBox 函数

MsgBox 函数可以向用户传送信息，并通过用户在对话框上的选择接收用户所作的响应，返回一个整型值，以决定后续操作。

MsgBox 函数使用的形式：MsgBox(提示 [,按钮][,标题])

(1) "提示"和"标题"：意义与 InputBox 函数中对应的参数相同。

(2) 按钮：制定显示按钮的数目及形式，默认按钮，以及消息框的强制返回级别等，该参数是一个数值表达式，形式为 c1＋c2＋c3＋c4，是各种选择值总和，默认值为 0。按钮参数有四组情况，每组值选取一个数字相加而成，参数表达式既可以用符号常数，也可以用数值。其中 c1、c2、c3、c4 取值情况见表 3-13 所示。

表 3 - 13 按钮设置值及意义

	按钮值	内置常量名	意　义
c1 的取值 （按钮数目）	0	VbOkOnly	只显示"确定"按钮
	1	VbOkCancel	显示"确定"和"取消"按钮
	2	VbAbortRetryIgnore	显示"终止"、"重试"和"忽略"
	3	VbYesNoCancel	显示"是"、"否"和"取消"按钮
	4	VbYesNo	显示"是"和"否"按钮
	5	VbRetryCancel	显示"重试"和"取消"按钮
c2 的取值 （图标类型）	16	VbCritical	关键信息图标
	32	VbQuestion	警示疑问图标
	48	VbExclamation	警告信息图标
	64	VbInformation	通知信息图标
c3 的取值 （缺省按钮）	0	VbDefaultButton1	第一个按钮为缺省按钮
	256	VbDefaultButton2	第二个按钮为缺省按钮
	512	VbDefaultButton3	第三个按钮为缺省按钮
c4 的取值 （模式）	0	VbApplicationModel	应用程序模式,用户在当前应用程序继续执行之前,必须对信息框作出响应;信息框位于最前面
	4096	VbSystemModel	系统模式,所有应用程序均挂起,直到用户响应该信息框为止

MsgBox 函数根据用户选择单击的按钮而返回不同的值,参见表 3 - 14 所示。

表 3 - 14 按钮返回值及意义

符号常量	返回值	对应按钮
vbOK	1	确定
vbCancel	2	取消
vbAbort	3	终止(A)
vbRetry	4	重试(R)
vbIgnore	5	忽略(I)
vbYes	6	是(Y)
vbNo	7	否(N)

请看下面示例：

```
Private Sub Form_Click()
    Print MsgBox("非法数据!" + Chr(13) + Chr(10) + "是否继续?", _
    vbYesNo + vbCritical，"提示信息")

End Sub
```

运行界面如图 3-10 所示。

按钮参数由每组值选取一个数字相加而成，参数表达式既可以用符号常数，也可以用数值，例如：

16＝0＋16＋0 或 VbCritical：显示"确定"按钮，"×"图标，默认活动按钮为"确定"。

321＝1＋64＋256 或是 vbOkCancel＋vbInformation＋vbDefaultButton 显示"确定"和"取消"按钮，"i"图标，默认活动按钮为"取消"。

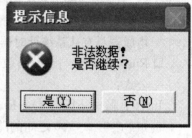

图 3-10　MsgBox 示例

MsgBox 函数有以下几种使用方法：

❑ 使用 Print。

Print MsgBox("是否继续?"，64，"提示信息")

❑ 使用赋值语句。

A ＝ MsgBox("是否继续?"，64，"提示信息")

❑ 等同一个方法使用（两边的括号需去掉），又称为 MsgBox 语句。

MsgBox　"是否继续?"，64，"提示信息"

MsgBox 语句没有返回值，因此常被用于简单信息显示。

以上三种方法在执行时都可以生成如图 3-11 所示界面，但第三种方法得不到用户单击按钮的返回值（或没有返回值）。

MsgBox 函数或 MsgBox 语句所显示的信息框有一个共同的特点，即在出现对话框后，用户必须做出选择，即单击框中的某个按钮或按回车键，否则不能执行其他任何操作，在 VB 中，将这样的窗口（对话框）称为模态窗口，例如 Window 中的"另存为…"对话框即是模态窗口。反之，允许对屏幕上其他窗口进行操作，称为非模态窗口，例如"我的电脑"窗口即是如此。

图 3-11　MsgBox
使用方法

3.7.3　Rnd 函数

用随机函数可以模拟自然界中各种随机现象，它所产生的随机数，可以提供给各种运算或试验使用。常用随机数语句和函数见表 3-15 所示。

表 3-15　随机数函数和语句

函数和语句	说　　明
Randomize 语句	产生随机数
Rnd 函数	产生 0~1 之间（不包括 1）的单精度随机数（Single 类型）

说明：

❑ Randomize 语句。

VB 中随机数的产生处理过程取决于 Timer 函数的返回值,当一个应用程序不断重复使用随机数时,同一序列的随机数会反复出现,用 Randomize 语句可以消除这种情况,其语法格式:Randomize[(x)]。

❑ Rnd(x):其自变量 x 为一个双精度数,可以省略;产生一个 0~1 之间的随机数;若 x<=0 得到和上一次相同的随机数;若 x>0 或是省略时,产生下一个随机数。

❑ 在调用 Rnd 函数之前,可以使用无参数的 Randomize 语句初始化随机数生成器,该生成器具有从系统计时器获得种子。

❑ Rnd(x)通常与 Int 函数配合使用。为了在某个范围内的随机整数,可使用以下公式:

Int((上限 - 下限 + 1) * Rnd + 下限)

例如:产生 1~100 之间的随机整数,使用下列算术表达式即可:

Int((100-1+1) * Rnd+1)

3.7.4   IsNumeric 函数

IsNumeric 函数的作用是判断表达式是否是数字,若是数字字符(包括正负号、小数点),返回 True;否则返回 False。该函数对输入的数值数据进行合法性检查很有效。

格式:IsNumeric(表达式)。

例如:IsNumeric(123a)结果 False。

           IsNumeric(-123.4)结果 True。

3.7.5   Shell 函数

在 VB 中可以通过 Shell 函数调用各种应用程序,凡是能在 DOS 或 Windows 下运行的可执行程序,都可以在 VB 中调用。

格式:Shell(命令字符串[,窗口类型])

说明:

❑ 命令字符串:表示要执行的应用程序名,包括路径,必须是可执行程序(扩展名为 com、exe、bat)。

❑ 窗口类型:表示执行应用程序的窗口大小,取值范围是 0~4、6 的整数,一般取 1,表示正常窗口状态。

Shell 函数成功调用的返回值为一个任务标识 ID,用于测试判断应用程序是否正常运行。

例如:调用 Windows 系统中的画图程序。

i=Shell("c:\windows\system32\mspaint. exe", 1)

3.8   本章小结

本章对 VB 语言基本知识进行了介绍,包括数据类型、变量的声明、常量的表示、运算符和表达式的意义和表示、VB 提供的内部函数。这些内容都是后面几章学习所必需的基础。初学者要记住,每种程序设计语言都有它的语法规定,必须按照它的规定书写;否则编译通不过。对 VB 丰富的数据类型、运算符和常用内部函数,不可能全部解释和使用,可以使用 F1 键查看 VB 帮助。

3.9　习题

3.9.1　选择题

(1) 设变量 D 为 Date 型、A 为 Integer 型、S 为 String 型、L 为 Long 型,下面赋值语句中不能执行的是(　　)。

A. D=♯12:30:00 PM♯　　　　　　　　B. A="3277e1"

C. S=Now　　　　　　　　　　　　　　D. L="4276D3"

(2) 下面表达式中(　　)的值是整型(Integer 或 Long)。

① 36+4/2　　　　　　② 123+Fix(6.61)　　　　　③ 57+5.5\2.5

④ 356 & 21　　　　　　⑤ "374"+258　　　　　　　⑥ 4.5 Mod 1.5

A. ①②④⑥　　　　B. ③④⑤⑥　　　　C. ②④⑤⑥　　　　D. ③⑥

(3) 表达式 Val("1234.67E−3ab789")的值为(　　)。

A. 1234.67　　　　　B. 1.23467　　　　　C. 1234.67789　　　　D. 表达式出错

(4) 在文本框 Text1 中输入数字 12,在文本框 Text2 中输入数字 34,执行以下语句,只有(　　)可使文本框 Text3 中显示 46。

A. Text3.Text=Text1.Text & Text2.Text

B. Text3.Text=Val(Text1.Text) + Val(Text2.Text)

C. Text3.Text=Text1.Text + Text2.Text

D. Text3.Text=Val(Text1.Text) & Val(Text2.Text)

(5) 数学式 $\left|\dfrac{e^x+\sin^3 x}{\sqrt{x+y}}\right|$ 所对应的 VB 算术表达式是(　　)。

A. Abs(e^x+Sinx^3/Sqr(x+y))

B. Abs((e^x+Sinx^3)/Sqr(x+y))

C. Abs(Exp(x)+Sinx^3)/Sqr(x+y))

D. Abs(Exp(x)+Sin(x)^3)/Sqr(x+y))

(6) 对正实数 x 的第四位小数四舍五入的 VB 表达式是(　　)。

A. 0.001 * Int(x+0.0005)　　　　　　　　B. 0.001 * (1000 * x+0.5)

C. 0.001 * Int(1000 * x+5)　　　　　　　D. 0.001 * Int(1000 * (x+0.0005))

(7) 函数 CInt、Int、Fix 都返回整数值,以下能正确描述它们返回值的大小关系的是(　　)。

A. CInt(−4.51)=Int(−4.51)<Fix(−4.51)

B. Int(−4.51)<CInt(−4.51)<Fix(−4.51)

C. CInt(−4.51)<Fix(−4.51)<Int(−4.51)

D. Int(−4.51)<Fix(−4.51)=CInt(−4.51)

(8) 设 Mys1,Mys2 均为字符串型变量,Mys1="Visual Basic",Mys2="b",则下面关系表达式中结果为 True 的是(　　)。

A. Len(Mys1)<>2 * instr(Mys1, "l")

B. Mid(Mys1,8,1)> Mys2

C. Chr(98)&Right(Mys1,4)= "Basic"

D. Instr(Left(Mys1,6),"a")+60 < Asc(Ucase(Mys2))

(9) 可以将变长字符串 S 中的第一个"ABC"子串,替换成"1234"的语句是(　　)。

A. S＝Left(S,InStr(S, "ABC"))＆"1234"＆Right(S,Len(S)−InStr(S, "ABC")−2)

B. Mid(S, InStr(S, "ABC"),3)＝"1234"

C. Mid(S, InStr(S, "ABC"),4)＝"1234"

D. S＝Left(S,InStr(S, "ABC")−1)＆"1234"＆ Right(S,Len(S)−InStr(S, "ABC")−2)

(10) 设 x＝8,y＝3,则以下不能在窗体上显示出"A＝11"的语句是(　　)。

A. Print　A＝x＋y　　　　　　　　　B. Print"A＝";x＋y

C. Print "A＝"＋Str(x＋y)　　　　　　D. Print"A＝"＆x＋y

(11) 在窗体上添加一个命令按钮和一个文本框,其名称分别为 Command1 和 Text1,将文本框的 Text 属性设置为空白,然后编写如下事件过程:

Private Sub Command1_Click()

　　　　a = InputBox("Enter an integer")

　　　　b = InputBox("Enter an integer")

　　　　Text1. Text = b + a

End Sub

程序运行后,单击命令按钮,如果在输入对话框中分别输入 3 和 10,则文本框中显示的内容是(　　)。

A. 出错　　　　　　B. 13　　　　　　C. 310　　　　　　D. 103

(12) 设 a＝2, b＝3, c＝4, d＝5,下列表达式的值是(　　)。

Not a<＝c Or 4 ∗ c＝b^2 And b<>a＋c

A. −1　　　　　　　B. 1　　　　　　C. True　　　　　　D. False

(13) 假定有如下的命令按钮(名称为 Command1)事件过程:

Private Sub Command1_Click()

　　　I＝InputBox("输入:",,"输入整数")

　　　MsgBox"输入的数据是:",,"输入数据:" ＋ I

End Sub

程序运行后,单击命令按钮,如果从键盘上输入整数 10,则以下叙述中错误的是(　　)。

A. I 的值是数值 10

B. 输入对话框的标题是"输入整数"

C. 信息框的标题是"输入数据:10"

D. 信息框中显示的是"输入的数据是:"

(14) 下列叙述中正确的是(　　)。

A. MsgBox 语句的返回值是一个整数

B. 执行 Msgbox 语句并出现信息框后,不用关闭信息框即可执行其他操作

C. MsgBox 语句的第一个参数可以省略

D. 如果省略 MsgBox 语句的第三个参数(Title),则信息框的标题为空

(15) 把数学表达式 $(5x＋3)/(2y−6)$ 表示为正确的 VB 表达式应该是(　　)。

A. (5x＋3)/(2y−6)　　　　　　　　　B. x∗5＋3/2∗y−6

C. (5 ∗ x＋3)　　　　　　　　　　　D. (x ∗ 5＋3)/(y ∗ 2−6)

(16) 设 l＝5,u＝10,则执行 c＝Int((u−l) ∗ Rnd＋l)＋1 后,c 值的范围为(　　)。

A. 5～10　　　　　　B. 6～9　　　　　C. 6～10　　　　　D. 5～9

3.9.2　填空题

(1) 运行下面的程序,单击命令按钮 Command1,则窗口上立即显示的结果是_____。

```
Private Sub Command1_Click()
Dim A As Integer, B As Boolean, C As Integer, D As Integer
A=18/3：B=True：C=B：D=A+C
Debug. Print A, D, A=A+C
End Sub
```

（2）在窗体上添加一个文本框、一个标签和一个命令按钮，其名称分别为 Text1、Label1 和
Command1，然后编写如下两个事件过程：

```
Private Sub Command1_Click( )
        S$=InputBox("请输入一个字符串")
        Text1. Text=S$
End Sub
Private Sub Text1_Change( )
        Label1. Caption=UCase(Mid(Text1. Text, 7))
End Sub
```

程序运行后，单击命令按钮，将显示一个输入对话框，如果在该对话框中输入字符串"Visual Basic"，则
在标签中显示的内容是＿＿＿＿＿。

（3）下列语句的输出结果是＿＿＿＿＿。

`Print Format(Int(12345. 6789 * 100+0. 5)/100,"0000,0. 00")`

（4）描述"X 是小于 100 的非负整数"的 Visual Basic 表达式是＿＿＿＿＿。

（5）假定有如下的窗体事件过程：

```
Private Sub Form_Click()
    a$ = "Microsoft Visual Basic"
    b$ = Right(a$, 5)
    c$ = Mid(a$, 1, 9)
    MsgBox a$, 34, b$, c$, 5
End Sub
```

程序运行后，单击窗体，则在弹出的信息框的标题栏中显示的信息是＿＿＿＿＿。

（6）在窗体上添加两个文本框，其名称分别为 Text1 和 Text2，然后编写如下程序：

```
Private Sub Form_Load()
    Show
    Text1. Text = ""
    Text2. Text = ""
    Text1. SetFocus
 End Sub
Private Sub Text1_Change()
    Text2. Text = Mid(Text1. Text, 8)
End Sub
```

程序运行后，如果在文本框 Text1 中输入"BeijingChina"，则在文本框 Text2 中显示的内容
是＿＿＿＿＿。

（7）在窗体上添加一个命令按钮，名称为 Command1，然后编写如下事件过程：

```
Private Sub Command1_Click()
    a$ = "software and hardware"
    b$ = Right(a$, 8)
```

```
        c $ = Mid(a $, 1, 8)
        MsgBox a $, , b $, c $, 1
End Sub
```

运行程序,单击命令按钮,则在弹出的信息框的标题栏中显示的是_____。

(8) 设 A=2,B=−4,则表达式 3 * A>5 Or B+8<0 的值是_____。

(9) 设 A=2,B=−2,则表达式 A/2+1>B+5 Or B * (−2)=6 的值是_____。

3.9.3 综合题

(1) 下列符号名中哪些是 VB 合法的变量名?

Dimvar、_a8ib、Click、8student、use&input、ing□de、#input。

(2) 写出下列数学式对应的算术表达式。

① $2 + \dfrac{1}{1 + \dfrac{1}{t}}$ ② $\left(\dfrac{m}{3}\right)^{3x}$

③ $\sqrt[3]{x^2 + \sqrt{x^2 + t}}$ ④ $\ln \dfrac{e^{xy} + |\tan^{-1}z + \cos^3 x|}{x + y - z}$

⑤ $\ln(x + \sin^2 x)$ ⑥ $\left|\dfrac{e^x + \sin^3 x}{x + y}\right|$

⑦ $\dfrac{2y}{(ax+by)(ax-by)}$ ⑧ $\left(\dfrac{\cos(x)}{3}\right)\ln x$

(3) 下列表达式的值是多少?

① Mid("Visual Basic",1,12)=Right("Programming Language Visual Basic",12)

② "ABCRG">="abcde"

③ Int(134. 69)>=Cint(134. 69)

④ 78. 9/32. 77<=97. 5/43. 87 And − 45. 4>−4. 98

⑤ Str(32. 345)=Cstr(32. 345)

(4) 求下面题目的布尔表达式。

① 关系式 X<=−5 或 X>=5 所对应的布尔表达式。

② 关系式−5<=X<=5 所对应的布尔表达式。

③ X 的绝对值大于等于 B 同时 A 不等于 C 的布尔表达式。

④ 一元二次方程 ax^2+bx+c=0 有实根的条件:a≠0,并且 b * b−4ac>=0,表示该条件的布尔表达式。

⑤ 表示条件"变量 X 为能被 5 整除的偶数"的布尔表达式。

⑥ X 是小于 100 的非负数,对应的布尔表达式。

3.9.4 问答题

(1) VB 提供了那些标准数据类型? 声明类型时,其类型关键字分别是什么? 所占用的字节数分别是多少?

(2) "+"和"&"在进行字符串连接运算时有何异同?

(3) 空串和字符串的区别是什么?

(4) Visual Basic 共有几种表达式? 根据什么确定表达式的类型?

(5) Visual Basic 中,对于没有赋值的变量,系统默认值是什么?

第4章　程序流程控制结构

对于 Visual Basic 应用程序结构,在设计一个程序时,首先考虑所要设计的应用程序对应 Visual Basic 中的项目(Project),而该项目所包含的全部对象和过程,在设计过程中,可采用自顶向下、逐步求精、模块化设计思想。

Visual Basic 属于结构化程序设计语言,结构化程序设计中有三种基本控制结构:顺序结构、分支结构和循环结构。这三种结构可以任意组合、嵌套、构造各层次分明复杂的程序;这三种基本结构具有单入口、单出口的特点,其他的程序结构都可以由若干个基本结构构成。

4.1 算法基础与流程图

4.1.1 算法

所谓算法,就是解决某个问题或处理某个事件的方法和步骤。

算法示例:

【例 4－1】 求两个自然数的最大公约数(辗转相除法)。

步骤 1:输入两个自然数 m、n。

步骤 2:r ＝ m mod n,即把 m 除以 n 的余数赋值给 r。

步骤 3:m＝n;n＝r,即用 n 代换 m,用 r 代换 n。

步骤 4:若 r≠0,则转(2)(3)(循环)。

步骤 5:否则输出 m(m 为最大公约数)。

本算法是古希腊数学家欧几里德提出的,所以又称为欧几里德算法。

对于同一问题,可能有多种不同的算法,也就是一题多解问题,这就要求在众多的算法中,选择较好的一种算法。一个良好的算法,应具备如下的基本特征:

(1) 有穷性。一个算法包含步骤必须有限,并在一个合理的时间限度内可以执行完毕。

(2) 确定性。算法的每个步骤都应确切无误,没有歧义性;只要初始条件相同,就可以得到相同的、确定的结果,没有歧义。

(3) 可行性。算法中的每个步骤必须可以有效执行、可以实现,并得到确定的结果。

(4) 输入性。一个算法可以有输入数据,也可以没有输入数据;即有零个或是多个输入。

(5) 输出性。一个算法的目的就是求问题的解,求解的结果,必须向用户输出;即至少有一个输出。

4.1.2 流程图

对算法的描述,必须用相应的工具。目前,计算机程序设计中常用的描述工具有:自然语言、流程图、N—S 图等。本节主要介绍流程图。

自然语言是人们在日常生活中沟通交流的语言,但是若用自然语言描述算法,则存在文字冗余、有二义性、表达不确切等不足之处。

流程图是描述算法过程的一种图形方法,具有直观、形象、易于理解等特点。美国国家标准化协会（ANSI）规定了流程图描述的基本图形符号，见表 4-1 所示。

表 4-1　流程图符号

名　称	图　形　符　号	代　表　操　作
开始或结束	▭	流程的开始或是终点
输入/输出	▱	数据的输入与输出
处理	▭	各种形式数据处理
判断	◇	判断选择，根据条件满足与否选择不同路径
特定过程	⊏▭⊐	一个定义过的过程
流程线	→	连接各个图框，表示执行顺序
连接点	○	表示与流程图其他部分相连接

例 4-1 的流程图如图 4-1 所示。图框内的文字用于说明具体的操作内容。

4.2　顺序结构程序设计

顺序结构是程序中最基本、简单的结构。在此结构中，程序按照语句出现的先后顺序依次执行。顺序结构的流程图如图 4-2 所示。

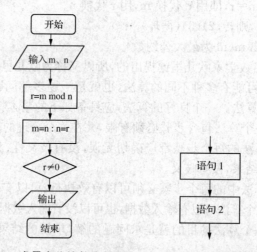

图 4-1　求最大公约数流程图　　图 4-2　顺序结构

一般的程序设计语言中，顺序结构主要是赋值语句、输入\输出语句等。

输入\输出语句可以通过文本框控件、标签控件、Print 方法、InputBox 函数、MsgBox 函数和过程等来实现。

4.2.1　赋值语句

Visual Basic 中的赋值运算符"＝"用来给变量、对象的属性或是数组赋值，即运算符右边的内容(包括常量、对象的属性、函数返回值或变量)赋给运算符左边的变量或是属性。

语法格式如下：

Variable ＝ 表达式

其中 Variable 可以是变量、数组的元素、数组或运行时可写的对象属性。表达式可以是常数值、常量标识符、变量、表达式或是函数调用等。其中,表达式必须有确定的值。例如:

A＝10	'把数值赋给变量 A
X＝"VB 欢迎你!"	'把字符赋给变量 X
Lable1.Caption＝"用户"	'给对象属性赋值
Y＝(a＋b)/2	'把表达式值赋值给 Y

对于赋值语句将做如下一些说明:

(1) 赋值号左边必须是变量或是对象的属性,不能是数值、常量和表达式。

若已用 Const Pi＝3.14 定义了常量,则如下赋值语句是错误的:

5＝Pi	'左边是常量
5＋Y＝Pi	'给表达式赋值
Pi＝3.1415926	'给常量赋值
Sin(n)＝n＋m	'左边是表达式,即标准函数的调用
X＋Y＝6	'左边是表达式

(2) 当右边表达式类型与左边变量类型不同时,在赋值时应该如何处理?

❑ 当变量与表达式都是数值类型,系统先求出表达式的值,再将其转换为变量类型后再赋值。

X＝X＋1	'把变量的值加 1 后再赋值给 X

❑ 当表达式为数值型与变量精度不同时,强制转换为左边变量的精度。

X％＝8.5	'X 为整型变量,转换时四舍五入,X 中的结果为 9

❑ 当右边表达式是数字字符串,左边变量是数值类型,自动转换为数值类型再赋值,当表达式有非数字字符或空串时,则出错。

Dim n as Integer

n％＝"123"	'n 中的结果是 123,与 n％＝val("123")效果相同
n％＝"123a"	'程序运行时系统给出"类型不匹配"的错误,并停止执行

❑ 任何非字符类型赋值给字符类型,自动转换为字符类型。

Dim　StringA as String,StringB as String

StringA ＝"123A"	'赋值后的 StringA 结果是字符串"123A"
StringB ＝ 123	'赋值后的 StringB 结果是字符串"123"

❑ 当一个逻辑值"True"赋给一个字符变量,变量的值将为"True";把逻辑值"False"赋值给字符变量,变量的值为"False"。

❑ 将一个逻辑值"True"赋给一个整型变量,变量的值将为"－1";将逻辑值"False"赋值给整型变量,变量的值为"0"。

Dim V as Integer, Sum as Double

V＝True	'赋值后的 V 结果是－1
Sum＝False	'赋值后的 Sum 结果是 0

❑ 变量为逻辑型,而表达式为数值类型,则所有非零值,系统转换为"True";"0"转换为"False"赋给变量。

```
Dim Bool as Boolean
Bool=123                          '赋值后 Bool 结果为 True
Bool=0                            '赋值后 Bool 结果为 False
```

（3）赋值号与等号的区别。赋值号与关系运算符都用"＝"表示，但 VB 系统会根据它所处的位置自动判断是何种意义的符号，即在条件表达式中出现的是等号，否则是赋值符号。

赋值号用在赋值语句中；等号用在条件判断表达式中，一般与其他结构语句结合，不能单独使用。当一条语句中出现多个"＝"号时，左边第一个是赋值号，其他均作为赋值号右边表达式中的关系运算符看待。例如，语句 a＝b＝2 的含义是：先判断 b＝2 是否成立，再将判断的结果赋值给变量 a。

请看下面关于赋值符号和等号的一些例子：

语句及"＝"含义	功能：

M＝x∗y　　　　　'赋值符号
a＝b＝2　　　　　'第一个是赋值符号
　　　　　　　　　'第二个是逻辑等号
IF M＝ x∗y then '逻辑等号
M＝x　　　　　　'赋值号
Else
M＝y　　　　　　'赋值号
End if
	计算 x∗y 结果赋予变量 M，M 是数值变量。
	　　先判断 b＝2 是否成立，再将判断的结果赋值给变量 a，a 是逻辑变量。
	　　如果变量 M 的值等于表达式 x∗y 的运算结果，则将 x 的值赋给 M，否则 y 的值赋给 M，M 是数值变量。

4.2.2　数据的输入与输出

一个计算机程序通常可以分为三个部分：输入、处理和输出。

1. 数据的输入

一个算法可以有输入数据，也可以没有输入数据；即有零个或是多个输入。对于 VB 编程，如果程序需要输入，可以通过 Text、Lable、InputBox 函数、过程等来实现。

2. 数据的输出

一个算法至少有一个输出，常用的方法通过 Text、Lable、List、Print 方法、MsgBox 函数和过程等来实现。

Print 是输出数据、文本的一个重要方法，该方法既可以用于窗体，也可以用于其他对象，本节主要介绍 Print 方法和与其有关的函数使用方法。Print 方法用于将内容输出到指定位置。使用形式如下：

格式：［对象名.］Print ［p1 ＜s＞p2＜s＞…］

其中 p1、p2…是输出项，s 是分隔符逗号"，"或分号"；"。

说明：

（1）"对象名"可以是窗体（From）、立即窗口（Debug）、图片框（PictureBox）、打印机（Printer）上输出数据。若省略对象名则在当前窗体上输出。例如：

```
Print"VB 程序设计"                 '把字符串显示在当前窗体上
Picture1. Print "VB 程序设计"       '把字符串显示在图片框 Picture1 上
```

Debug. Print "VB 程序设计"　　　　　　　'把字符串显示在立即窗口上

（2）[p1 <s> p2 <s>…]，其中 p1、p2…是输出项，当输出项有多个时，需要用分隔符分隔开。分隔符的作用是指明下一个输出项的输出位置，各分隔符的作用方法如下：

□ 逗号分隔符：指明下一个输出项在下一个制表位输出。每一个制表位宽度为 14 个字符，若前一个输出项的输出宽度超过 14 个字符，则占用 2 个制表位，下一输出项自动占用再下一个制表位。

□ 分号分隔符：下一个输出项紧接着输出。但数值输出项的头部加一个符号位（正数为空格），尾部加一个空格。

□ 分号或逗号为结尾符号：一般情况每执行一次 Print 方法要自动换行，使后面执行 Print 时在新一行显示信息，但 Print 方法中表达式以分号或逗号结尾时，按紧凑格式或标准格式显示下一个输出信息，请看下面代码执行后输出项的不同：

Private Sub Form_Click()
　　Print "Visual"　　　　　　　'结尾处没有符号
　　Print "Basic";　　　　　　　'结尾处有分号
　　Print "欢迎你!"
End Sub

运行界面如图 4-3 所示。

图 4-3　分号示例

□ 不使用分隔符时，下一个输出项将另起一行。此时，每个 Print 语句只能输出一个输出项，所以多个输出项必须用多个 Print 语句输出。每个输出项占一行，下一个输出项的内容从下一行的开始位置输出。

（3）输出项列表是一个表达式或是多个表达式，对于数值表达式，先计算出表达式的值，然后输出；若是字符串则原样输出；若 Print 语句后面没有任何输出项，即省略"表达式"，则输出一个空行。

下面请看一个简单的应用示例：

Private Sub Form_Click()
　　Print 160 / 4 '输出表达式的值为 40
　　Print '输出空行
　　Print "160/4" '输出双引号中的字符串
End Sub

如图 4-4 所示，输出第一行数值"40"前面有一个空格，其实后面也有一个空格，即输出数值数据时，数值的前面有个符号位，后面有一个空格；而字符串前后则没有空格。

图 4-4　输出项示例

（4）与 Print 方法有关的函数。Visual Basic 提供了 Tab 函数、Spc 函数、Format 函数等可以与 Print 联合使用，以便控制输出格式，例如，使用空格函数 Space(n)在输出的数据之间插入 n 个空格或使用制表符函数 Tab(n)指定下一个输出项的输出位置在第 n 列上。下面将对它们依次介绍。

❏ Tab 函数

格式：Tab[(n)]

Tab 函数与 Print 方法一起使用，输出表达式时定位于第 n 列（从最左端作为第 1 列开始计算的第 n 列），允许重复使用。例如：

Print Tab(25);"123"　　　　　　　　　'将在第 25 个位置上开始显示"123"字符串

说明：参数 n 是数值表达式，其值为一整数，用来指定表达式输出时的起始列数，若省略此参数，则 Tab 将输出点移动到下一输出区的起点。当 Print 中有多个 Tab 函数，各项间用分号隔开，每个 Tab 函数对应一个输出项。例如：

```
Private Sub Form_Click()
    Print "Visual"; Tab(10); "Basic"
    '第二个字符串从第 10 列开始输出
    Print Tab(3); "Visual"; Tab; "Basic"
    '第二个 Tab 省略参数，所以第二个字串从下一个输出区，即从第 15 列开始输出
End Sub
```

代码执行界面如图 4-5 所示。

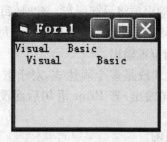

图 4-5　Tab 函数示例

❏ Spc 函数

格式：Spc(n)

Spc 函数与 Print 方法一起使用，使光标从当前位置插入 n 个空格，允许重复使用。

说明：该函数与 Tab 函数类似，所不同的是：Tab 函数中的参数 n 是相对屏幕最左侧（即第 1 列）而言的列号，而 Spc 函数中的 n 参数是相对于前一个输出项的最后一个字符中间插入的空格。例如：

```
Private Sub Form_Click()
    Print "Visual"; Tab(10); "Basic"        '第二个字符串从第 10 列起输出
    Print "Visual"; Spc(10); "Basic"        '两个字符串之间间隔 10 个空格
End Sub
```

运行结果如图 4-6 所示。

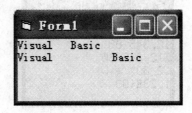

图 4-6　Spc 函数示例

❑ Format 函数

格式：Format[$]（算术表达式,格式字符串）

Format 函数专门用于将数值、日期和时间数据按指定格式输出的函数。Format 函数仅用于控制数据的外部输出格式,不会改变数据在计算机内部的存储形式。"格式字符串"是一个串常量或串变量,由专门的格式说明字符组成,这些字符决定了数据项的显示格式和长度,见表 4-2 所示。

表 4-2　格式控制符

符号	作　用	数值表达式	格式化字符串	显示结果
0	实际数字小于符号位数,数字前后补 0	1234.567 1234.567	"00000.0000" "000.00"	01234.5670 1234.57
♯	实际数字小于符号位数,数字前后不补 0	1234.567 1234.567	"♯♯♯♯♯.♯♯♯♯" "♯♯♯.♯♯"	1234.567 1234.57
,	千分位	1234.567	"♯♯,♯♯0.0000"	1,234.5670
%	数值乘以 100,加 %	1234.567	"♯♯♯♯.♯♯%"	123456.7%
$	美元符号,在数字前强加 $	1234.567	"$♯♯♯.♯♯"	$1234.57
E+ E-	用指数表示	0.1234	"0.00E+00"	1.23E-01

说明：对于符号 0 或♯,相同之处为：若要显示的数值表达式的整数部分位数多于格式字符串的位数,按实际数值显示,若小数部分的位数多于格式字符串的位数,按四舍五入显示。不同之处为："♯"格式输出数字前后不补零。

采用不用格式字符组成的格式控制字符串输出示例：

```
Private Sub Form_Click()
    Print Format(12345.6, "000,000.00")
    Print Format(12345.6789, "♯♯♯,♯♯♯.♯♯")
    Print Format(12345.6, "$♯♯,♯♯♯0.00")
```

```
Print Format(0.123, "0.00%")
Print Format(1234.5, "0.00E+00")
End Sub
```

上述代码运行后,结果如图 4-7 所示。

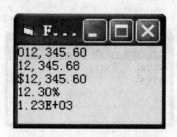

图 4-7   Format 函数示例

4.3   分支结构程序设计

仅使用顺序结构不能使计算机完成处理复杂多变的问题,VB 还提供了多种形式的条件语句来实现选择结构。

4.3.1   If 条件语句

If 条件语句有多种形式: 单分支、双分支和多分支等。

1. 单分支结构(If…Then 语句)

语句形式为:

(1) If   e   Then

     A 语句组

   End If

(2) If   e   Then   A 语句

执行规则: 若条件成立,执行 A 语句组;条件不成立,跳过 A 语句组。其流程如图 4-8 所示。

图 4-8   单分支

e:表达式,e 一般为关系表达式、逻辑表达式,也可为算术表达式;表达式值按非零时取 True,零时取 False 进行判断。

下面请看一个简单应用示例:

```
Private Sub Command1_Click()
    If score >= 60 Then
```

```
        Print "祝贺你考试通过!"
    End If
    Print "继续努力!"
End Sub
```

注意：当 A 语句组仅有一个语句时,结构可简化为：If　e　Then　〈语句〉,后面不允许用 end if。

上例等价于：

```
Private Sub Command1_Click()
    If Score>=60　Then　Print　"祝贺你考试通过!"
    Print "继续努力!"
End Sub
```

2. 双分支结构

语句形式如下：

```
If e1 then
    A1 语句组
Else
    A2 语句组
End if
```

执行规则：条件成立,执行 A 语句组,条件不成立,执行 B 语句组。其流程如图 4－9 所示。

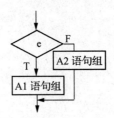

图 4－9　双分支结构

例如：

```
Private Sub Command1_Click()
    If score >= 60 Then
            Print "祝贺你考试通过!"
    Else
            Print "考试未通过."
    End If
    Print "继续努力!"
End Sub
```

3. 多分支结构

双分支结构只能根据条件的 True 和 False 决定处理两个分支中的其中一个。当实际处理的问题有多种条件时,就需要用到多分支结构。

语句形式如下：

```
If e1 then
    A1 语句组
ElseIf e2 then
    A2 语句组
ElseIf e3 then
    A3 语句组
Else
    N 语句组
End if
```

执行规则：根据不同的表达式值确定执行哪个语句块，VB 测试条件的顺序为 e1、e2…，遇到表达式值为非零(True)，则执行该条件下的语句块。

注意：Else 总是和距它最近的上面的 If 配对。书写时最好 If 和 Else 一一对应，采用锯齿状错开书写。

【例 4‒2】 已知从文本框中输入某课程的百分制成绩 Mark，要求显示对应不同的等级评定并输出，条件如下：

$$
等级 = \begin{cases}
优 & 90 \leqslant Mark \\
良 & 80 \leqslant Mark < 90 \\
中 & 70 \leqslant Mark < 80 \\
及格 & 60 \leqslant Mark < 70 \\
不及格 & Mark < 60
\end{cases}
$$

【程序代码】 如下：

方法 1：

```
Private Sub Form_Click()
    Dim Mark As Integer, s As String
    Mark = Text1. Text
    If Mark >= 90 Then
        s = "优"
    ElseIf Mark >= 80 Then
        s = "良"
    ElseIf Mark >= 70 Then
        s = "中"
    ElseIf Mark >= 60 Then
        s = "及格"
    Else
        s = "不及格"
    End If
    Text2. Text = s
End Sub
```

方法 2：

```
Private Sub Form_Click()
```

```
Dim Mark As Integer，s As String
Mark = Text1. Text
If Mark >= 90 Then
     s = "优"
ElseIf Mark < 90 And Mark >= 80 Then
     s = "良"
ElseIf Mark < 70 And Mark >= 60 Then
     s = "及格"
ElseIf Mark < 80 And Mark >= 70 Then
     s = "中"
Else
     s = "不及格"
End If
Text2. Text = s
End Sub
```

说明：方法一中只用了关系运算符，比较的值从大到小依次表示；方法二用到关系运算符和逻辑运算符，将各种条件都考虑到，表达式中数值的大小与次序无关，也能得到正确的结果。

下面看一个实例，代码如下：

```
Private Sub Command1_Click()
    x = Sqr(2) + Sgn(2)+ Rnd(2) * 10
    y = Sqr(3) + Sgn(3)+ Rnd(3) * 10
    If x > y Then
      Print "x>y"
    ElseIf x = y Then
      Print "x=y"
    Else
      Print "x<y"
    End If
End Sub
```

本例主要考查对 If…Then…Else…end If 分支结构和 VB 函数语句的理解。程序运行后，窗体显示运行 5 次后的结果如图 4-10 所示，很明显结果不确定。

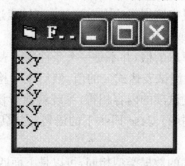

图 4-10　分支结构示例

程序第一行为"x"赋值的表达式,用到数学函数 Sqr()和 Sgn(),以及随机函数 Rnd(2)。Sqr()函数返回自变量 x 的平方根;Sgn(x) 返回自变量 x 的符号;Rnd(x)函数可以产生一个 0 到 1 之间的单精度类型的随机数。

程序第二行为"y"赋值的表达式。在判断 x 和 y 的大小时用到 If…Then…Else…end If 分支结构,本例中表示如果 x>y 条件成立,显示"x>y",又如果 x=y 条件成立,显示"x=y",否则显示"x<y"。因为 x 和 y 中都含有随机函数,所以每次随机函数产生的数值大小不定,不同的随机数导致 x 和 y 比较结果不确定。

4. If 语句的嵌套

If 语句的嵌套是指 If 或 Else 后面的语句块中又包含 If 语句。

语句形式如下:

```
If e1 Then
        If e2 then
    …
        End If
End If
```

注意:多个 If 嵌套,End If 与它最近的 If 配对;为了增强程序的可读性,书写时采用锯齿形。

4.3.2   Select Case 结构语句

语句形式为:

```
Select Case   测试表达式 e
        Case 测试项 1
                A 语句组
        Case 测试项 2
                B 语句组
    …
Case Else
N 语句组
End Select
```

其中:

测试表达式可以是数值或字符串表达式。注意:测试表达式只能是算术表达式或字符表达式,不能使用关系表达式或逻辑表达式。

测试项是测试表达式可以取的值,并不是一个条件判断表达式。

执行过程是:系统先求出测试表达式 e 的值,然后逐个检查每个 Case 语句的测试项,如果测试表达式的值与某个测试项的内容相符,系统就执行该 Case 语句下的那组语句,若没有一个测试项满足要求,就执行 Case Else 下的语句,完成后执行 End Select 语句后的下一条语句。

测试项必须和测试表达式的数据类型相同,可以是下面四种形式之一:

❏ 具体取值,例如:3.5 等。

❑ 连续的数据范围,例如:2 to 7。

❑ 某个判断条件,例如:is>10。

❑ 以上三种形式的组合,例如:4,7 to 10 ,is>50。

【例 4 - 3】 可以用 Select Case 结构语句将例题 4 - 2 改写如下。

【程序代码】 如下:

```
Private Sub Form_Click()
    Dim Mark As Integer, s As String
    Mark = Val(Text1. Text)
    K = Mark \ 10
    Select Case K
            Case 10,9
                s = "优"
            Case 6 To 8
                s = "通过"
            Case Else
                s = "未通过"
    End Select
    Text2. Text = s
End Sub
```

4.3.3　条件函数(IIf 函数和 Choose 函数)

VB 提供了 IIf 函数和 Choose 函数,来实现一些简单的条件判断分支结构。

1. IIf 函数

格式:IIf(表达式,条件为真的值,条件为假的值)

功能:对表达式进行测试,若条件成立(为真值),则取第一个值(即"条件为真时的值"),否则取第二个值(即"条件为假时的值")。

说明:表达式是表示条件的一个关系表达式或逻辑表达式,可以给出一个逻辑值。

【例 4 - 4】 实现将 X,Y 变量中的最大数放入 Tmax 变量。

方法一:用 If 语句:If X > Y Then

　　　　　　　　　Tmax = X

　　　　　　　Else

　　　　　　　　　Tmax = Y

　　　　　　　End If

方法二:用 IIf 函数:Tmax = IIf(X > Y, X, Y)

2. Choose 函数

格式:Choose(N,返回值 1,返回值 2,…)

功能:当 N=1 时,取"返回值 1";当 N=2 时,取"返回值 2",依次类推。如果 N 的值小于 1 或是大于返回值个数,则函数返回 Null 值。

【例 4 - 5】 根据 x 的值 1~4.,分别返回不同的运算符。

方法一：Select Case 语句。　　　　　方法二：Choose 函数。

```
X= Int(Rnd * 4 + 1)                    X = Int(Rnd * 4 + 1)
Select Case X                          Ch = Choose(X,"+","-","×","÷")
    Case 1
        Ch = "+"
    Case 2
        Ch = "-"
    Case 3
        Ch = "×"
    Case Else
        Ch = "÷"
End Select
```

4.4　循环结构程序设计

循环结构是一种可以根据条件实现重复执行程序的控制结构。

4.4.1　Do 循环

Do 循环一般有当型循环结构（Do while|Until）和直到型循环结构（Do…Loop while|Until）两种，其他循环结构可以看做这两种循环结构的变形。

"当型"循环与"直到型"循环区别："当型"循环先判断后执行；"直到型"循环先执行后判断。

1. Do…while 循环结构

结构流程图如图 4-11 所示。两种形式如下：

```
          形式一                        形式二
     Do While〈条件表达式〉            Do
          ……
         [Exit do]                       [Exit do]
          ……
     Loop                             Loop While〈条件表达式〉
```

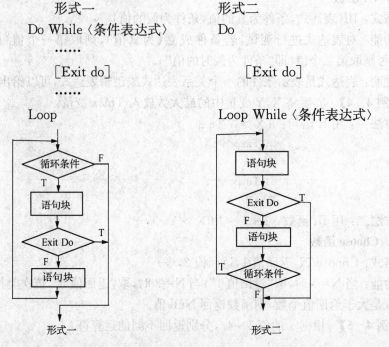

形式一　　　　　　　　　　　　　　形式二

图 4-11　Do…While 循环结构

执行过程是：当条件表达式成立时执行循环体,条件表达式不成立时则退出循环体。

其中,Exit do 语句的作用是退出循环体,该语句一般与 If-Then 语句结合使用。常见形式为：If 〈条件表达式〉 Then Exit do

2. Do…Until 循环结构

结构流程图见图 4-12。

有两种形式：

形式三	形式四
Do Until〈条件表达式〉	Do
……	
[Exit do]	[Exit do]
……	
Loop	Loop Until〈条件表达式〉

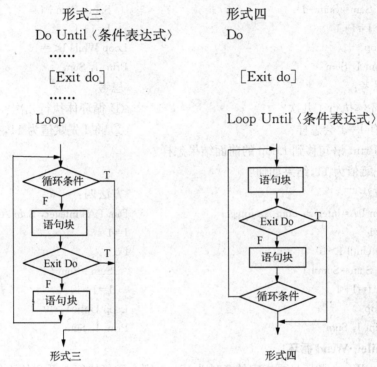

图 4-12　Do…Until 循环结构

执行过程是：当条件表达式不成立时执行循环体,条件表达式成立时则退出循环体。

对于这四种形式作如下说明：

(1)"当型"循环与"直到型"循环区别。

❑ 执行顺序不同。以 While 循环为例,"当型"循环先判断后执行,即先判断循环条件,若为真(Until 循环条件为假),执行循环体,再判断循环条件；否则,跳过循环体,执行 Loop 之后语句；"直到型"循环先执行后判断,即先执行循环体,再判断循环条件,若为真(Until 循环条件为假),继续执行循环体；否则,结束循环,执行 Loop 之后语句。

❑ 执行次数不同(特殊情况下)。"当型"循环,条件不满足,循环体可能一次也不执行；"直到型"不论条件如何,至少执行一次。

(2) While 和 Until 的区别与联系。

❑ 区别：While 条件为真时执行循环体,否则退出循环；Until 条件为假时执行循环体,否则退出循环。

❑ 关系：While 和 Until 可以相互转换,但循环条件取反。

【例4-6】 求 1+2+3+4+…+10 的和,采用四种方法比较它们的异同。

【程序代码】如下:

方法一:
```
Dim I As integer, Sum As Integer
I=1
Do While I<=10
    Sum=Sum+I
    I=I+1
Loop
Print I, Sum
```
思考:

① 循环体执行了几次?

② 没有 I=1 会怎样?

③ 将 Print 语句移到 Loop 的前面结果怎样?

④ I 先赋值为 11,结果如何?

方法二:
```
Dim I As integer, Sum As Integer
I=1
Do
    Sum=Sum+I
    I=I+1
Loop While I<=10
Print I, Sum
```
思考:

① 循环体执行几次?

② 将 I 先赋值为 11,执行结果如何?

方法三:
```
Dim I As integer, Sum As Integer
I=1
Do Until I>10
    Sum=Sum+I
    I=I+1
Loop
Print I, Sum
```

方法四:
```
Dim I As integer, Sum As Integer
I=1
Do
    Sum=Sum+I
    I=I+1
Loop Until I>10
Print I, Sum
```

3. While…Wend 循环

While…Wend 循环只要指定的条件为 True,则会重复执行一系列的语句。

其使用的格式为:
```
While
    [语句块]
Wend
```

While 循环的功能是:当给定的条件为 True 时,执行循环中的语句块(即循环体)。

执行过程是:如果条件为 True(非 0),则语句块会执行,一直执行到 Wend 语句,然后回到 While,并再一次检查条件,如果条件为 True,则重复执行;如果条件为假,则程序会结束循环,从 Wend 语句之后的语句继续执行。

说明:

(1) While 循环先对条件进行测试,然后决定是否执行,该循环属于当型循环结构。

(2) 如果条件总是成立,则程序一直循环下去,出现死循环(这种情况应当避免)。

(3) While 循环可以嵌套。每个 Wend 和上面最近的且没有匹配的 While 匹配。

【例4-7】 求 100! 程序示例。

【程序代码】如下:

```
Private Sub Form_Click()
```

```
    Dim fact As Single, i As Integer
    fact = 1: i = 1
    While i <= 10
        fact = fact * i
        i = i + 1
    Wend
    Print "fact="; fact
End Sub
```

4.4.2　For – Next 循环

语句结构一般形式：

```
    For v=e1 to e2 [step e3]
        …
        [Exit for]
        …
    Next v
```

其中,v 代表循环控制变量,应为整型或单精度型;e1、e2、e3 是控制循环的参数。e1 为循环初始值,e2 为循环终止值,e3 为步长,步长值不能为 0。当 e3=1 时,Step e3 部分可以省略。

Exit for 语句的作用是退出循环体。该语句一般与 If-Then 语句结合使用,常见形式为：If 〈条件表达式〉 Then Exit for

For…Next 结构语句的执行过程是：

(1) 先计算 e1、e2 和 e3 的值,将循环初始值赋给循环变量。

(2) 循环变量与终值进行比较,判断循环变量是否超出循环终值(当步长为正时,"超过"指大于等于终值;当步长为负时,"超过"指小于等于终值),若没有,则执行循环体。

(3) 执行 next 语句,即将循环控制变量增加一个步长,再与循环终值进行比较,重复步骤 2,直到循环控制变量超出终值,退出循环,执行 next 语句的下一条语句。

For…Next 结构语句作以下说明：

❏ 循环变量必须是数值型变量,与初值、终值的类型一致。

❏ 步长可以是整数、负数,默认时步长为 1。

❏ 语句块可以是一个语句,也可以是多个语句。

❏ 循环次数为 Int((e2-e1)/e3)+1。

可以将例 4-6 程序代码改写如下：

```
Dim  I%, Sum %
    For I = 1 To 10 step 1
    Sum=Sum+I
Next I
Print I, Sum
```

思考：循环体的执行次数是多少? 输出的 I、Sum 值是多少 ?

需要说明的是:控制循环的三个参数 e1、e2、e3 可以看作是三个常量,在循环过程中其

值即使发生变化也不会影响循环的执行次数,只有循环控制变量 v 的变化才会影响到循环的执行次数。请看下面一个简单示例:

```
Private Sub Command1_Click()
    Dim p As Integer, i As Integer, n As Integer
    p = 2: n = 20: m=1
    For i = m To n Step p
        p = p + 2
        n = n - 3
        i = i + 1
        If p >= 10 Then Exit For
    Next i
    Print n, p, i
End Sub
```

运行结果为 n 为 8 ,p 为 10,i 为 11。

说明:初值、终止、步长均可以是变量或表达式,但它们的值一旦循环第一次被赋值(上题中初值为 1,终值为 20,步长为 2),它们在循环执行过程中不会改变,i 作为循环控制变量在循环体中被改变(i=i+1),所以循环次数将发生变化。

4.4.3　循环的嵌套

当一个循环里面包含有另一个完整的循环时,称为循环的嵌套,也称多重循环。包含循环的循环称为外循环,被包含的循环称为内循环。当嵌套层数较多时,也称为第一层循环,第二层循环……循环的嵌套对 For 循环语句和 Do…Loop 循环语句均适用。

以 For 循环为例,循环的嵌套语句结构如下:

```
For i=〈初值〉to〈终值〉step〈步长〉
        For j=〈初值〉to〈终值〉step〈步长〉
    〈循环体语句〉
        Next  j
    Next i
```

说明:这是一个双重循环结构,外循环控制变量为 i,内循环控制变量为 j,各层的循环控制变量名不能相同;此时内循环可以看做外循环的循环体,内循环一定要完整地包含在外循环之内,内外循环语句结构相互匹配,循环控制变量不能交叉;使用退出循环语句时,内循环转移到外循环;编程时每层循环可采用缩排方式。

请看下面示例:

```
Private Sub Form_Click()
    For i = 1 To 9
        For j = i To 9
            Print i; "*"; j;"="; i * j;
        Next j
    Print
    Next i
End Sub
```

执行本程序,窗体将显示倒三角九九乘法表。

4.5 程序示例

可以使用多种循环语句来设计循环程序,如果循环次数可以预测,最好使用 For…Next 循环语句;当循环次数难以预测,要由条件决定时,可使用 Do…Loop 和 While…Wend 循环语句;当对数组或是集合中的每个元素进行操作时,选用 For Each…Next 循环(在数组中介绍)比较方便。程序中,可以有一个循环,也可以有多个循环,各个循环之间可以是并列的,也可以是嵌套的。

【例4-8】 如图4-13所示,设计一个程序,单击计算按钮,输入某个数,计算出正弦值。要求保留3位小数,第四位小数截去,π取3.141 59。

【程序分析】Sin(X)正弦函数用于返回 X 的正弦值;Format 函数功能就是"格式字符串"指定格式输出"数学表达式"值,为了实现第四位小数截断的功能,可将运算值减去 0.0005,再使用 Format 函数进行格式输出。

图4-13 Format 函数应用

【程序代码】如下:

```
Private Sub Command1_Click()
    X = Val(Text1. Text)
    Text2. Text = Format(Sin(X * 3.14159 / 180) - 0.0005, "0.000")
End Sub
```

说明:第四位截断功能的第二种方法是:可以将运算值乘以 1 000 后取整,再除以 1 000。即:

```
Text2. Text = Format( Int(Sin(X * 3.14159 / 180) * 1000 )/1000 , "0.000")
```

【例4-9】 判断文本框(Text1)中的输入的密码是否与原密码相同,允许输入次数可以在文本框(Text2)中设置,如果密码不正确,则发出提示;如果超过允许密码次数,用户将不能再输入信息。

【程序分析】用 If 语句判断密码是否与原密码相符,如果相符,就把 PasswordChar 清空,若输入错误,每输入一次错误密码,文本框(Text2)中的数字减1,当文本框(Text2)中数值等于0,提示错误,并设置文本框(Text1)不可用。

【程序代码】如下:

```
Private Sub Cmd1_Click()
    If   Text1. Text = "123456" Then
            Text1. Text = "密码正确"
            Text1. PasswordChar = ""
    Else
            Text2. Text = Text2. Text - 1
            If Text2. Text > 0 Then
                MsgBox "第" & (3 - Text2. Text) & "次密码错误,请重新输入"
            Else
                MsgBox "3 次输入错误,请退出"
```

```
            Text1. Enabled = False
        End If
    End If
End Sub
Private Sub Command1_Click()
    Text1. Text = ""
End Sub
```

程序执行后,界面如图 4 - 14 所示。

图 4 - 14　密码验证

【例 4 - 10】　编程求出 2~100 之间的素数。

【程序分析】素数是只能被 1 和该数本身整除的数。设置一个标记 flag,初值为 True。本题采用循环嵌套,通过外循环的控制变量 i 每次向内循环提供一个 100 以内的数,让内循环进行判断。

根据素数定义,内循环 Do While 中,j 初值被赋值 2,循环终止条件为 i 的平方根,在内循环中判断 i 能否被 j 整除,如果 i 能被 j 整除,则表明 i 不是素数,标记 flag 赋值为 False,退出内循环,将控制转移到内循环的后继语句;如果循环能正常结束,则说明除了 1 和本身 i 外没有其他约数,即 i 是一个素数,此时标记 flag 值为 True;控制打印输出方式。

【程序代码】如下:

```
Private Sub Form_Click()
    Dim i As Integer, j As Integer, n As Integer
    Dim flag As Boolean
    For i = 2 To 100
        flag = True
        j = 2
        Do While flag And j <= Int(Sqr(i))
            If i Mod j = 0 Then flag = False
            j = j + 1
        Loop
        If flag Then
        Print Tab(4 * n + 1); i;
        n = n + 1
```

```
    If n Mod 5 = 0 Then n = 0
  End If
  Next i
End Sub
```

程序执行界面如图 4-15 所示。

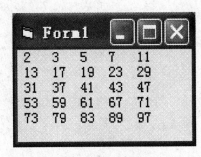

图 4-15　求素数

【例 4-11】　编写求 n 项和的程序。求和公式如下:

$$S_n = \frac{1! \cdot x^0}{2} + \frac{2! \cdot x^3}{3 \cdot 5} + \frac{3! \cdot x^8}{4 \cdot 7 \cdot 10} + \cdots + \frac{n! \cdot x^{n \cdot n-1}}{(n+1)(2n+1)(3n+1) \cdot \cdots \cdot (n \cdot n+1)}$$

其中:n 可取值 $1, 2, 3, 4, 5, \cdots$。

编程要求:运行程序,分别在两个文本框中输入 x 和 n 的值,按"计算"按钮,则开始计算,将运行结果按图 4-16 所示格式显示于列表框中;按"清除"按钮,则将列表框、文本框清空,并将焦点置于输入 x 值的文本框;按"退出"按钮,则结束程序运行。

【程序分析】观察上式各项之间的关系,以第三项 $\frac{3! \cdot x^8}{4 \cdot 7 \cdot 10}$ 为例,第三项分子常数项就是求 3! 的值,分母 4、7、10,各值依次增 3,起始值 4 为 3+1(项数+1)所得;总结规律,则设第 i 项的通项用 p 表示,分母用 q 表示,第 i 项就循环 i 次;ed 来记录第 i 项值,即表达式 ed = x^(i * i - 1) * p;最后通过累加各项和,求得 n 项 Sn 值。程序执行界面如图 4-16 所示。

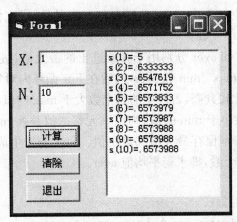

图 4-16　求 n 项和

【程序代码】如下：

```
Private Sub Command1_Click()
    Dim sum As Single, x As Single, n As Integer, i As Integer
    Dim j As Integer, p As Single, q As Integer
    x = Text1. Text
    n = Text2. Text
    For i = 1 To n
        p = 1
        q = i + 1
        For j = 1 To i
            p = p * j / q
            q = q + i
        Next j
        ed = x ^ (i * i - 1) * p
        sum = sum + ed
        List1. AddItem "s(" & CStr(i) & ")=" & CStr(sum)
    Next i
End Sub


Private Sub ComClear_Click()
    Text1. Text = " "
    Text2. Text = " "
    List1. Clear
    Text1. SetFocus
End Sub


Private Sub ComExit_Click()
    End
End Sub
```

【例 4-12】 随机产生 n 个 1～100（包括 1 和 100）的数，求它们的最大值、最小值和平均值。

【程序分析】max、min 和 aver 分别用于存放选出的最大值、最小值和平均值。随机产生的第一个数分别赋值给 max、min 和 aver，然后在 For 循环内对每次产生的随机数，通过 If 语句分别与 max、min 比较判断，若产生的这个数大于 max 的值，则用元素的值替换 max 原来的值；若产生的某个数小于 min 的值，则用该元素的值替换 min 中原来的值。比较完成后，max 和 min 中最终分别保存最大值和最小值。每次随机生成的 s 累加到 aver 上，最后用 aver 除以生成数据的个数，即求得平均值 aver。

【程序代码】如下：

```
Private Sub Command1_Click()
    Dim n As Integer, i As Integer, min As Integer, max As Integer, aver As Single, s As Integer
    n = Val(InputBox("输入个数："))
```

```
s = Int(Rnd * 100)+1
max = s: min = s: aver = s
Print "第 1 个数是:" & s
For i = 2 To n
    s = Int(Rnd * 100) + 1
    Print "第" & i & "个数是:" & s
    If s > max Then max = s
    If s < min Then min = s
    aver = aver + s
Next i
aver = aver / n
Print "max="; max; "min="; min; "aver="; aver
End Sub
```

【例 4 - 13】 参照图 4 - 17 所示界面,编写程序将给定的二进制整数转换为八进制整数。

【程序分析】二进制整数转换成八进制,算法思想是:从最低位向左,三位为一组,不足三位以零不足;三位的每位的"乘方和"就代表当前这位的八进制数。

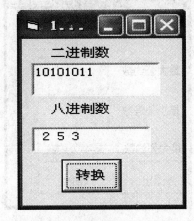

图 4 - 17 二进制转八进制

【程序代码】如下:

```
Private Sub Command1_Click()
    Dim a As String, b As String, c As String
    Dim L As Integer, m As Integer, n As Integer
    Dim i As Integer, t As Integer, p As Integer
    a = Text1. Text
    L = 3 - Len(a) Mod 3
    a = String(L, "0") & a
    '将二进制数补足为3的倍数,若不足则左补 0
    n = Len(a) \ 3
        For m = 1 To n
            b = Mid(a, 3 * m - 2, 3)
```

```
                t = 0
                p = 1
                For i = 2 To 0 Step −1
                    t = t + Val(Mid(b, p, 1)) * 2 ^ i
                    p = p + 1
                Next i
                c = c & Str(t)
            Next m
        Text2. Text = c
    End Sub
```

【**例 4-14**】　请利用欧几里德算法,设计求解两个自然数的最大公约数和最小公倍数的程序。

【**程序分析**】本题求最大公约数算法思想在前面已经说明;最小公倍数为原来的两个自然数之积除以最大公约数。界面设计则参照图 4-18 设计。考虑程序的应用范围,数据类型可选用长整型。

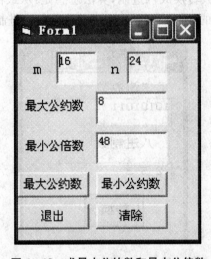

图 4-18　求最大公约数和最小公倍数

【**程序代码**】如下:

```
Option Explicit
Private Sub Command1_Click()                    '求最大公约数
    Dim temp As Long
    Dim m As Long, n As Long, r As Long
    m = Text1. Text
    n = Text2. Text
    If m < n Then temp = m: m = n: n = temp
    Do
        r = m Mod n
        If r = 0 Then Exit Do
        m = n
```

```
      n = r
   Loop
   Text3. Text = CStr(n)
End Sub
Private Sub Command2_Click()                    '求最小公倍数
   Text4. Text = Val(Text1. Text) * Val(Text2. Text) / Val(Text3. Text)
End Sub

Private Sub Command3_Click()
   End
End Sub

Private Sub Command4_Click()
   Text1. Text = ""
   Text2. Text = ""
   Text3. Text = ""
   Text4. Text = ""
End Sub
```

【例 4 - 15】　创建一个应用程序，能够将输入的字符串逆序输出，例如：输入
"ABCD1234"，输出"4321DCBA"。

　　【程序分析】字符串逆序是对原来字符串一个一个从前（后）截取，然后重新组合输出。
具体操作需要用字符串函数 Len、Mid，Left，Right 等与循环控制语句配合使用，并将截取的
字符串重新连接后输出。

　　【程序代码】如下：

```
Dim n As Integer
Private Sub ComLen_Click()
   n = Len(Text1. Text)
   Text2. Text = n
End Sub
Private Sub ComChange_Click()
   Dim i As Integer
   Dim s As String
   For i = 1 To n Step 1
      s = Mid(Text1. Text, i, 1) + s
   Next i
   Text3. Text = s
End Sub

Private Sub ComClear_Click()
   Text1. Text = ""
   Text2. Text = ""
   Text3. Text = ""
```

```
    Text1. SetFocus                                    ' 设置 Text1 为焦点
End Sub


Private Sub ComExit_Click()
    End                                                'Unload me
End Sub
```

程序运行结果如图 4－19 所示。

思考，如果本题利用 Left，Right 函数嵌套，如何改写？

【例 4－16】 编写程序，找出所有三位水仙花数。所谓水仙花数是指各位数字的立方和等于该数本身的数。例如：$153 = 1^3 + 5^3 + 3^3$，所以 153 是一个水仙花数。

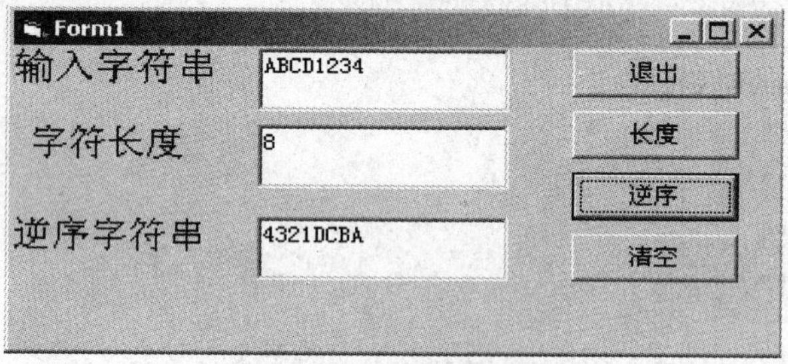

图 4－19　字符串逆序

【程序分析】水仙花数 n 只存于自然数的三位数中，即 $100 \leqslant n \leqslant 999$，而判断一个三位的自然数是否为水仙花数，只要看它百、十、个位上的数 a、b、c 是否满足 $a^3 + b^3 + c^3 = n$ 这个判定条件即可，方法一算法思路是穷举 3 位数分离出各个位数，然后进行验算；方法二算法思路是穷举数位，验算、合成三位数。两种算法结果一样（如图 4－20 所示）。对于输出方式可以采用输出到列表框中（见方法一），也可以采用输出到文本框中（见方法二）。

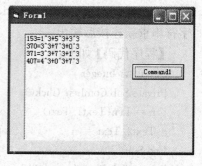

图 4－20　求水仙花数

【程序代码】如下：

方法一：

```
Private Sub Command1_Click()
    Dim i As Integer, a As Integer, b As Integer
    Dim c As Integer, s As String
    For i = 100 To 999
        a = i \ 100
        b = (i Mod 100) \ 10
        c = i Mod 10
        If i = a ^ 3 + b ^ 3 + c ^ 3 Then
            s = i & "=" & a & "^3+" & b & "^3+" & c & "^3"
            List1. AddItem s                           ' 输出到列表框
        End If
```

```
    Next i
End Sub
```

方法二：

```
Private Sub Command1_Click()
    Dim i As Integer, a As Integer, b As Integer
    Dim c As Integer, s As String
    For a = 1 To 9
      For b = 0 To 9
        For c = 0 To 9
        i = a * 100 + b * 10 + c
        If i = a ^ 3 + b ^ 3 + c ^ 3 Then
            s = i & "=" & a & "^3+" & b & "^3+" & c & "^3"
            Text1. Text = Text1. Text & s & Chr(13) & Chr(10)   '输出到文本框
          'Chr(13)表示回车符，Chr(10)表示换行符。回车换行也可改用系统常数 vbCrlf。
        End If
        Next c
      Next b
    Next a
End Sub
```

【例 4-17】　在文本框（Text1）中输入英文文本，单击"统计"按钮，自动统计文本中单词的平均长度和最大长度的单词。

【程序分析】从文本框 Text1 中读取字符串 s，以空格为单词的分隔标志，在 For 循环中 Mid 函数逐一取出变量 s 中的每个字符，并检查其是否为空格、回车和换行符，若不是这三种符号，则将该字母作为当前单词的一部分，否则当前单词的长度累加到记录所有单词总长度的变量中（sum），另一变量（count）记录已有单词个数，并将当前单词的长度与记录单词最长值变量（Max）比较，将两者中较大的值存入该变量中，循环最后，Max 值存入 Text3 中，Int(sum / count + 0.5)求得单词平均长度。

【程序代码】如下：

```
Option Base 1
Private Sub Command1_Click()
    Dim s As String
    Dim i As Integer
    Dim count As Integer
    Dim sum As Interger
    Dim Max As Integer
    Dim ch As String
    Dim word As String
    s = Text1. Text + " "
    For i = 1 To Len(s)
        ch = Mid(s, i, 1)
        If ch <> " " And ch <>Chr(13) And ch <> Chr(10) Then
```

```
            word = word + ch
        Else
            sum = sum + Len(word)
            count = count + 1
                If Len(word) > Max Then        'if 语句的嵌套
                    Max = Len(word)
                End If
            word = ""
        End If
    Next i
    Text2. Text = Int(Sum / count + 0.5)
    Text3. Text = Max
End Sub
```

程序运行界面如图 4-21 所示。

图 4-21 统计

4.6 本章小结

本章介绍了构成结构化程序的三种基本结构：顺序结构和选择结构、循环结构，它们是程序设计的基础，对今后编程非常重要，希望读者能够熟练掌握。

对初学者来说，从本章开始，编程工作量明显增多，要成功调试一个程序有时要花很多时间。经验告诉我们，学习程序是没有捷径可以走的，只有多看多练、上机调试、发现问题、解决问题，才能真正理解、掌握好所学的知识。

4.7 习题

4.7.1 选择题

(1) 设整型变量 a、b 的当前取值分别为 200 与 20，以下赋值语句中不能正确确执行的是(   )。

A. Text1=a/b＊a   B. Text1=a＊a/b

C. Text1="200"＊a/b   D. Text1=a&b&a

(2) 针对语句 If I=1 Then J=1，下列说法正确的是(   )。

A．I＝1 和 J＝1 均为赋值语句

B．I＝1 和 J＝1 均为关系表达式

C．I＝1 为关系表达式，J＝1 为赋值语句

D．I＝1 为赋值语句，J＝1 为关系表达式

（3）在 Select Case X 结构中，描述判断条件 3≤X≤7 的测试项应该写成（　　）。

A．Case 3＜＝X＜＝7　　　　　　　　　　B．Case 3＜＝X，X＜＝7

C．Case Is＜＝7，Is＞＝3　　　　　　　　D．Case 3 To 7

（4）在窗体上添加一个命令按钮和一个文本框，名称分别为 Command1 和 Text1，然后编写如下程序：

```
Private Sub Command1_Click()
    d＝InputBox("请输入日期(1～31)")
    t＝"旅游景点:" _
        & IIf ( d＞0 And d ＜= 10,"杭州","") _
        & IIf ( d ＞10 And d ＜= 20,"苏州","") _
        & IIf ( d ＞ 20 And d ＜= 31,"上海","")
Text1. Text = t
End Sub
```

程序运行后，如果从键盘上输入 16，则在文本框显示的内容是（　　）。

A．旅游景点：杭州苏州　　　　　　　　B．旅游景点：杭州上海

C．旅游景点：上海　　　　　　　　　　D．旅游景点：苏州

（5）在窗体上添加两个文本框（名称分别为 text1 和 text2）和一个命令按钮（名称为 command1），然后编写如下事件过程：

```
Private Sub Command1_Click()
    x = 0
    Do While x ＜ 50
        x = (x + 2) * (x + 3)
        n = n + 1
    Loop
    text1. Text = Str(n)
    text2. Text = Str(x)
End Sub
```

程序运行后，单击命令按钮，在两个文本框中显示的值分别为（　　）。

A．1 和 0　　　　　　　B．2 和 72　　　　　　C．3 和 50　　　　　D．4 和 168

（6）在窗体上画 1 个命令按钮（名称为 Command1）和 1 个文本框（名称为 Text1），然后编写如下事件过程：

```
Private Sub Command1_Click()
    x＝Val(Text1. Text)
    Select Case x
        Case 1,3
            y＝x * x
        Case Is＞=10,Is＜=－10
            y＝x
        Case －10 To 10
            y＝－x
```

```
        End Select
End Sub
```

程序运行后,在文本框中输入 3,然后单击命令按钮,则叙述正确的是(　　)

A. 执行 y＝－x
B. 执行 y＝x * x
C. 先执行 y＝x * x,再执行 y＝－x
D. 程序出错

(7) 有如下程序:

```
Private Sub Form_Click()
    Dim Check, Counter
    Check = True
    Counter = 0
    Do
      Do While Counter < 20
        Counter = Counter + 1
        If Counter = 10 Then
          Check = False
          Exit Do
        End If
      Loop
    Loop Until Check = False
    Print Counter, Check
End Sub
```

程序运行后,单击窗体,输出结果为(　　)

A. 15　　　0
B. 20　　　－1
C. 10　　　True
D. 10　　　False

(8) 在窗体上添加一个命令按钮,并编写如下事件过程:

```
Private Sub Command1_Click()
    For i＝5 to 1 step －0. 8
      Print Int(i);
    Next i
End Sub
```

运行程序,单击命令按钮,窗体上显示的内容为:(　　)

A. 5　3　1　1
B. 5　4　3　2　1　1
C. 4　3　2　1　1
D. 4　4　3　2　1　1

(9) 在窗体上添加一个名称为 Command1 的命令按钮,并编写以下程序:

```
Private Sub Command1_Click()
    Dim n%,b,t
    t = 1: b = 1: n = 2
    Do
      b = b * n
      t = t + b
      n = n +1
    Loop Until n>9
    Print t
```

End Sub

此程序计算并输出一个表达式的值,该表达式是(   )

A. 9!

B. 10!

C. 1!＋2!＋…＋9!

D. 1!＋2!＋…＋10!

(10) 有如下程序:

```
Private Sub Form_Click()
    Dim i As Integer, sum As Integer
    sum = 0
    For i = 2 To 10
      If i Mod 2 <> 0 And i Mod 3 = 0 Then
        sum = sum + i
      End If
    Next i
    Print sum
End Sub
```

程序运行后,单击窗体,输出结果为(   )

A. 12   B. 30   C. 24   D. 18

(11) 为计算 1＋2＋2＾2＋2＾3＋2＾4＋…＋2＾10 的值,并将结果显示在文本框 Text1 中,若编写如下事件过程:

```
Private Sub Command1_Click()
    Dim a%, s%, k%
        s = 1
        a = 2
    For k = 2 To 10
        a = a * 2
        s = s + a
    Next k
    Text1. Text = s
End Sub
```

执行此事件过程中发现结果是错误的,为能够得到正确结果,应做的修改是(   )

A. 把 s＝1 改为 s＝0

B. 把 For k＝2 To 10 改为 For k＝1 To 10

C. 交换语句 s＝s＋a 和 a＝a＊2 的顺序

D. 同时进行 B、C 两种修改

(13) 在窗体上添加一个命令按钮,然后编写如下事件过程:

```
Private Sub Command1_Click()
    Dim I, Num
    Randomize
    Do
    For I=1 To 1000
    Num=Int(Rnd * 100)
    Print Num;
```

```
        Select Case Num
        Case 12
        Exit For
        Case 58
        Exit Do
        Case 65，68，92
        End
        End Select
        Next I
        Loop
    End Sub
```

上述事件过程执行后，下列描述中正确的是（　　）。

A. Do 循环执行的次数为 1 000 次

B. 在 For 循环中产生的随机数小于或等于 100

C. 当所产生的随机数为 12 时结束所有循环

D. 当所产生的随机数为 65、68 或 92 时窗体关闭、程序结束

（14）某人设计了如下程序用来计算并输出 7!（即 7 的阶乘）：

```
Private Sub Command1_Click()
    t＝0
        For k＝7 To 2 Step －1
                t＝t * k
        Next
    Print t
End Sub
```

执行程序时，发现运行结果是错误的，下面的修改方案中能够得到正确结构的是（　　）

A. 将 t＝0 改为 t＝1

B. 将 For k ＝ 7 To 2 Step －1 改为 For k ＝7 To 1 Step －1

C. 将 For k ＝ 7 To 2 Step－1 改为 For k＝1 To 7

D. 将 Next 改为 Next k

（15）设 a ＝ "a"，b ＝ "b"，c ＝ "c"，d ＝ "d"，

执行语句 x＝IIf((a＜b) Or (c＞d)，"A"，"B")后，x 的值为 （　　）。

A. "a"　　　　　　　　　B. "b"　　　　　　　　C. "B"　　　　　　　　D. "A"

4.7.2　填空题

（1）设有如下程序：

```
Private Sub Form_Click()
    Dim n As Integer, s As Integer
    n ＝ 8
    s ＝ 0
    Do
        s ＝ s ＋ n
        n ＝ n － 1
    Loop While n ＞ 0
```

```
    Print s
End Sub
```

以上程序的功能是_____。程序运行后,单击窗体,输出结果为_____。

(2) 下面的程序执行时,可以从键盘输入一个正整数,然后将该数的每位数字按逆序输出。例如:输入 7685,则输出 5867;输入 1000,则输出 0001。请填空。

```
Private Sub Command1_Click()
    Dim x As Integer
    x＝InputBox("请输入一个正整数")
    While x＞_____
        Print x Mod 10;
        x＝x\10
    Wend
End Sub
```

(3) 设有如下程序:

```
Private Sub Form_Click( )
    Cls
    a$＝"ABCDFG"
    For i＝1 To 6
        Print Tab(12－i);    _____
    Next i
End Sub
```

程序运行后,单击窗体,结果如图 4 - 22 所示,请完善以上程序代码。

(4) 如图 4 - 23 所示,选取列表框中的某项,单击"计算"按钮,在 Text2 中输出正确的阶段结果,请填空。

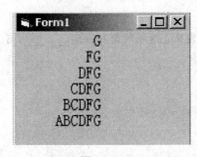

图 4 - 22

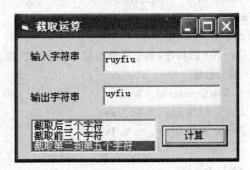

图 4 - 23

```
Dim is_num As Boolean
Private Sub cmdCal_Click()
    Dim Str As String * 50
    Select Case _____
        Case 0
        Str = Right(Trim(Text1. Text), 3)
        Case 1
        Str = Left(Trim(Text1. Text), 3)
```

```
        Case 2
            Str = Mid(_____)
    End Select
    Text2. Text =_____
End Sub
```

(5) 如图 4-24 所示,在列表框 List1 中已经有若干学生的
简单信息,运行时在 Text1 文本框(即"查找对象"右边的文本
框)输入一个姓或姓名,单击"查找"按钮,则在列表框中进行查
找,若找到,则将该学生的信息显示在 Text2 文本框中。若有
多个匹配的列表项,则只显示第 1 个匹配项;若未找到,则在
Text2 中显示"查无此人"。请填空。

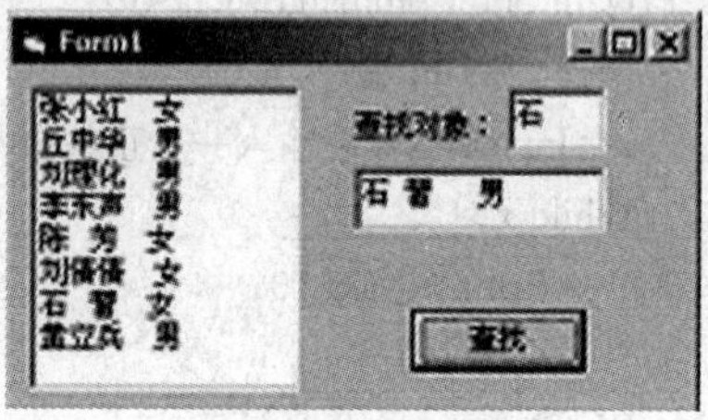

图 4-24

```
    Private Sub Command1_Click()
        Dim k As Integer, n As Integer, found As Boolean
        found = False
        n = Len(_____)
        k = 0
        While k < List1. ListCount And Not found
            If Text1. Text = Left $(List1. List(k), n) Then
                Text2. Text = _____
                found = True
            End If
            k = k + 1
        Wend
        If Not found Then
            Text2. Text = "查无此人"
        End If
    End Sub
```

(6) 执行下面的程序,单击命令按钮 Command1,则在窗体上显示的第一行是_____,第二行是
_____,第三行是_____。

```
    Private Sub Command1_Click()
        Dim s As String , t As String
        Dim k As Integer , m As Integer
        s="BASICY"
        k=1: m=k
        For k=1 To Len(s) Step m+1
            t=t &Chr(Asc(Mid(s, m, 1))+k)
            k=k+1
            If Mid (s,k,1) = "Y" Then Exit For
            m=m+k
            Print t
        Next k
        Print m
    End Sub
```

（7）设有以下程序：

```
Private Sub Form_Click()
    X=50
    For i=1 To 4
        Y=InputBox("请输入一个整数")
        Y=Val(y)
        If y Mod 5=0 Then
            a=a+y
            x=y
        Else
            a=a+x
        End If
    Next i
    Print a
End Sub
```

程序运行后，单击窗体，在输入对话框中依次输入 15、24、35、46，输出结果为_____。

（8）下列语句代码哪些可正常执行（正常执行是指系统不给出错误提示）？

Print 256/128 _____

Print "16"+ 12 _____

Print "11a"& 32 _____

Print 32765+3 _____

Print 7+2=14 _____

Print Tab(5)；"what is this"；Tab；"why?" _____

Print "thank"；Spc(5)；"you" _____

Print Format(12.3456789-0.0005，"0.000") _____

4.7.3　编程题

（1）编写程序，随机生成 50 个两位数，统计其中能被 3 整除的数字之和 sum1，能被 5 整除的数字之和 sum2，既能被 3 又能被 5 整除的数字之和 sum3。

（2）编写程序，请分别用 If 和 Select 语句求下面函数的值。

$$\begin{cases} 30-2x & x>5 \\ x^2 & 5\geqslant x\geqslant 2 \\ x+2 & 2\geqslant x\geqslant 0 \\ 2-5x & x<0 \end{cases}$$

（3）编写程序将给定的二进制整数转换为十六进制整数和十进制整数。

（4）编写程序，找出所有三位的升序数。所谓升序数，指其个位数大于十位数，且十位数大于百位数的数。例如：123 就是一个升序数。

（5）设计一个判断某正整数是一个回文数的算法。所谓回文数是指左右数字完全对称的自然数。

（6）编写一个求如下所示级数和的程序，计算精确到级数第 n 项的绝对值小于等于 10^{-5} 为止。

$$y=-\frac{x}{1!}+\frac{x^3}{1!+2!}-\frac{x^5}{1!+2!+3!}+\cdots+(-1)^n\frac{x^{2n-1}}{1!+2!+\cdots+n!}$$

例如：当 x=1 时，y=-0.7530126。

第5章　数　　组

在实际应用中,常常需要处理的数据不止一个,而是一批数据类型相同且具有联系的数据,如统计分析某班100个学生的VB程序设计课程成绩,某部门80个员工年终考核成绩的录入与统计等,都属于这类问题。如果要使用基本的数据类型(整型、实型、字符串等)表示它们,则要分别引入100个变量和80个变量,这样会使问题变得非常繁琐。为此VB语言提供了一种简单的数据结构类型——数组来解决这个问题。

数组并不是一种数据类型,而是一组在内存中有序排列的数据集合,和其他计算机语言不同的是,VB数组中的每个元素既可以是相同的数据类型,也可以是不同的数据类型(在变体数组中)。在使用时,用数组名代表逻辑上相关的一批数据,用下标表示该数组中的各个元素。数组的引入,极大简化了程序的设计。

5.1　数组的定义和引用

数组必须先定义后使用。数组定义后在内存中占用一块连续的区域,数组名就是该区域的名称,区域的每个单元都有自己的地址,该地址用下标表示。数组定义时要指明数组名、类型、维数和数组大小。数组定义时根据下标的个数确定数组的维数,VB中的数组有一维数组、二维数组、…最多可达60维。

VB中有两种类型的数组:一种是固定大小的数组,这种在程序运行过程中数组元素的个数固定不变的数组,称为静态数组;另一种在程序运行过程中数组元素的个数可以改变的数组,称为动态数组。

5.1.1　静态数组

1. 静态数组的定义

静态数组定义的一般格式如下:

Public │ Private │ Dim │ Static 数组名(下标 [,下标 2…])[As　类型]

说明:

(1) Public 、Private、Dim、Static 是定义数组的关键字。关键字 Static 只能用在过程内;关键字 Dim 既可以在过程内使用,也可以在窗体的通用处使用;关键字 Private 只能在窗体的通用部分或标准模块内使用;关键字 Public 只能在标准模块内使用。

(2) 数组名是用户自定义的标识符,定义规则与变量相同。数组名后必须用圆括弧"( )"括起来,不能采用其他符号。

(3) 下标使用的形式:

[下标下界 to]下标上界

说明:

① 下标的下界不能大于下标的上界。

② 下标表示顺序号,每个数组元素有一个唯一的顺序号,下标不能超出数组声明时的

上、下界范围,否则会显示下标越界的出错提示。下标必须是整型常量或常量表达式,不能是变量,若下标不是整数,系统会自动按照 Cint 函数的转换规则将其转换为整数。

③ 若下标的下界省略,则由 Option Base 语句指定下界。若有语句 Option Base 1,则不指定下标下界时,下界默认为 1;若有语句 Option Base 0 或省略此语句,则不指定下标下界时,下界默认为 0;若指定了下标的下界,则下标的下界以指定的下界为准,与 Option Base 语句无关。Option Base 语句只能出现在窗体的通用处。

(4) 类型是指数组元素的数据类型。在通常情况下,数组中的各元素类型必须相同,但若数组类型为 Variant 时,数组元素的类型可以互不相同。

2. 静态数组的使用

数组被定义后,数组名表示该数组的整体,但在具体操作时是针对每个数组元素进行的,因此,不能对数组进行整体操作,只能对数组的某个元素进行操作。引用数组元素的方式为:数组名(下标 1[,下标 2…]),例如:

Dim A(10) As Integer

表示定义了一个数组名为 A,缺省下标界为 0,上界为 10 的有 11 个整型元素的一维数组,其包括的数组元素是:A(0)、A(1)、…、A(10)。

Dim B(−1 To 10) As Integer

表示定义了一个数组名为 B,下标下界为−1,下标上界为 10 的有 12 个整型元素的一维数组,其包括的数组元素是:B(−1)、B(0)、B(1)、…、B(10)。

Dim C(3,4) As Long

表示定义了一个数组名为 C,具有 4 行 5 列元素的二维长整型数组,其包括的数组元素是:C(0,0)~C(0,4)、C(1,0)~C(1,4)、C(2,0)~C(2,4)、C(3,0)~C(3,4)。

说明:

二维数组在内存中是"按列存储"的,即先存放第一列的元素,然后再存储第二列元素,并依此类推……

Dim D(1 To 5,4 To 9, 3 To5) As Double

表示定义了一个数组名为 D,具有 5×6×3 共 90 个元素的三维 Double 型数组。

说明:

三维数组相当于由多张二维表格组成的三维表格,每一张表格相当于一页,三维数组在内存中是按照"先页再列后行"的顺序存储的。

【例 5 - 1】 要求随机输入 10 个学生的成绩,计算并输出其平均分。

【程序分析】定义一个一维静态数组,用 for 循环为其赋 10 个随机值,然后在窗体上输出其元素的平均值。

【程序代码】如下:

```
Private Sub Command1_Click()
    Dim a(10) As Integer, i As Integer, sum As Integer
    For i = 1 To 10
        a(i) = Int(Rnd * 61 + 40)        '随机产生一个 100~60 之间的随机数
        sum = sum + a(i)
    Next i
    Print sum / 10
```

```
    End Sub
```

5.1.2 动态数组

在程序的设计阶段,用户可能不知道需要多大的数组才能满足需要,这时就需要用一个在程序运行时能够改变大小的数组,这就是动态数组。动态数组可以在任何时候改变大小。在 VB 中,动态数组是最灵活、最方便的一种数组。由于动态数组是在使用时才开辟内存空间,在不使用时,可以将内存空间释放,所以利用动态数组可以最大限度地节省内存,提高程序的运行速度。

1. 动态数组的定义

和定义静态数组类似,用 Dim 语句(或 Private、Public、Static)声明,但是不为数组指定维数,其格式为:Dim 数组名( ) As 数据类型,例如:

```
Dim MyDry ( ) As Integer
```

2. 动态数组的重定义

动态数组定义后,系统并没有给数组分配存储空间,此时不能使用数组。如果要在程序设计过程中使用该数组,必须用 ReDim 语句为其分配确定的元素个数。

其格式为:ReDim 数组名(下标[,下标 2…]),例如:

```
ReDim MyDry(10,10)
```

说明:

(1) 与 Dim、Static、Private、Public 这些变量声明语句不同,ReDim 语句是一个可执行语句,只能出现在过程内。

(2) 在静态数组定义中的下标只能是常量,在动态数组 ReDim 语句中的下标可以是常量,也可以是有了确定值的变量。

(3) 在过程中可多次使用 ReDim 来改变数组的大小,也可改变数组的维数。

(4) 每次使用 ReDim 语句都会使原来数组中的值丢失,可以在 ReDim 保留字后加 Preserve 参数用来保留数组中的数据,但使用 Preserve 只能改变最后一维的下标上界。

(5) 如果 ReDim 语句所使用的数组不存在,则该语句相当于一个数组定义语句,系统会动态地创建一个新数组。

【例 5 - 2】 要求随机输入若干个学生的成绩,计算并输出其平均分和高于平均分的人数,要求将平均分和最高分放在该数组的最后。

【程序分析】 由于不知道学生成绩的个数,所以在程序中使用了动态数组。通过 InputBox 函数输入学生成绩的个数,用 Redim 语句给数组定义长度,然后用一维循环语句给动态数组 score 赋值。由于要求将平均分和最高分放在数组的最后,所以再次使用 Redim 语句给数组定义长度。

【程序代码】 如下:

```
Option Base 1
Private Sub Command1_Click()
    Dim score() As Integer, i As Integer, n As Integer
    Dim sum As Single
    n = InputBox("输入学生的人数")
    ReDim score(n)                    '声明存放 n 个学生成绩的数组
```

```
        sum = 0
        For i = 1 To n
            score(i) = Int(Rnd * 101)      '通过随机数产生 0～100 的成绩
            sum = sum + score(i)
        Next i
'增加两个元素,存放平均分和高于平均分的人数,原来的学生成绩仍保留
        ReDim Preserve score(n + 2)
        score(n + 1) = sum / n
        score(n + 2) = 0
        For i = 1 To n
            If score(i) > score(n + 1) Then score(n + 2) = score(n + 2) + 1
        Next i
        For i = 1 To n
            Print "score("; i; ")="; score(i)
        Next i
        Print "平均分="; score(n + 1), "高于平均分人数="; score(n + 2)
End Sub
```

5.2 数组的基本操作

5.2.1 数组元素的赋值

1. 用赋值语句为数组元素赋值

在程序中可以使用赋值语句给数组元素赋值。例如:

```
Dim A(5) as Integer,B(2,3) as Integer
A(0)=87
A(1)=65
A(2)=86
A(3)=90
A(4)=78
B(0,0)=3
B(0,1)=5
...
```

2. 用 InputBox 函数为数组元素赋值

在程序中也可以使用 InputBox 函数给数组元素赋值。例如:

```
Dim a(10) As Integer, i As Integer
For i = 0 To 10
    a(i) = InputBox("给数组元素赋值")
Print a(i);
Next i
```

上述程序段的作用是使用 InputBox 函数为数组元素赋值,由于 InputBox 函数每次只能输入一个值,因此程序的运行时间较长。

3. 用循环语句为数组元素赋值

在程序中如果数组比较大,用上面介绍的给数组赋值的两种方法显然是不方便的,这时多采用循环赋值的方法实现。例如:

(1)用一重 for 循环给一维数组赋值,例如:

```
Dim a(10) As Integer, i As Integer
For i = 0 To 10
    a(i) = Int(Rnd * 90 + 10)          '给数组随机赋一个 2 位数
    Print a(i);
Next i
```

(2)用二重 for 循环给二维数组赋值,例如:

```
Dim a(1 To 5, 1 To 5) As Integer, i As Integer, j As Integer
 For i = 1 To 5
    For j = 1 To 5
        a(i, j) = i * j
        Print a(i,j);
    Next j
    Print
Next i
```

4. 用文本框给数组元素赋值

在工程计算中,经常需要对大量的数据进行输入和编辑,在 VB 中经常采用文本框和 split 函数结合使用的方法进行处理。

(1)用文本框给一维数组赋值

例如,在文本框中随机输入若干个数据(假定数据之间用一个空格进行分隔),将它们依次赋给一个一维数组。程序代码如下:

```
Dim a() As String
Private Sub Command1_Click()
    Dim temp As String, i As Integer
    a = Split(Text1. Text, " ")
    For i = 1 To UBound(a)
        Picture1. Print a(i)
    Next i
End Sub
```

说明:

① Split 函数的作用是按照指定的分隔符将 Text1 中的数据分割成各个数组元素。

② Split 函数只能给动态字符串数组或变体变量赋值。

③ 使用 Split 函数赋值后的数组下标只能从 0 开始,与 Option Base 语句指定的值无关。

(2)用文本框给二维数组赋值

在上题的基础上,在文本框中输入 9 个数据,将它们按行依次给一个 3×3 的二维数组赋值。程序代码如下:

```
Private Sub Command1_Click()
```

```
    Dim a() As String
    Dim b(3, 3) As Integer
    Dim j As Integer, i As Integer
    Dim index As Integer
    a = Split(Text1. Text, " ")
    For i = 1 To 3
        For j = 1 To 3
            b(i, j) = a(index)
          Picture1. Print b(i, j);
            index = index + 1
        Next j
        Picture1. Print
    Next i
End Sub
```

程序运行界面如图 5-1 所示。

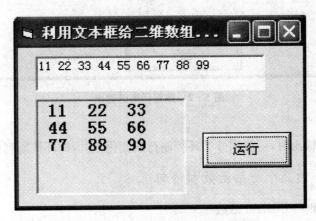

图 5-1　利用文本框给二维数组赋值

5.2.2　数组元素的输出

数组元素的输出与普通变量的输出相同。可以将数组元素输出到窗体、图片框、文本框、列表框中或输出到文件中保存。

例如,利用随机函数给一个 5 行 5 列的矩阵赋值,将数组元素以矩阵的形式分别输出到图片框和文本框中。程序代码如下:

```
Private Sub Command1_Click()
    Dim a(5, 5) As Integer
    Dim i As Integer, j As Integer
    Randomize
    For i = 1 To 5
      For j = 1 To 5
        a(i, j) = Int(Rnd * 90 + 10)
        Picture1. Print a(i, j);
```

```
        Text1. Text = Text1. Text & a(i, j) & Space(1)
        Next j
        Picture1. Print
        Text1. Text = Text1. Text & vbCrLf
    Next i
End Sub
```

程序运行界面如图 5-2 所示。

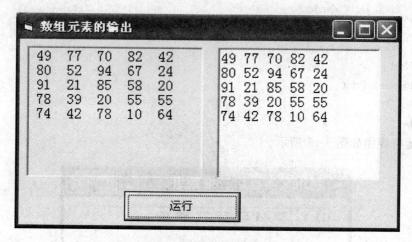

图 5-2 数组元素的输出

说明：

二维数组元素输出时，一般用外循环控制行的变化，用内循环控制列的变化。

5.2.3 数组操作的几个常用函数和语句

1. Lbound 函数和 Ubound 函数

Lbound 函数和 Ubound 函数都是返回一个 Long 型数据，Lbound 函数返回的值为指定数组某一维下标的下界，而 Ubound 函数返回的值为指定数组某一维下标的上界。其语法格式如下：

Lbound（数组名[，指定的维数]）

Ubound（数组名[，指定的维数]）

式中的数组名是必选项。指定数组的维数是可选的，表明指定返回数组哪一维下标的下界或下标的上界。"1"表示第一维；"2"表示第二维；依此类推。如果省略指定的维数，就默认为 1。例如：

Dim A(1 to 10,3,−3 to 5) As Integer

假定没有使用 Option Base 语句改变数组下界的默认值，对这个数组 A 使用 Lbound 和 Ubound 函数，其返回值见表 5-1 所示。

表 5-1　Lbound 和 Ubound 函数的返回值表

语　句	返　回　值
Lbound (A,1)	1
Lbound (A,2)	0
Lbound (A,3)	-3
Ubound (A,1)	10
Ubound (A,2)	3
Ubound (A,3)	5

2. Array 函数

Array 函数可以将一个数据集合赋给一个一维数组。其格式如下：

数组变量名＝Array(数据集合)

说明：

(1)"数组变量名"可以是一个变体型变量，也可以是一个变体型的动态数组名。

(2)"数据集合"是需要赋给数组各元素的值，各值之间用逗号分开。

例如：

Dim a(),v as variant

a＝Array(1,2,3,4,5)

v＝Array("A","B","C","D","E")

3. Erase 语句

Erase 语句用于清除指定数组的内容，其语法格式为：Erase 数组名 1[数组名 2,…]

说明：

(1)当将 Erase 语句用于静态数组时，重新初始化该数组，并用相关类型的默认值填充。

(2)当将 Erase 语句用于动态数组时，则释放该动态数组的存储空间，若要再使用该动态数组时，必须用 Redim 语句对该动态数组重新定义。

4. For Each-Next 语句

For Each-Next 语句与 For-Next 语句类似，两者都可以用来执行指定重复次数的一组操作，但 For Each-Next 语句专门用于输出数组或对象集合中的每个元素。其格式如下：

For Each ＜element＞ In ＜数组名|集合名＞

＜语句组＞

[Exit For]

Next ＜element＞

说明：

(1) element 只能是一个变体型变量。

(2) For Each-Next 语句对数组元素进行处理时，循环次数即为数组中元素的个数。

(3) For Each-Next 语句对数组元素的处理是按其在内存中的顺序进行。例如：

arr＝Array(1,2,3,4,5)

For Each x In arr

```
    Print x
Next x
```

数组 arr 中有 5 个元素,循环体中语句 print x 将重复执行 5 次,每次输出数组中的一个元素的值。

5.3　控件数组

控件数组是一种特殊的数组,与普通数组不同的是,它的数据类型为控件类型。控件数组中的每个元素都是一个控件对象,这些控件对象共用一个相同的名字,控件数组通过索引号(Index 属性)来表示各控件元素,例如 command1(0)。

控件数组适用于若干个相同的控件执行的操作相似的场合,控件数组中的每个控件对象共享同样的事件过程。控件数组的事件过程是一个带参数的事件过程(参数为 Index)。当数组中一个控件识别了某一个事件时,VB 将调用此控件数组的事件过程,并将其 Index 属性值传递给此过程,通过 Index 属性值可以知道是哪一个控件执行了此事件。例如:

```
Private Sub Command1_Click(Index As Integer)
    Print "你单击的是第" & Index + 1 & "个按钮"
End Sub
```

5.3.1　控件数组的创建

可以通过以下三种方法创建控件数组。

1. 通过复制、粘贴的方法来创建

方法如下:

(1) 在窗体上画出某个控件,并对其进行属性设置。

(2) 选中该控件进行"复制"和"粘贴"操作,系统提示"是否建立控件数组",选择"是"即可。多次粘贴就可以创建多个控件元素。如图 5-3 所示。

图 5-3　创建控件数组

(3) 进行事件过程的编程。

2. 通过修改控件对象 Name 属性的方法来创建

方法如下:

(1) 在窗体上画出某个控件,并对其进行属性设置。

(2) 向窗体上添加一个同类控件,在属性窗口中将其 Name 属性修改成与第一个控件相同,此时系统也会弹出如图 5-3 所示的对话框,选择"是"即可。

3. 通过修改控件对象 Index 属性的方法来创建

方法如下:

(1) 在窗体上画出某个控件,设置该控件的 Index 值为 0,表示该控件为数组。

（2）在编程时通过 Load 方法添加其余若干个元素，也可以通过 Unload 删除某个添加的元素。Load 和 Unload 语句的格式为：

Load 控件数组名（索引值）

Unload 控件数组名（索引值）

（3）每个添加的控件数组元素通过设置其 Left 和 Top 属性值来确定其在窗体上显示的位置，并将 Visible 属性设置为 True。

5.3.2　控件数组的使用

【例 5 - 3】　使用控件数组设置字体的格式。

【程序代码】如下：

```
Private Sub Option1_Click(Index As Integer)
    Select Case Index
        Case 0
            Label1. FontSize = 10
        Case 1
            Label1. FontSize = 15
        Case 2
            Label1. FontSize = 20
        Case 3
            Label1. FontSize = 25
        Case 4
            Label1. FontSize = 30
    End Select
End Sub
```

程序运行界面如图 5 - 4 所示。

图 5 - 4　控件数组的使用

5.4　自定义类型及其数组

5.4.1　自定义类型的定义

在 Visual Basic 中，除了上述标准数据类型外，Visual Basic 还提供了可自定义由若干个标准数据类型组成的更为复杂的数据类型，即自定义数据类型 UDT（User Define Type），通过 Type 语句来实现。形式如下：

```
Type 自定义类型名
    元素名 1    As    数据类型名
    ……
    ［元素名 n    As    数据类型名］
End Type
```

说明：

（1）元素名：表示自定义类型中的一个成员，可以是简单变量，也可以是数组说明符。

（2）数据类型名：既可以是 VB 的基本数据类型，也可以是已经定义的自定义类型，若为字符串类型，必须使用定长字符串。

例如：

```
Type stuType                        'stuType 为自定义类型名
    Name As String * 5              '姓名
    Sex As String * 1               '性别
    Telephone As Long               '电话
    School As String * 10           '学校
End Type
```

5.4.2　声明和使用自定义数据类型变量

在 Visual Basic 中定义了自定义类型后，就可在变量的声明时使用该类型，使用格式如下：

Dim 变量名 As 自定义类型名

例如：

Dim Student, MyStud As StudType

声明了 Student、MyStud 为两个同种类型的自定义变量。

如果需要引用自定义类型变量中的某个元素，可以使用如下格式：

自定义类型变量名 . 元素名

例如：

Student . Name , Student . sex

如果自定义类型中的变量数目很多，可以利用 With 语句简化自定义类型变量中逐一元素的引用。With 语句可以对某个变量执行一系列语句，而不用重复指出变量的名称。

使用格式如下：

```
With 变量名
    语句块
End With
```

说明：其中变量名一般是自定义类型变量名，也可以是控件名。

例如，下列语句对 Student 变量的各元素赋值，然后再把各元素的值赋值给同类型的 MyStud 变量。

方法 1：用 With 语句   方法 2：不用 With 语句

```
With Student
. Name = "张三"                      Student . Name = "张三"
. Sex = "男"                        Student . Sex = "男"
```

. Telephone ＝123456789　　　　Student . Telephone ＝123456789

. School ＝ "同济大学"　　　　　　Student . School ＝ "同济大学"

End With

MyStud ＝ Student　　　　'同种类型变量直接赋值

5.4.3 声明和使用自定义数据类型数组

自定义类型数组是指数组中的每个元素都是自定义类型的,它在解决实际问题时很有用。例如:

Dim stud(99) As StudType

5.5 程序示例

【例 5－4】 随机产生 20 个两位正整数,找出其中的最大值并输出其位置,若有多个相同的最大值一起输出其位置。

【程序分析】首先在程序中定义一个一维数组,并利用一维循环语句给数组赋 20 个随机的两位数,然后分两步实现题目要求:第一步求出一维数组的最大值并存放在变量 max 中;第二步用 max 值和一维数组中所有元素进行比较,如果数组中某个元素和 max 值相等就输出该元素在数组中的位置。

【程序代码】如下:

```
Option Base 1
Private Sub Command1_Click()
    Dim a(20) As Integer, i As Integer
    Dim max As Integer, index As Integer
    Randomize              '对 Rnd 函数初始化,使其每次得到不同的随机数
    For i = 1 To 20
      a(i) = Int(Rnd * 90 + 10)
      Picture1. Print a(i);
      If i Mod 10 = 0 Then Picture1. Print    '在图片框中每行显示 10 个元素
      If max <a(i) Then max = a(i)
    Next i
    Picture1. Print
    Picture1. Print "最大值是:" & max
    For i = 1 To 20
      If max = a(i) Then Picture1. Print "其是数组第" & i & " 个元素"
    Next i
End Sub
Private Sub Command2_Click()
    Picture1. Cls
End Sub
Private Sub Command3_Click()
End Sub
```

程序运行界面如图 5－5 所示。

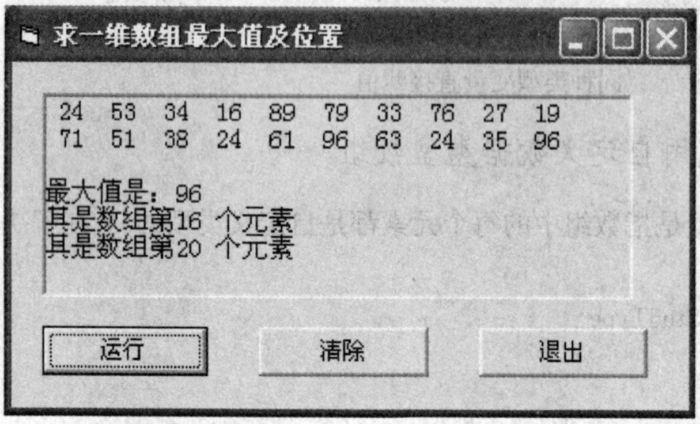

图 5－5　求一维数组最大值及其位置

【例 5－5】　随机产生 10 个互不相同的两位正整数。

【程序分析】首先在程序中定义一个一维数组，并对数组的第一个元素赋值。然后利用 Rnd 函数产生一个随机数，用该数和数组的第一个元素进行比较，如果不相等，则可以将该数赋给数组的第二个元素，如果相等则需要重新产生一个数，直到和第一个元素不相等为止；然后再产生第三个随机数，用该数和数组的前两个元素进行比较，如果都不相等，则可以将该数赋给数组的第三个元素，如果相等则需要重新产生一个数，直到和数组的前两个元素都不相等为止；然后产生第四个随机数……依次类推，最终生成 10 个互不相等的随机数。

【程序代码】如下：

```
Option Base 1
Private Sub Form_Click()
    Dim i As Integer, j As Integer, t As Integer
    Dim a(10) As Integer
    a(1) = Int(Rnd * 90 + 10)
    For i = 2 To 10
        t = Int(Rnd * 90 + 10)
        For j = 1 To i
            If t = a(j) Then i = i - 1: Exit For
'如果产生的数与数组中已生成的任一元素相等，则要退出内循环，并重新产生一个数
        Next j
        If j > i Then a(i) = t
    Next i
    For i = 1 To 10
        Print a(i);
    Next i
End Sub
```

【例 5－6】　求出 100 到 200 之间的所有素数，存放在数组 Prime 中，并将求出的素数每行 10 个显示在窗体上。

【程序分析】由于不知道 100 到 200 之间素数的个数，从内存利用效率方面来考虑，建议

使用动态数组来实现。在程序中使用了一个双重循环结构,使用外循环对 100 到 200 之间的数进行遍历。根据素数的定义,使用内循环对外循环的每一个数进行判断,如果当前的数是素数,就把该数存放在动态数组中。循环结束后,将动态数组中的元素每行 10 个显示在窗体上。

【程序代码】如下:

```
Option Base 1
Private Sub Form_Click()
    Dim i As Integer, j As Integer, index As Integer
    Dim a() As Integer
    For i = 101 To 199 Step 2
        For j = 2 To Sqr(i)
            If i Mod j = 0 Then Exit For
        Next j
        If j >Sqr(i) Then
            index = index + 1
            ReDim Preserve a(index)
            a(index) = i
        End If
    Next i
    For i = 1 To UBound(a)
        Print a(i);
        If i Mod 10 = 0 Then Print
    Next i
End Sub
```

【例 5－7】 用冒泡法对 10 个数进行排序(以升序为例)。

【程序分析】将相邻两个数两两比较,大数交换到后面,小数放到前面。在这种排序过程中,小数如同气泡一样逐层上浮,而大数则逐个下沉,因此,被形象地喻为"冒泡"。冒泡排序的过程如下:

(1) 第 1 趟:将相邻两个数进行比较,大数交换到后面,经 n－1 次两两相邻比较后,最大的数已交换到最后一个位置;

(2) 第 2 趟:将前 n－1 个数(最大的数已在最后)按上法比较,经 n－2 次两两相邻比较后得次大的数;

(3) 依次类推,n 个数共进行 n－1 趟比较,在第 j 趟中要进行 n－j 次两两比较。例如 n＝5,一趟排序过程如图 5-6 所示;排序总过程如图 5-7 所示。

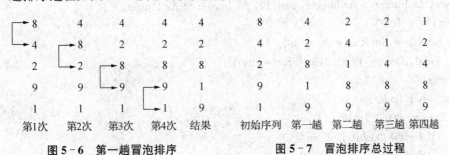

图 5-6 第一趟冒泡排序   图 5-7 冒泡排序总过程

【程序代码】如下：

```
Option Base 1
Private Sub Command1_Click()
    Dim i As Integer, j As Integer, sort(10) As Integer, t As Integer
    For i = 1 To 10
        sort(i) = Int(Rnd * 90 + 10)
        Text1. Text = Text1. Text &Str(sort(i))
    Next i
    For i = 1 To 9
      For j = 1 To 10 − i
        If sort(j) > sort(j + 1) Then
          t = sort(j)
          sort(j) = sort(j + 1)
          sort(j + 1) = t
        End If
      Next j
    Next i
    For i = 1 To 10
      Text2. Text = Text2. Text &Str(sort(i))
    Next i
End Sub
```

【例 5‑8】 用选择法对 10 个数进行排序(以升序为例)。

【程序分析】选择排序与冒泡排序比较次数相同,只是排序算法不一样,选择排序的算法是：每一趟从待排序的数据元素中选出最小(或最大)的一个元素,顺序放在已排好序的数列的最后,直到全部待排序的数据元素排完。

对具有 n 个元素的一维数组来说,选择排序具体过程如下：

(1) 第 1 趟：从所有数中选出最小的数,与第 1 个数交换位置；

(2) 第 2 趟：除第 1 个数外,从其余 n−1 个数中选出最小的数,与第 2 个数交换位置；

(3) 依次类推,经过 n−1 次选择后,该数列已按升序排列。

【程序代码】如下：

```
Option Base 1
Private Sub Command1_Click()
    Dim i As Integer, j As Integer, sort(10) As Integer, t As Integer
    For i = 1 To 10
        sort(i) = Int(Rnd * 90 + 10)
        Text1. Text = Text1. Text &Str(sort(i))
    Next i
    For i = 1 To 9
      For j = i + 1 To 10
        If sort(i) > sort(j) Then
          t = sort(i)
```

```
        sort(i) = sort(j)
        sort(j) = t
      End If
    Next j
  Next i
  For i = 1 To 10
    Text2. Text = Text2. Text & Str(sort(i))
  Next i
End Sub
```

通过对冒泡和选择两种排序算法进行分析发现：对一个无序的数组，内循环每一轮的数据交换至少要执行一次，随着数据规模的扩大，数据交换的次数也要增多，这样无疑增加了系统的开销，为了减少数据交换的次数，可以对上述排序算法进行改进（以选择排序为例）。

改进方法如下：在程序中设置一个标志 flag，在每趟比较时，先将外循环的循环变量 I 的值赋给 flag，用 sort(flag) 与其后所有元素进行比较，如果需要交换数据时，仅仅将另一个元素的下标赋给 flag，使得 flag 变量总是存放最小元素的下标。当一轮比较结束后，若循环变量 I 的值与 flag 相等，则说明这一轮不需要进行数据交换，若不相等，则交换 sort(flag) 与 sort(I) 的值。我们将这种算法称为"直接排序法"。采用"直接排序法"的程序代码如下：

```
Option Base 1
Private Sub Command1_Click()
  Dim i As Integer, j As Integer, sort(10) As Integer
  Dim t As Integer, flag As Integer
  For i = 1 To 10
    sort(i) = Int(Rnd * 90 + 10)
    Text1. Text = Text1. Text & Str(sort(i))
  Next i
  For i = 1 To 9
    flag = i
    For j = i + 1 To 10
      If sort(i) > sort(j) Then flag = j
    Next j
    If flag <> i Then
        t = sort(i)
        sort(i) = sort(flag)
        sort(flag) = t
    End If
  Next i
  For i = 1 To 10
    Text2. Text = Text2. Text & Str(sort(i))
  Next i
End Sub
```

【例 5 - 9】 顺序查找。

【程序分析】设有 n 个数据放在一维数组 a 中,待查找的数据值为 x,将 x 与 a 数组中的元素从头到尾一一进行比较查找,若相同,查找成功,若找不到,则查找失败。

【程序代码】如下:

```
Option Base 1
Dim a(10) As Integer
Private Sub Command1_Click()
    Dim i As Integer
    For i = 1 To 10
        a(i) = Int(Rnd * 100 + 1)
        Text1. Text = Text1. Text &Str(a(i))
    Next i
End Sub
Private Sub Command2_Click()
    Dim i As Integer, x As Integer
    x = Val(InputBox("请输入要查找的数:"))
    For i = 1 To 10
        If x = a(i) Then
            MsgBox "你要查找的数" & x & ": 是数组的第" & i & "个元素"
            Exit For
        End If
    Next i
    If i > 10 Then MsgBox "你要查找的数不存在!"
End Sub
```

【例 5 - 10】 二分查找。

【程序分析】设 n 个有序数(从小到大)存放在数组 a 中,要查找的数为 x。用变量 bot、top、mid 分别表示查找数据范围的底部(数组下界)、顶部(数组的上界)和中间,则表达式为:mid=(top+bot)/2。

二分查找的过程如下:

(1) 若 x=a(mid),则已找到并退出循环,否则继续判断;

(2) 若 x<a(mid),则 x 必在 bot 和 mid-1 范围之内,即 top=mid-1;

(3) 若 x>a(mid),则 x 必在 mid+1 和 top 范围之内,即 bot=mid+1;

(4) 在确定了新的查找范围后,重复进行以上比较,直到找到或者 bot<=top 为止。

可见每进行一次二分查找,查找范围就缩小一半。

【程序代码】如下:

```
Option Base 1
Option Explicit
Private Sub Command1_Click()
    Dim a As Variant, i As Integer, x As Integer, flg As Boolean
    Dim bot As Integer, mid As Integer, top As Integer
    a = Array(23, 43, 45, 54, 56, 67, 78, 87, 89, 98)
```

```
    x = InputBox("请输入要查找的数:")
    bot = 1: top = UBound(a)
    Do While bot <= top
      mid = (bot + top) \ 2
      If x = a(mid) Then
        flg = True
        Exit Do
      ElseIf x < a(mid) Then
        top = mid - 1
      Else
        bot = mid + 1
      End If
    Loop
    If flg Then
      MsgBox "你要查找的数" & x & ":是数组的第" & mid & "个元素"
    Else
      MsgBox "你要查找的数不存在!"
    End If
End Sub
```

【例 5-11】　数组元素的插入。

【程序分析】 在一个有序数组中插入一个数使原数组仍然有序,可以分两步实现:

第一步: 用待插入的数 x 在有序数组中查找插入位置;第二步: 将 x 插入到指定的位置。

具体插入过程如下:

（1）如果 x 比数组的第一个元素还小,则将原数组中的所有元素循环向右移动一位,然后执行 a(1)=x 语句。

（2）如果 x 比数组的最后一个元素还大,则直接执行 a(ubound(a))=x 语句。

（3）如果 x 比数组的前一个元素大,同时比后一个元素小,则将从当前位置向后的所有元素循环向右移动一位,然后执行 a(i+1)=x 语句。

【程序代码】 如下:

```
Option Base 1
Option Explicit
Private Sub Command1_Click()
    Dim a() As Variant, i As Integer, x As Integer, j As Integer
    a = Array(3, 5, 7, 9, 11, 13)
    x = InputBox("请输入要插入的数:")
    ReDim Preserve a(UBound(a) + 1)
    If x < a(1) Then        'x 比数组最小的元素小
      For i = UBound(a) - 1 To 1 Step -1
          a(i + 1) = a(i)
      Next i
      a(1) = x
    ElseIf x > a(UBound(a) - 1) Then        'x 比数组最大的元素大
```

```
      a(UBound(a)) = x
   Else
      For i = 1 To UBound(a) − 1
         If x > a(i) And x < a(i + 1) Then      'x 比数组前一个元素大,比后一个元素小
            For j = UBound(a) − 1 To i + 1 Step −1
               a(j + 1) = a(j)
            Next j
            a(i + 1) = x
         End If
      Next i
   End If
   For i = 1 To UBound(a)
      Print a(i);
   Next i
End Sub
```

【例 5 - 12】 数组元素的删除。

【程序分析】 数组元素的删除操作首先是要找到要删除的元素的位置 i；然后将数组从 i+1 位置向后的所有元素循环向前移动一位，最后将数组元素减 1。

【程序代码】 如下：

```
Option Base 1
Option Explicit
Private Sub Command1_Click()
   Dim a() As Variant, i As Integer, x As Integer, j As Integer
   a = Array(7, 10, 15, 39, 22, 45, 76, 43, 75)
   x = InputBox("请输入要删除的数:")
   For i = 1 To UBound(a)
      If x = a(i) Then
         For j = i To UBound(a) − 1
            a(j) = a(j + 1)
         Next j
         Exit For
      End If
   Next i
   ReDim Preserve a(UBound(a) − 1)
   For i = 1 To UBound(a)
      Print a(i);
   Next i
End Sub
```

【例 5 - 13】 在文本框输入一串字母串，统计各字母出现的次数(不区分大小写字母)。

【程序分析】 要想在文本框中只能输入字母串，可以使用文本框 Text1 的 Keypress 事件对输入的每个字符进行判断；要统计 26 个字母出现的个数，可以声明一个具有 26 个元素的数组，用每个元素的下标表示对应的字母，用元素的值表示对应字母出现的次数，然后从输入的

字符串中逐一取出字符,统一转换成大写字母或小写字母(使得不区分大小写),进行判断。

【程序代码】如下:

```
Option Base 1
Option Explicit
Private Sub Text1_KeyPress(KeyAscii As Integer)
    Select Case Chr(KeyAscii)            '保证在文本框中输入的都是字母
        Case "A" To "Z", "a" To "z"
        Case Else
        KeyAscii = 0                     '将 KeyAscii 置为空
    End Select
End Sub
Private Sub Command1_Click()
    Dim a(26) As Integer, c As String * 1, flg As Integer
    Dim i As Integer, t As Integer, l As Integer
    l = Len(Text1)                       '求字符串的长度
    For i = 1 To l
        c = UCase(mid(Text1, i, 1))      '取一个字符,转换成大写
        If c >= "A" And c <= "Z" Then
            t = Asc(c) - 65 + 1          '将 A~Z 大写字母转换成 1~26 的下标
            a(t) = a(t) + 1              '对应数组元素加 1
        End If
    Next i
    For i = 1 To 26                      '输出字母及其出现的次数
        If a(i) > 0 Then
            flg = flg + 1
            Picture1. Print Chr(i + 64) & ":" & a(i) & Space(1);
            If flg Mod 6 = 0 Then Picture1. Print
        End If
    Next i
End Sub
Private Sub Command2_Click()
    Text1. Text = ""
    Picture1. Cls
End Sub
Private Sub Command3_Click()
    End
End Sub
```

程序运行界面如图 5-8 所示:

图 5-8　统计字母出现的次数

【例 5-14】　找出从 1~9 这 9 个数字中任取 6 个不同数字组成的素数。

【程序分析】由于要构造由 1~9 之间的互不相同的数字组成的 6 位数,因此在程序中定义一个一维数组 a(9),其数组元素的下标分别对应 1~9 这 9 个数字。用 CStr 函数将当前的 i 值转换成字符串后,对其每个字符所代表的值进行判断,如果是 0,则退出当前循环,继续下一轮循环,否则把由该数字作为元素下标所对应元素的值置为 1。当前循环结束后,如果数组元素中 1 的个数为 6,则表示当前的 i 是一个各位数字互不相等的 6 位数,然后再根据素数的定义来判断其是否为素数,如果是,则在文本框中显示。

【程序代码】如下:

```
Option Base 1
Option Explicit
Private Sub Command1_Click()
    Dim a(9) As Integer, i As Long, j As Integer, sum As Integer
    Dim k As Integer, s As String, m As Integer, n As Integer, js As Integer
    For i = 123456 To 987654
        Erase a                        '对数组重新初始化
        sum = 0
        s = CStr(i)
        For j = 1 To 6
            k = Val(mid(s, j, 1))
            If k = 0 Then              '如果数字中含有 0,则退出当前循环
                Exit For
            Else
                a(k) = 1              '对已用过的数字打上标记
            End If
        Next j
        If j > 6 Then
            For m = 1 To 9
                sum = sum + a(m)
```

```
        Next m
        If sum = 6 Then                      '如果当前 i 中的 6 位数字各不相同
          For n = 2 To Sqr(i)                '判断 i 是否为素数
            If i Mod n = 0 Then Exit For
          Next n
          If n > Sqr(i) Then
            js = js + 1
            Text1. Text = Text1. Text & i & Space(1)
            If js Mod 10 = 0 Then Text1. Text = Text1. Text & vbCrLf
          End If
        End If
      End If
    Next i
End Sub
Private Sub Command2_Click()
    End
End Sub
Private Sub Command1_Click()
    Dim a(26) As Integer, c As String * 1, flg As Integer
    Dim i As Integer, t As Integer, l As Integer
    l = Len(Text1. Text)                     '求字符串的长度
    For i = 1 To l
      c = UCase(mid(Text1. Text, i, 1))      '取一个字符,转换成大写
      If c >= "A" And c <= "Z" Then
        t = Asc(c) - 65 + 1                  '将 A～Z 大写字母转换成 1～26 的下标
        a(t) = a(t) + 1                      '对应数组元素加 1
      End If
    Next i
    For i = 1 To 26                          '输出字母及其出现的次数
      If a(i) > 0 Then
        flg = flg + 1
        Picture1. Print Chr(i + 64) & ":" & a(i) & Space(1);
        If flg Mod 6 = 0 Then Picture1. Print
      End If
    Next i
End Sub
Private Sub Command2_Click()
    Text1. Text = ""
    Picture1. Cls
End Sub
Private Sub Command3_Click()
    End
End Sub
```

程序运行界面如图 5 - 9 所示。

图 5 - 9　由任意 6 个不同数字组成的素数

【例 5 - 15】　求 m×n 二维数组的外围元素之和。

【程序分析】设有二维数组 a(m,n),求其外围元素之和的步骤是:

(1) 先累加第 1 行和第 m 行各元素之和;

(2) 再累加第 1 列和第 n 列这两列中第 2 行到第 m-1 行各元素之和。

【程序代码】如下:

```
Option Base 1
Option Explicit
Private Sub Command1_Click()
    Dim i As Integer, j As Integer, m As Integer, n As Integer
    Dim sum As Integer, a() As Integer
    m = InputBox("请输入数组的行数:")
    n = InputBox("请输入数组的列数:")
    ReDim a(m, n)
    For i = 1 To m
      For j = 1 To n
        a(i, j) = Int(Rnd * 9 + 1)
        Print a(i, j);
      Next j
      Print
    Next i
    For i = 1 To m
      For j = 1 To n
          If i = 1 Or i = m Or j = 1 Or j = n Then sum = sum + a(i, j)
      Next j
    Next i
```

```
    Print sum
End Sub
```

程序中第一个双重循环的作用是对二维数组赋初始化值,在第二个双重循环的内循环中,使用了判断语句:If i = 1 Or i = m Or j = 1 Or j = n来进行二维数组外围元素的求和。这是一个很好的技巧,请读者仔细体会。如果求二维数组的内部元素之和,则可以将判断语句修改为:If i <> 1 And i <> m And j <> 1 And j <> n。请读者自行分析。

5.6　本章小结

本章介绍了数组的概念和基本操作。数组用于保存相关的成批数据,它们共享了一个名字(数组名),用不同的下标表示数组中的某个元素。要使用数组必须加以声明:数组名、类型、维数、大小;也可通过 ReDim 语句重新声明数组的大小,在使用时利用 LBound、UBound 函数可测定数组的下、上界,避免出现"下标越界"的出错信息。

在程序设计中使用最多的数据结构是数组,离开数组,程序的编制会很麻烦,也难以发挥计算机的特长。循环和数组结合使用,可简化编程的工作量,但必须要掌握数组的下标与循环变量之间的关系,这也是学习中的难点;熟练掌握数组的使用,是学习程序设计课程的重要要求之一。

5.7　习题

5.7.1　选择题

(1) 下面有关数组的说法中,错误的是(　　　)。

A. 数组必须先定义后使用

B. 数组形参可以是定长字符串类型

C. Erase 语句的作用是对已定义数组的值重新初始化

D. 定义数组时,数组维界值可以不是整数

(2) 以下有关数组的说法中,正确的是(　　　)。

A. 数组是有序变量的集合,序列中的变量类型可以不同

B. 数组下标用以确定数组元素在数组中的位置,下标取值只能是 0 或 1

C. 在一定条件下动态数组可以反复改变其维数与大小

D. 固定大小数组也可使用 ReDim 语句改变其大小

(3) 下面有关数组的说法中(　　　)是错误的。

A. 在模块中由于未使用 Option Explicit 语句,所以数组不用先定义就可以使用,只不过是 Variant 类型

B. 过程定义中,形参数组可以是定长字符串类型

C. Erase 语句的作用是对固定大小数组的值重新初始化或收回分配给动态数组的存储空间

D. 定义数组时,数组维界值可以不是整数

(4) 以下说法不正确的是(　　　)。

A. 使用不带关键字 Preserve 的 ReDim 语句可以重新定义数组的维数

B. 使用不带关键字 Preserve 的 ReDim 语句可以改变数组各维的上、下界

C. 使用不带关键字 Preserve 的 ReDim 语句可以改变数组的数据类型

D. 使用不带关键字 Preserve 的 ReDim 语句可以对数组中的所有元素进行初始化

(5) 下列有关数组的说法中,正确的是(　　)。

A. 数组的维下界不可以是负数

B. 模块通用声明处有 Option Base 1,则模块中数组定义语句 Dim A(0 to 5)会与之冲突

C. 模块通用声明处有 Option Base 1,模块有 Dim A(0 to 5),则 A 数组第一维下界为 0

D. 模块通用声明处有 Option Base 1,模块有 Dim A(0 to 5),则 A 数组第一维下界为 1

(6) 以下关于数组的说法中,错误的是(　　)。

A. 使用了 Preserve 子句的 ReDim 语句,只允许改变数组最后一维的上界

B. 对于动态数组,ReDim 语句可以改变其维界但不可以改变其数据类型

C. Erase 语句的功能只是对固定大小的数组进行初始化

D. LBound 函数返回值是指定数组某一维的下界

(7) 下列有关数组的叙述中,不正确的是(　　)。

① 在过程中用 ReDim 语句定义的动态数组,其下标的上下界可以是变量。

② 数组作为形式参数时,传递的是每个数组元素的值。

③ 在窗体模块的通用声明处可以用 Public 说明一个全局数组。

④ 数组定义语句中可以用负数或小数来指定某一维的维下界或维上界的值。

A. ②③　　　　　　　　B. ①③④　　　　　　　C. ①②③④　　　　　D. ③④

(8) 下列有关控件数组的说法中,错误的是(　　)。

A. 控件数组由一组具有相同名称和相同类型的控件组成,不同类型的控件无法组成控件数组

B. 控件数组中的所有控件不得具有各自不同的属性设置值

C. 控件数组中的所有控件共享同一个事件过程

D. 控件数组中每个元素的下标由控件的 Index 属性指定

(9) 在窗体上画一个名称为 Command1 的命令按钮,然后编写如下程序:

```
Private Sub Command1_Click()
    Dim i As Integer,j As Integer
    Dim a(10,10)As Integer
    For i=1 To 3
        For j=1 To 3
            a(i,j)=(i-1)*3+j
            Print a(i,j);
        Next j
        Print
    Next j
End Sub
```

程序运行后,单击命令按钮,窗体上显示的是(　　)。

A. 123　　　　　　　B. 234　　　　　　　C. 147　　　　　　　D. 123

    246　　　　　　　　　345　　　　　　　　258　　　　　　　　456

    369　　　　　　　　　456　　　　　　　　369　　　　　　　　789

(10) 在窗体上画一个名称为 Command1 的命令按钮,然后编写如下代码:

```
Option Base 1
Private Sub Command1_Click()
    d = 0
    c = 10
```

```
    x = Array(10, 12, 21, 32, 24)
    For i = 1 To 5
        If x(i) > c Then
            d = d + x(i)
            c = x(i)
        Else
            d = d−c
        End If
    Next i
    Print d
End Sub
```

程序运行后,如果单击命令按钮,则在窗体上输出的内容为( )。

A. 89 　　　　　　　　 B. 99 　　　　　　　　 C. 23 　　　　　　　　 D. 77

(11) 以下有关数组定义的语句序列中,错误的是( )。

A. Static arr1(3)

　　arr1(1) = 100

　　arr1(2) = "Hello"

　　arr1(3) = 123. 45

B. Dim arr2() As Integer

　　Dim size As Integer

　　Private Sub Command2_Click()

　　　　size = InputBox("输入:")

　　　　ReDim arr2(size)

　　　　…

　　End Sub

C. Option Base 1

　　Private Sub Command3_Click()

　　　　Dim arr3(3) As Integer

　　　　…

　　End Sub

D. Dim n As Integer

　　Private Sub Command4_Click()

　　　　Dim arr4(n) As Integer

　　　　…

　　End Sub

(12) 阅读以下程序:

```
Option Base 1
Dim arr() As Integer
Private Sub Form_Click()
    Dim i As Integer, j As Integer
    ReDim arr(3, 2)
    For i = 1 To 3
        For j = 1 To 2
```

```
        arr(i, j) = i * 2 + j
      Next j
    Next i
    ReDim Preserve arr(3, 4)
    For j = 3 To 4
        arr(3, j) = j + 9
    Next j
    Print arr(3, 2) + arr(3, 4)
End Sub
```

程序运行后,单击窗体,输入结果为(　　)。

A. 21　　　　　　　　B. 13　　　　　　　　C. 8　　　　　　　　D. 25

5.7.2　填空题

(1) 下列的事件过程执行结束后,A(2)的值是_____,A(7)的值是_____,程序中第二个循环被执行了_____次。

```
Option Explicit
Option Base 1
Private Sub Command1_Click()
    Dim a(10) As Integer
    Dim i As Integer, k As Integer
    For i = 1 To 10
        a(i) = 1
    Next i
    k = 1
    For k = 1 To 10 Step k
        a(k) = 0
        k = k + 2
    Next k
End Sub
```

(2) 执行下列程序,单击 Command1 按钮后数组元素 A(1,1)的值是_____,A(2,3)的值是_____,A(3,2)的值是_____。

```
Option Explicit
Private Sub Command1_Click()
    Dim a(3, 3) As Integer, i As Integer, j As Integer, k As Integer
    i = 3: j = 1
    a(i, j) = 1
    For k = 2 To 9
        If i + 1 > 3 Or j + 1 > 3 Then
            If j = 1 Then
                i = i - 1
            ElseIf a(i - 1, j - 1) = 0 Then
                i = i - 1: j = j - 1
            ElseIf j = 3 Then
```

```
                    i = i - 1
             Else
                    j = j + 1
             End If
         ElseIf j = 1 Or i = 1 Then
             If a(i + 1, j + 1) = 0 Then
                    i = i + 1: j = j + 1
             Else
                    j = j + 1
             End If
         Else
             If a(i - 1, j - 1) = 0 Then
                    i = i - 1: j = j - 1
             End If
         End If
         a(i, j) = k
      Next k
   End Sub
```

(3) 执行下列程序,连续三次单击命令按钮 Command1 之后,A 数组共有_____个元素;数组元素 A
(2)的值是_____,A(4)的值是_____。

```
Option Explicit
Option Base 1
Private Sub Command1_Click()
    Static A() As Integer, n As Integer
    Dim i As Integer, k As Integer
    k=n
    n=n +2
    ReDim   Preserve   A(n)
    For i=k+1 To  n
        A(i)=i * n+1
    Next i
    For i=1 To n
        Print A(i);
    Next i
    Print
End Sub
```

(4) 执行下列程序,单击 Command1,窗体上显示的第一行是_____,第二行是_____,第三行
是_____。

```
Option Explicit
Option Base 1
Private Sub Command1_Click()
    Dim sa(3,3) As String * 1,I As Integer,j As Integer,k As Integer
    k=1
```

```
      For i=1 to 3
        For j=1 to 3
        sa(i,j)=Chr(asc("A")+(k+i+j) Mod 26)
            Print sa(i,j);"";
              k=k+3
        Next j
      Print
      Next i
End Sub
```

（5）执行下列程序，单击 Command1，则图片框中显示的第一行是＿＿＿＿＿，显示的第二行是
＿＿＿＿＿，最后一行是＿＿＿＿。

```
Private Sub Command1_click()
    Dim a(3,3) As Integer
    Dim i As Integer,j As Integer
    For i=1 to 3
    For j=3 to 1 Step -1
    If i>=j Then
    a(i,j)=i-j
    Else
    a(i,j)=j-i
    End If
    Next j
    Next i
    For i=1 to 3
    For j=3 to 1 Step -1
    Picture1. Print a(i,j);
    Next j
    Picture1. Print
    Next i
End Sub
```

（6）运行下列程序，如果连续三次单击命令之后，A 数组共有＿＿＿＿＿个元素；数组元素 A(2)的值是
＿＿＿＿＿，A(5)的值是＿＿＿＿。

```
Option Explicit
Option Base 1
Private Sub Command1_Click()
    Static A() As Integer ,N As Integer
    Dim I As Integer,K As Integer
    K=N
    N=N+2
    Redim Preserve A(N)
    For I=K+1 To N
        A(I)=I*N+1
    Next I
```

```
        For I＝1 To 10
            Print A(I)；
        Next I
        Print
End Sub
```

(7) 执行下列程序,单击 Command1,则数组元素 a(1,2)的值是_____,a(2,3)的值是_____,
a(4,3)的值是_____。

```
Option Explicit
Private Sub Command1_Click()
        Dim a(4,4)As Integer,i As Integer
        Dim j As Integer,k As Integer,n As Integer
        n＝6：k＝2
        Do
          For i＝1 To 4
            For j＝1 To 4
                If i＋j＝k Then
                    a(i,j)＝n
                    n＝n－1
                End If
            Next j
          Next i
          k＝k＋1
        Loop Until k＞8
        For i＝1 To 4
          For j＝1 To 4
                print Right("    " & a(i,j),3)；
          Next j
          Print
        Next i
    End Sub
```

(8) 以下是一个比赛评分程序。在窗体上建立一个名为 Text1 的文本框数组,然后画一个名为 Text2
的文本框和名为 Command1 的命令按钮。运行程序时,在文本框数组中输入 7 个分数,单击"计算得分"命
令按钮,则最后得分显示在 Text2 文本框中(去掉一个最高分和一个最低分后的平均分即为最后得分),如
图 5－10 所示。请填空。

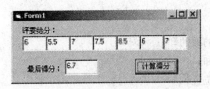

图 5－10　比赛评分程序

```
Private Sub Command1_Click( )
    Dim k As Integer
```

```
      Dim sum As Single, max As Single, min As Single
      sum = Text1(0)
      max = Text1(0)
      min = _____
      For k = _____    To 6
        If max < Text1(k) Then
          max = Text1(k)
        End If
        If min > Text1(k) Then
          min = Text1(k)
        End If
        sum = sum + Text1(k)
      Next k
      Text2. Text = (_____) / 5
    End Sub
```

5.7.3　编程题

(1) 从键盘上输入 10 个整数,并存入一个一维数组中,然后将其前 5 个元素与后 5 个元素对换,即:第 1 个元素与第 10 个元素互换,第 2 个元素与第 9 个元素互换……第 5 个元素与第 6 个元素互换。分别输出数组原来各元素的值和交换后各元素的值。

(2) 随机生成 20 个两位正整数,统计其中有多少个不相同的数。

(3) 随机生成 20 个互不相同的两位正整数并使其围成一圈,找出每四个相邻数之和的最大值,并指出是哪四个相邻的数。

(4) 重新排列一维数组元素的顺序,使得左边的所有元素均为偶数并按由大到小的次序存放,右边的所有元素均为奇数并按由小到大的次序存放。

测试数据与运行结果如下:

数组原始数据为: 17　15　10　14　16　17　19　18　13　12

输出结果为: 18　16　14　12　10　13　15　17　17　19

(5) 编程给一个 5×5 的矩阵赋值,要求该矩阵的副对角线(指矩阵左下角到矩阵右上角连线上的元素)上方元素都是偶数,副对角线和它的下方元素都为奇数。

(6) 编写程序,把下面的数据输入一个二维数组中。

15　26　47　58
22　36　88　93
78　68　27　52
66　44　86　88

然后执行以下操作:

① 输出矩阵两个对角线上的数的和;

② 分别输出各行和各列的和;

③ 交换第一行和第三行的位置;

④ 交换第二列和第四列的位置;

⑤ 输出处理后的数组。

(7) 找出一个 m×n 数组的"鞍点"。所谓"鞍点",是指一个在本行中值最大、在本列中值最小的数组元素。若找到,则输出"鞍点"的位置,否则输出"该数组中没有鞍点"。

(8) 找出一个 m×n 数组的"凸点"。所谓"凸点",是指一个在本行中值最大、在本列中值也最大的数组元素。若找到,则输出"凸点"的位置,否则输出"该数组中没有凸点"。

(9) 将 20 个学生围成一圈,按顺时针方向从 1～20 给每个学生编号,1～n(如 n=3)报数,凡报到 n者出圈,并给他一个新的编号。最先出圈者新的编号为 1,第二个出圈者新的编号为 2,依次类推,直到所有的学生都重新编号。将学生的新老编号对应关系打印出来。

(10) 生成一个 3 行 8 列的二维数组 A(3,8),其中前两行元素产生的方法是:

用初值 X1＝26 及公式 Xi+1＝(25×Xi＋357) Mod 1024,产生一个数列:X1、X2、…X16。其中 X1～X8 作为 A 的第一行元素;X9～X16 作为 A 的第二行元素;A 的第三行元素值取前两行同列元素的最大公约数。最后生成的数组如下:

```
 26   1007  956   705   547   371   416   517
 994  631   772   201   262   763   1000  781
  2    1     4     3     2     7     8    11
```

(11) 下面是一个 5×5 阶的螺旋方阵。试编程打印出此形式的 n×n(n<10)阶的方阵(顺时针方向旋转)。

```
 1    2    3    4    5
16   17   18   19    6
15   24   25   20    7
14   23   22   21    8
13   12   11   10    9
```

(12) 由键盘输入若干数据,存放到一个 N＊N 的二维数组 A 中,然后将每行的最大数据移至正对角线上,并要求以每行 N 个数据的格式输出结果。以 N＝4 为例,其移动前后的情况如下:

```
         1    9    2    5
        11    6    7    8
移动前: 21   40   35   69
        10    3   25   43

         9    1    2    5
         6   11    7    8
移动后: 21   40   69   35
        10    3   25   43
```

第6章 过 程

VB 应用程序是由一个个过程构成的。在设计一个规模较大、复杂程序较高的程序时，往往根据需要将程序按功能分解成若干个相对独立的模块来分别设计，在 VB 中将这些相对独立的功能模块称为过程。在程序设计中充分使用过程，可以大大简化程序设计的任务，提高程序的执行效率。

对象的事件过程和内部函数过程是 VB 系统本身提供的，用户不能更改。VB 允许用户根据需要自己定义的过程有四种：Sub 子程序过程、Function 函数过程、Property 属性过程和 Event 事件过程。本章主要介绍 VB 的事件过程、用户自定义的 Sub 过程、Function 函数过程。

6.1 Visual Basic 中的过程

6.1.1 过程

在程序设计中，常常为各个相对独立的功能模块分别编写程序，在 VB 中将这样的代码段称为过程，VB 整个应用程序就是由若干这样的过程构成的。VB 的过程可分为事件过程和通用过程两大类。

1. 事件过程

针对由用户或系统引发的事件，由 VB 系统事先编写好的用于改变对象的状态和行为、对相关的信息进行处理的程序代码段称为事件过程。事件过程是构成一个完整 VB 应用程序不可缺少的组成部分，是 VB 应用程序的基本单元。事件过程由事件自动调用。

（1）窗体事件过程

语法：Private Sub Form_事件名（[参数列表]）

        [局部变量和常数声明]

      语句块

    End Sub

说明：

① 窗体事件过程名由"Form_事件名"组成，多文档窗体用"MDIForm_事件名"组成；

② 每个窗体事件过程名前都有一个 Private 前缀，表示该事件过程不能在它自己的窗体模块之外被调用；

③ 事件过程有无参数，完全由 VB 提供的具体事件本身决定，用户不可以随意添加。

（2）控件事件过程

语法：Private Sub 控件名_事件名（[参数列表]）

        [局部变量和常数声明]

      语句块

    End Sub

说明：

其中的控件名必须与窗体中相应的控件相匹配，否则 VB 将认为它是一个通用过程。

（3）建立事件过程的方法

① 打开代码编辑器窗口（双击对象或从工程资源管理器中单击"查看代码"按钮）；

② 在代码编辑器窗口中，选择所需要的"对象"和"事件过程"；

③ 在 Private Sub …… End Sub 之间输入代码；

④ 保存工程和窗体。

2. 通用过程

在一个应用程序中，如果多个窗体或者一个窗体内的不同事件过程需要反复使用一些代码，为了减少编写代码的工作量并使程序结构更加清晰，可以将这些被反复使用的代码单独设计为一个过程，VB 把这样的过程称为通用过程。

通用过程必须被另一个过程显示调用才能被执行。通用过程分为公有（Public）过程和私有（Private）过程两种，公有过程可以被应用程序中的任一过程调用，而私有过程只能被同一模块中的过程调用。

6.1.2　模块

VB 中有三种类型的模块：窗体模块、标准模块和类模块。

1. 窗体模块

窗体模块是 VB 应用程序的基础。窗体模块中不仅可以包含窗体中各个对象的事件过程及其属性设置，还可以包含一些仅供本窗体内的其他过程共享的通用过程。

2. 标准模块

标准模块中保存的都是可被多个窗体共享的通用过程。在标准模块中可以包含变量、常量、自定义类型的全局声明或模块级声明。创建标准模块的方法是：单击"工程"菜单，选择"添加模块"子菜单，在弹出的"添加模块"对话框中，单击"打开"按钮即可；或者在"工程资源管理器"处单击右键，选择"添加"选项，再选择"添加模块"选项，在弹出的"添加模块"对话框中，单击"打开"按钮即可。

3. 类模块

类模块是 VB 面向对象编程的基础。可在类模块中创建新的对象类，并可以为新建的类自定义属性和方法。

6.2　Sub 过程

6.2.1　Sub 过程的定义

1. 定义形式：

　　［Private | Public］［Static］ Sub 过程名（［参数列表］）

　　　　［局部变量和常数声明］

　　　　　语句块

　　　［Exit Sub］

　　　　　语句块

　　　　End Sub

说明：

（1）缺省［Private｜Public］时，系统默认为 Public。若在一个窗体模块调用另一个窗体模块中的公有过程时，必须以那个窗体名字作为该公有过程名的前缀，即以"某窗体名. 公有过程名"的形式调用公有过程。

（2）Static 表示过程中的局部变量为"静态"变量。

（3）过程名的命名规则与变量命名规则相同，在同一个模块中，过程名必须唯一。过程名不能与模块级变量同名，也不能与过程中的局部变量同名。

（4）参数列表中的参数称为形式参数，简称形参，它可以是变量名或数组名，不能是常量、数组元素、表达式；若有多个参数时，各参数之间用逗号分隔。VB 的过程可以没有参数，但一对圆括号不可以省略。不含参数的过程称为无参过程。

形参格式为：

［ByVal］变量名［( )］［As　数据类型］

说明：

❑ ByVal：表明其后的形参是按值传递参数，若缺省或用 ByRef，则表明形参是按地址传递参数的。

❑ 变量名［( )］：变量名为合法的 VB 变量名或数组名。若变量名后无括号，则表示该形参是普通变量，否则表示该形参是数组。

❑ As 数据类型：缺省表明该形参是变体型变量。若形参变量的类型为 String，则只能是不定长的。而在调用该过程时，对应的实际参数可以是变长字符串，也可以是定长的字符串或字符串数组元素，若形参是字符串数组则无此限制。

（5）Sub 过程不能嵌套定义，但可以嵌套调用。

（6）End Sub 标志 Sub 过程的结束，系统返回并调用该过程语句的下一条语句。

（7）过程中可以用 Exit Sub 提前结束过程，并返回到调用该过程语句的下一条语句。

例如：

```
Public Sub calc(ByVal x As Integer, ByVal y As Integer, sum As Single)
    sum = x + y
End Sub
```

上例中定义了一个名为 calc 的 Sub 过程，它有三个形式参数：x 和 y 是"传值"参数，其类型为整型变量，sum 是"传址"参数，其类型为单精度实数型变量。

2. 建立 Sub 过程的方法

方法 1：

（1）打开代码编辑器窗口；

（2）选择【工具】菜单中的【添加过程】子菜单，弹出如图 6-1 所示的对话框；

（3）在对话框中输入过程名（calc），并选择类型（子程序）和范围（私有的）；

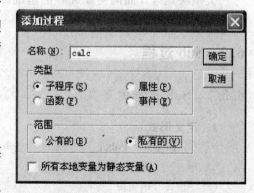

图 6-1　"添加过程"界面

（4）在新创建的过程中输入内容。

方法 2：

（1）在代码编辑器窗口的对象中选择"通用"，在文本编辑区输入 Private Sub 过程名；

（2）按回车键，即可创建一个 Sub 过程；

（3）在新创建的过程中输入内容。

6.2.2 Sub 过程的调用

Sub 过程的调用有两种形式：

1. 用 Call 语句调用 Sub 过程

语法：Call 过程名［（实参列表）］

实际参数的个数、类型和顺序，必须与被调用过程的形式参数相匹配，当有多个参数时，用逗号分隔。

2. 将过程名作为一个语句来用

语法：过程名［实参 1［，实参 2…］］

说明：

❑ 用 Call 关键字时，若有实参，则实参必须加圆括号括起来，若无实参圆括号，可以省略；若省略 Call 关键字，则实参两侧的圆括号必须去掉。

❑ 若实参要获得子过程的返回值，则实参只能是变量（与形参同类型的变量、数组名、自定义类型），不能是常量、表达式，也不能是控件名。

6.3 Function 过程

6.3.1 Function 过程的定义

1. 定义形式

［Public｜Private］［ Static］Function 函数名（参数列表）［As 数据类型］

局部变量或常数定义

语句块

函数名 ＝ 返回值

　　　　［Exit Function］

　　…

End Function

说明：

（1）Public 表示函数过程是全局的、公有的，可供本程序的所有模块中的过程调用；Private 表示函数是局部的、私有的，仅供本模块中的过程调用。若缺省表示全局的。Static 表示过程中的局部变量为"静态"变量。

（2）Function 过程以 Function 语句开头，以 End Function 语句结束。

（3）函数名的命名规则与普通变量的命名规则相同。

（4）参数列表：含义同 Sub 中的参数列表。

（5）As 数据类型：表示函数返回值的类型，若缺省则为 Variant 类型。

(6) 在函数体内至少要对函数名赋值一次,若缺省,则该 Function 过程返回对应类型的缺省值。

(7) 过程中可以通过 Exit Function 提前结束过程,并返回到调用该过程语句的下一条语句。

(8) 在函数过程内部不得再嵌套定义 Sub 过程或 Function 过程。

2. 建立 Function 过程的方法

方法 1:

(1) 打开代码编辑器窗口;

(2) 选择"工具"菜单中的"添加过程"子菜单;

(3) 在对话框中输入过程名,并选择类型(函数)和范围(私有的);

(4) 在新创建的过程中输入内容。

方法 2:

(1) 在代码编辑器窗口的对象列表中选择"通用",在文本编辑区输入 Private Function 过程名;

(2) 按回车键,即可创建一个 Function 过程;

(3) 在新创建的过程中输入内容。

6.3.2　Function 过程的调用

形式:

变量名＝函数过程名([实参])

注意:

(1) 必须给参数加上括号,即使没有参数也不可省略括号;

(2) VB 中也允许像调用 Sub 过程那样来调用 Function 过程,但这样函数就没有了返回值。

(3) 实参必须与形参保持个数相同,位置与类型一一对应。

例如下面的事件过程调用了求最大公约数的函数过程。

```
Private Sub Command1_Click()
    Dim x As Integer, y As Integer, z As Integer
    x = Val(InputBox("请输入 x:"))
    y = Val(InputBox("请输入 y:"))
    z = gcd(x, y)                '调用函数过程 gcd
    Print "最大公约数是"; z
End Sub
Function gcd( m As Integer, n As Integer) As Integer
    Dim r As Integer
    r = m Mod n
    Do while r<>0
        m = n
        n = r
    r = m Mod n
```

```
    Loop
    gcd = n
End Function
```

6.4 参数传递

在调用过程时,调用过程的首先要"形参结合",即通过实际参数(简称实参)向形式参数(简称形参)传递数据。

实参向形参传递数据的方式有两种:按值传递和按地址传递。

6.4.1 形参与实参

1. 形参

指出现 Sub 或 Function 过程形参列表中的变量名、数组名。过程被调用前,系统并不给形参分配内存。

2. 实参

实参是在调用 Sub 或 Function 过程时,传送给相应过程的变量名、数组名、常数或表达式。在过程调用传递参数时,形参与实参是按位置结合的而不是按名字结合的,所以形参和实参对应的变量名可以相同,也可以不同,但个数必须相同。

6.4.2 按值传递与按地址传递

1. 按值传递参数

在定义通用过程时,如果形参前面加上关键字 ByVal,则表示实参向形参传递的是数值。调用过程中系统只是将实参的值复制一份到内存的临时单元中,并让这个临时单元与形参对应。由于实参与形参在内存中占用是两个完全不同的存储单元,因此在程序执行过程中对形参的任何操作都不会影响到实参。当过程调用结束时,这些形参所占用的存储单元也同时被释放。

例如,用 swap 过程调用实现 a 和 b 两个数交换。程序代码如下:

```
Private Sub Command1_Click()
    Dim a As Integer, b As Integer
    a = Val(InputBox(""))
    b = Val(InputBox(""))
    Call swap(a, b)
    Print a; b
    End Sub
Private Sub swap(ByVal x As Integer, ByVal y As Integer)
    Dim t As Integer
    t = x: x = y: y = t
    Print x; y
End Sub
```

若给实参 a 和 b 赋值 3 和 5 时,程序输出结果为:

```
5   3
```

3 5

第一行结果 5 和 3 是形参 x 和 y 的值,第二行结果 3 和 5 实参 a 和 b 的值。由于形参 x 和 y 都是按值传递的,所以形参 x 和 y 的改变并没有影响到实参 a 和 b。

注意:

(1) 如果形参和实参是按值传递结合的,则形参和实参的类型不要求严格一致,只要类型可以相互转化即可。

(2) 如果实参是常量或表达式,则实参与形参只能按值传递。

2. 按地址传递参数

在定义通用过程时,如果形参前面加上关键字 ByRef 或省略,则表示在调用该过程时将实参的地址传递给形参,此时实参与形参指向的是内存中的同一地址,即实参与形参共用一个存储单元,因此在被调过程体中对形参的任何操作都相当于对相应实参的操作,实参的值也会随过程体内对形参的改变而改变。

注意:如果形参和实参是按地址传递的,则形参和实参的类型必须严格一致。

对上例中的 swap 过程进行改写如下:

```
Private Sub swap(x As Integer, y As Integer)
    Dim t As Integer
    t = x: x = y: y = t
    Print x; y
End Sub
```

若给实参 a 和 b 赋值 3 和 5 时,程序输出结果为:

5 3

5 3

第一行结果 5 和 3 是形参 x 和 y 的值,第二行结果 5 和 3 实参 a 和 b 的值。由于形参 x 和 y 都是按地址传递的,所以形参 x 和 y 的改变就等于实参 a 和 b 的改变。

6.4.3 数组参数的传递

在 VB 中允许把数组作为实参传递给形参,此时形参与实参数组只能按传地址方式进行结合。形参数组定义的格式为:

形参数组名()[As 数据类型]

注意:

(1) 在实参列表中只需要写数组名,数组名后面的圆括号可以省略;形参列表中的数组不能指定维界,但形参数组的圆括号不能省,且实参数组与形参数组的类型必须严格一致。

(2) 如果形参数组的类型是变长字符串型,则对应实参数组的类型也必须是变长字符串型;如果形参数组的类型是定长字符串型,则对应实参数组的类型也必须是定长字符串型,但字符串的长度可以不同。

(3) 在过程内不能用 Dim 语句对形参数组进行声明,否则会出现"当前范围内的声明重复"的编译错误。

(4) 如果实参数组是动态数组,在过程内可以用 Redim 语句对形参数组重新定义。

【例 6-1】 编两个子过程:子过程 1 求数组中元素的最大值和最小值;子过程 2 以每

行 5 列显示数组结果。在命令按钮的单击事件中分别调用两个子过程。

```
Sub fmn(a() As Integer, max As Integer, min As Integer)
    Dim l1 As Integer, l2 As Integer, i As Integer
    l1 = LBound(a): l2 = UBound(a)
    max = a(l1)
    min = a(l1)
    For i = l1 + 1 To w
        If a(i) > max Then max = a(i)
        If a(i) < min Then min = a(i)
    Next i
End Sub
Sub print a(b() As Integer)
    Dim i As Integer, js As Integer
    For i = LBound(b) To UBound(b)
        Print b(i);
        js = js + 1
        If js Mod 5 = 0 Then Print
    Next i
End Sub
Private Sub Command1_Click()
    Dim a(1 To 10) As Integer, i As Integer
    Dim max As Integer, min As Integer
    For i = 1 To 10            '随机数产生 a 数组的各元素
        a(i) = Int(Rnd * 100)
    Next i
    Call printa(a)
    Call fmn(a, max, min)
    Print "最大值为:" & max & ",最小值为:" & min
End Sub
```

请读者分析上例数组作为参数的传递过程。

6.4.4 对象参数的传递

在 VB 中可以向过程传递对象。在形参表中,若将形参变量的类型声明为"Control",则可以向过程传递控件;若将形参变量的类型声明为"Form",则可向过程传递窗体。对象的传递只能是按地址传递。

6.5 变量作用域

变量可被访问的范围称为变量的作用域,变量的作用域决定了哪些过程可以访问该变量。根据变量定义的位置不同,变量的作用域分为:局部变量、窗体/模块级变量和全局变量。见表 6-1 所示。

表 6 - 1 变量作用域

作用域	关键词	范　围
局部	Dim Static	在过程(事件过程、通用过程(函数))中声明,仅在该过程中有效
窗体/模块	Private Dim	在窗体或模块通用部分声明,在定义该变量的模块或窗体所有过程内均有效
全局(公有)	Public	在窗体或模块通用部分声明,在工程内所有模块中过程都有效

6.5.1 局部变量

在过程内声明的变量称为局部变量或过程级变量,其作用域仅限于该过程,别的过程不能访问该变量。局部变量随过程的调用而分配存储单元,并进行变量的初始化,对数据的操作全部在此过程体内进行。当过程运行结束后,变量占用的存储单元自动释放。不同的过程中变量名可以相同,但彼此互不冲突。

6.5.2 窗体/模块级变量

在一个窗体/模块的通用声明段中用 Dim 或 Private 语句声明的变量称为窗体/模块级变量。其作用域是定义它的模块,模块内的所有过程都可以访问这些变量。

6.5.3 全局变量

指在一个窗体/模块的通用声明段中用 Public 语句声明的变量称为全局变量。全局变量可被应用程序的所有过程访问。全局变量的变量名和变量值在整个应用程序内都有效,只有当整个应用程序执行结束时,其值才会消失,占用的存储单元才会被释放。

注意:

(1)在标准模块中定义的全局变量,应用程序中的任一过程都可以直接使用;若不同的标准模块中有同名的全局变量,使用时应把标准模块的名称作全局变量的前缀才能正确使用。在窗体模块的通用声明段定义的全局变量,要在其前面加上窗体模块的名称作为前缀才能被窗体模块的过程正确使用。

(2)当全局变量和局部变量的名称相同时,系统优先访问局限性大的变量。

下面的例子说明了不同作用域变量的定义及使用

```
Public pa As integer              '定义 pa 全局变量
Private mb as string * 10         '定义 mb 窗体/模块级变量
    Sub f1()
    Dim fa As integer             '定义 fa 为局部变量
    …
End Sub
Sub f2()
    Dim fb As Single              '定义 fb 为局部变量
    …
```

```
End Sub
```

'若在不同作用域声明相同的变量名,如:

```
Public temp As integer          '在窗体通用处定义 temp 为全局变量
Sub Command1_Click()
    Dim Temp As Integer         '定义 temp 为局部变量
    Temp=10                     '访问局部变量 temp
    Form1.Temp=20               '访问全局变量 temp 必须加窗体名作为前缀
    Print Form1.Temp,Temp       '显示 20 和 10
End Sub
```

6.6 静态变量

　　过程级变量除了用 Dim 语句声明外,还可用 Static 语句将变量声明为静态变量,它在程序运行过程中可保留变量的值。也就是说,每次调用过程时,用 Static 声明的变量保持原来的值;而用 Dim 声明的变量,每次调用过程时,重新分配内存并初始化变量。

　　例如,执行下面的代码,理解 Dim 和 Static 区别。

```
Private Sub Form_Click()
    Dim i As Integer            'i 初始值为 0
    Static j As Integer         'j 初始值为 0
    i = i + 1                   'i 自增 1
    j = j + 1                   'j 自增 1
    Print "i="; i
    Print "j="; j
    Print                       '输出一行空行
End Sub
```

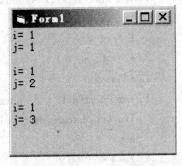

图 6-2 Static 应用

　　如图 6-2 所示程序运行三次后,i 和 j 的结果不同。

　　说明:Static 定义的为静态变量,静态变量在程序开始运行时创建的变量,在程序的数据区分配存储空间,与 Dim 定义的变量 i 有所不同,Static 定义的变量 j 在过程运行结束时静态变量的存储空间依然保留,所以静态变量的值 j 可以保持,并从一次调用传递到下一次调用,但是,静态变量的作用域仅局限于定义它的过程。

6.7 嵌套调用与递归调用

6.7.1 嵌套调用

　　在一个过程执行期间又调用另一个或若干个过程,称为过程的嵌套调用。

　　例如:

```
Privater Sub mysub1()
    ...
End Sub
```

```
Privater Sub mysub2()
    call   mysub1
End sub
Privater Sub Command1_click()
    call   mysub2
End Sub
```

上面的代码中,Command1_click 事件过程调用了 mysub2 过程,而 mysub2 过程又调用了 mysub1 过程,这就是嵌套过程。下面以一个具体的实例来说明嵌套调用的过程。

【例 6 - 2】 计算 $s = 2^2! + 3^2!$ 的值

【程序分析】 本题可编写两个函数过程:一个是用来计算平方值的函数过程 f1(),另一个是用来计算阶乘值的函数过程 f2()。在命令按钮的单击事件中先调用 f1() 函数计算出平方值,再在 f1() 函数中以平方值为实参,调用 f2() 函数计算其阶乘值,然后返回到 f1() 函数,再返回到命令按钮的单击事件中,在循环程序中计算累加和。

【程序代码】 如下:

```
Private Sub Command1_Click()
    Dim i As Integer, s As Long
    For i = 2 To 3
        s = s + f1(i)
    Next i
    Print "s=" & s
End Sub
Private Function f1(x As Integer) As Long
    Dim m As Integer
    m = x * x
    f1 = f2(m)
End Function
Private Function f2(y As Integer) As Long
    Dim i As Integer, fact As Long
    fact = 1
    For i = 1 To y
        fact = fact * i
    Next i
    f2 = fact
End Function
```

程序运行结果:s=362904

在命令按钮的单击事件过程中,执行循环程序依次将 i 值作为实参调用函数 f1() 求 i^2 值。在函数 f1() 中又发生对函数 f2() 的调用,这时是将 i^2 的值作为实参去调 f2(),在 f2() 中完成求 $i^2!$ 的计算。f2() 执行完毕后将 fact 值(即 $i^2!$)返回给 f1(),再由 f1() 返回到命令按钮的单击事件过程中实现累加。至此,由函数的嵌套调用实现了题目的要求。由于数值很大,所以函数和一些变量的类型都设置为长整型,否则会造成计算错误。

6.7.2 递归调用

递归调用是指在过程中直接或间接地调用过程本身。如果一个过程直接调用其本身，则称为过程的直接递归调用，如果一个过程通过另一个过程调用本身，则称为过程的间接递归调用。有些问题具有递归特性，用递归调用解决这样的问题显得非常方便。最典型的例子就是求阶乘问题。

例如，用递归调用的方法求 n! 的程序代码如下：

```
Private Sub Command1_Click()
    Dim n As Integer, fact As Long
    n = Val(InputBox("请输入一个正整数："))
    fact = fac(n)
    Print n & "! =" & fact
End Sub
Function fac(n As Integer) As Long
    If n = 1 Then
        fac = 1
    Else
        fac = n * fac(n - 1)
    End If
End Function
```

若 n=5，则求解 5! 的递归调用过程分析如图 6-3 所示。

从图 6-3 可以看出，递归过程可以分解为"调用"和"返回"两个阶段。

注意：在使用递归过程时，要确保递归能终止，即递归过程必须有一个递归结束条件及结束时的值，例如上题中的递归结束条件为 n=1，结束时的值为 fac(1)=1。

递归算法虽然设计简单，但消耗计算机系统的时间和占用的内存空间都比非递归调用程序要大。

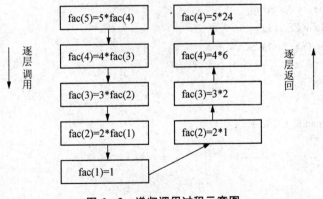

图 6-3 递归调用过程示意图

6.8 程序示例

【例 6-3】 编写程序，找出介于 A 和 B 之间所有能构成幻影素数的数，所谓幻影素数是指自身为素数,其反序数也是素数的数。例如:107 与 701 都是素数,所以 107 是幻影素数。

【程序分析】可利用一维循环语句对区间 A 到 B 之间的所有数进行判断其是否为素数,在此基础上再判断其反序数是否也为素数,如果这两个条件同时成立,则输出这个幻影素数,否则输出"此区间无幻影素数"。本例中用函数过程 prime 来判断一个数是否为素数,用函数过程 fx 求一个数的反序数。

【程序代码】如下:

```vb
Private Sub Command1_Click()
    Dim x As Integer, y As Integer
    Dim i As Integer, j As Integer
    x = Val(Text1)
    y = Val(Text2)
    For i = x To y
        If prime(i) And prime(fx(i)) Then
            List1. AddItem i
        End If
    Next i
    If List1. ListCount = 0 Then MsgBox "此区间无幻影素数"
End Sub
Private Function prime(ByVal x As Integer) As Boolean        '判断素数
    Dim i As Integer
    For i = 2 To Sqr(x)
        If x Mod i = 0 Then Exit For
    Next i
    If i > Sqr(x) Then prime = True
End Function
Private Function fx(x As Integer) As Integer                 '求反序数
    Dim i As Integer, s As String
    For i = 1 To Len(CStr(x))
        s = Mid(CStr(x), i, 1) & s
    Next i
    fx = Val(s)
End Function
Private Sub Command2_Click()
    Text1. Text = ""
    Text2. Text = ""
    List1. Clear
    Text1. SetFocus
End Sub
Private Sub Command3_Click()
    End
End Sub
```

程序运行界面如图 6 - 5 所示。

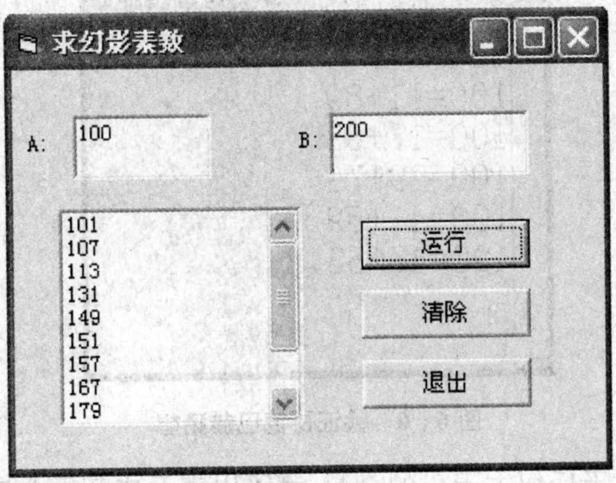

图 6 - 5 求幻影素数

【例 6 - 4】 验证哥德巴赫猜想,即任一偶数(大于 4)均可分解为两个素数之和,编程求出所有满足条件且不重复的素数对。

【程序分析】本例主要是素数的判断问题。首先要找出从键盘任意输入的大偶数 m 从 3~m/2 之间的所有素数 i,然后再判断 m−i 是否为素数,若是则输出素数对。本程序中为了去掉重复的素数对,所示在 Form_Click 事件中让循环变量 i 的范围是 3~m/2。只有当函数过程 prime(i) 与 prime(m−i) 返回值同为真时,才输出满足条件的素数对。

【程序代码】如下:

```
Private Function prime(x As Integer) As Boolean
    Dim i As Integer
    For i = 2 To Sqr(x)
        If x Mod i = 0 Then Exit Function
    Next i
    prime = True
End Function
Private Sub Form_Click()
    Dim m As Integer, i As Integer
    m = Val(InputBox("请输出一个大于 4 的偶数:"))
    For i = 3 To m / 2
        If prime(i) And prime(m − i) Then
            Picture1. Print m & "=" & i & "+" & m − i
        End If
    Next i
End Sub
```

程序运行界面如图 6 - 6 所示。

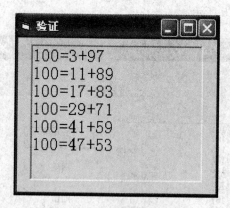

图 6 - 6　验证哥德巴赫猜想

【例 6 - 5】　验证对于任何大于 1 的奇数,都可以表示成若干个连续自然数之和,并输出所有可能的组合。

【程序分析】对从键盘输入的任一大于 1 的奇数 n 从 1 到 n−1 进行循环验证。在程序中用动态数组 a 来保存若干个连续自然数,若它们的和等于输入的数 n,则按指定的格式输出动态数组中的所有元素。利用函数过程 yz 将一串连续的自然数赋给动态数组。

【程序代码】如下:

```
Option Explicit
Dim n As Integer
Private Sub Command1_Click()
    Dim i As Integer, j As Integer, a() As Integer, s As Integer
    n = Val(InputBox("请输入一个大于 1 的奇数:"))
    For i = 1 To n − 1
        s = 0
        Call yz(a, i, s)
        If s = n Then
            Print n & "=";
            For j = 1 To UBound(a) − 1
                Print a(j) & "+";
            Next j
            Print CStr(a(j))
        End If
    Next i
End Sub
Private Sub yz(a() As Integer, ByVal index As Integer, s As Integer)
    Dim js As Integer
    Do While s <> n
        js = js + 1
        ReDim Preserve a(js)
        a(js) = index
        s = s + index
```

```
        If s > n Then Exit Do
        index = index + 1
    Loop
End Sub
```

程序运行界面如图 6-7 所示。

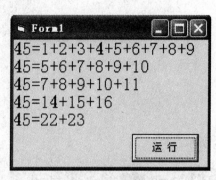

图 6-7 数据验证

【例 6-6】 找出 100 以内所有可以表示成 3 个连续自然数之和的数。

【程序分析】用一维 For 循环语句循环调用函数过程 Fun 来查找所有符合条件的数。在 Fun 函数中,将形参 m 和 js 的值通过传址的方式传递给实参 n 和 js,然后将找到的三个数(从 n 到 js-1)按指定的格式输出。

【程序代码】如下:

```
Option Explicit
Private Sub Command1_Click()
    Dim i As Integer, n As Integer
    Dim js As Integer, s As String
    For i = 1 To 100
        If Fun(i, n, js) Then
            s = Str(i) & "=" & n
            Do While n < js - 1
                n = n + 1
                s = s & "+" & n
            Loop
            List1. AddItem s
        End If
    Next i
End Sub
Private Function Fun(x As Integer, m As Integer, js As Integer) As Boolean
    Dim i As Integer, sum As Integer, k As Integer
    For i = 1 To x
        sum = 0
        k = 0
        js = i
```

```
        Do While sum < x And k < 3
            k = k + 1
            sum = sum + js
            js = js + 1
        Loop
        If k = 3 And sum = x Then
            m = i
            Fun = True
            Exit For
        End If
    Next i
End Function
```

程序运行界面如图 6-8 所示。

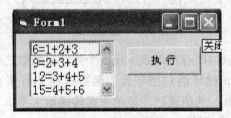

图 6-8　数据验证

【例 6-7】　将由四个用"."分隔的十进制数表示的 IP 地址转换为由 32 位二进制数组成的 IP 地址。例如,十进制表示的 IP 地址为 202.119.191.1,其中每个十进制数对应一个 8 位二进制数,合起来构成一个 32 位二进制的 IP 地址 11001010011101111101111100000001。

【程序分析】在程序中定义了两个过程:tiqu 和 convert。过程 tiqu 用于提取十进制 IP 地址中每个用"."分隔的十进制数;过程 convert 用于将十进制数转换为相应的 8 位二进制数。

【程序代码】如下:

```
Option Explicit
Private Sub Command1_Click()
    Dim str1 As String, str2 As String
    Dim a(4) As Integer, i As Integer
    str1 = Text1.Text
    Call tiqu(str1, a)
    For i = 1 To 4
        If a(i) < 0 Or a(i) > 255 Then
            MsgBox "IP 地址输入错误!"
            Exit Sub
        Else
            str2 = str2 & convert(a(i))
        End If
    Next i
```

```
    Text2. Text = str2
End Sub
Private Sub tiqu(st As String, a() As Integer)
    Dim n As Integer, k As Integer, s As String, d As String * 1, i As Integer
    n = Len(st): k = 0: s = ""
    For i = 1 To n
        d = Mid(st, i, 1)
        If d = "." Then
            k = k + 1
            a(k) = Val(s)
            s = ""
        Else
            s = s & d
        End If
    Next i
    a(4) = s
End Sub
Private Function convert(ByVal n As Integer) As String
    Dim b As Integer, i As Integer, s As String
    Do While n > 0
        b = n Mod 2
        n = n \ 2
        s = b & s
    Loop
    For i = 1 To 8 - Len(s)
        s = "0" & s
    Next i
    convert = s
End Function
```

程序运行界面如图 6-9 所示。

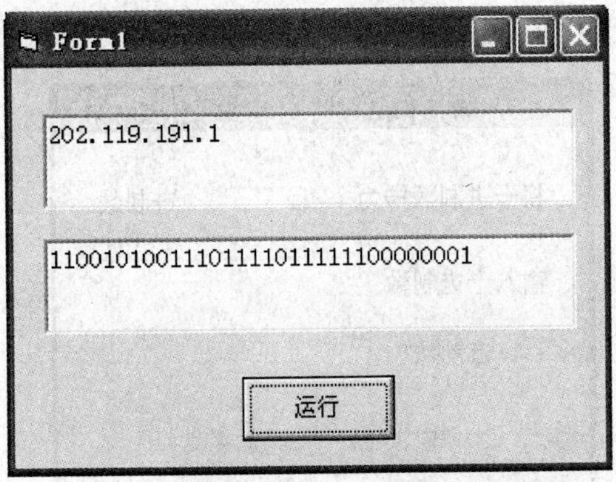

图 6-9 IP 地址转换

【例6-8】 用递归法将任意的十进制整数转换成 r 进制数(r 在 2～16 之间)。

【程序分析】将十进制整数 n 转换成 r 进制数的基本方法是用 n 反复去除 r,将所得的余数按逆序输出即可。在过程 notdecimal 中把每次 n 和 r 相除的余数按逆序存放在形参变量 s 中,由于形参变量 s 和实参变量 s 是按地址传递的,所以就形参 s 的操作就等于对实参 s 的操作。调用结束后,把转换后的结果 s 输出到文本框 3 中。

【程序代码】如下:

```
Private Sub Command1_Click()
    Dim n As Integer, r As Integer, s As String
    n = Val(Text2. Text)
    r = Val(Text1. Text)
    Call notdecimal(n, r, s)
    Label4. Caption = Text1. Text
    Text3. Text = s
End Sub
Private Sub notdecimal(n As Integer, r As Integer, s As String)
    If n <> 0 Then
        If n Mod r > 9 Then
            s = Chr(n Mod r — 10 + Asc("A")) & s
            Call notdecimal(n \ r, r, s)
        Else
            s = n Mod r & s
            Call notdecimal(n \ r, r, s)
        End If
    Else
        Exit Sub
    End If
End Sub
Private Sub Command2_Click()
    End
End Sub
```

程序运行界面如图 6-10 所示。

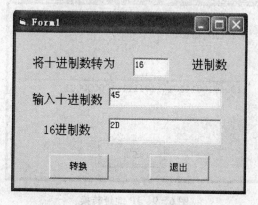

图 6-10　进制转换

6. 9 本章小结

本章介绍了 VB 中函数过程和子过程的定义、调用、参数传递、变量作用域等。这一章概念较多,需要重点掌握以下几个问题:

(1) 过程是构成 VB 程序的基本单位,编写过程的作用是将一个复杂问题分解成若干个简单的小问题,便于"分而治之",这种方法在以后编写较大规模程序时非常有用。

(2) 函数过程与子过程的区别是函数名有一个返回值,子过程没有返回值。因此,函数过程体必须对函数名赋值或通过 Return 语句返回函数值。

(3) 调用过程时,主调过程与被调过程之间将产生参数传递。参数传递有值传递与地址传递。两者的区别是:值传递是一种单向的数据传递,即调用时只能由实参将值传递给形参,调用结束不能由形参将操作结果返回给实参;地址传递方式是一种双向的数据传递,即调用时实参将值传递给形参,调用结束由形参将操作结果返回给实参。在过程中具体使用传值还是传地址。主要考虑的因素是:若要从过程调用中通过形参返回结果,则要用传地址方式;否则应使用传值方式,减少过程间的相互关联,便于程序的调试。数组、记录类型变量、对象变量只能使用地址传递方式。

本章是 Visual Basic 课程的难点,是前几章学习的总结。希望读者不要有畏难思想,对下面的学习做到持之以恒。

6.10 习题

6.10.1 选择题

(1) 以下关于过程及过程参数的描述中,错误的是( )。

A. 过程的参数可以是控件名称

B. 用数组作为过程的参数时,使用的是"传地址"方式

C. 只有函数过程能够将过程中处理的信息传回到调用的程序中

D. 窗体可以作为过程的参数

(2) 以下有关过程的说法中,错误的是( )。

A. 在 Sub 或 Function 过程中不能再定义其他 Sub 或 Function 过程

B. 调用过程时,形参为数组的参数对应的实参既可以是固定大小数组也可以是动态数组

C. 过程的形式参数不能再在过程中用 Dim 语句进行说明

D. 使用 ByRef 说明的形式参数在形实结合时,总是按地址传递方式进行结合的

(3) 以下叙述中错误的是( )。

A. 如果过程被定义为 Static 类型,则该过程中的局部变量都是 Static 类型

B. Sub 过程中不能嵌套定义 Sub 过程

C. Sub 过程中可以嵌套调用 Sub 过程

D. 事件过程可以像通用过程一样由用户定义过程名

(4) 以下关于子过程或函数的定义中,正确的是( )。

A. Sub f1(n As String * 1)

B. Sub f1 (n As Integer) As Integer

C. Function f1(f1 As Integer) As Integer

D. Function f1(ByVal n As Integer)

(5) 以下对数组参数的说明中,错误的是( )。

A. 在过程中可以用 Dim 语句对形参数组进行声明

B. 形参数组只能按地址传递

C. 实参为动态数组时，可用 ReDim 语句改变对应形参数组的维界

D. 只需把要传递的数组名作为实参，即可调用过程

(6) 以下关于函数过程的叙述中，正确的是(　　)。

A. 函数过程形参的类型与函数返回值的类型没有关系

B. 在函数过程中，过程的返回值可以有多个

C. 当数组作为函数过程的参数时，既能以传值方式传递，也能以传址方式传递

D. 如果不指明函数过程参数的类型，则该参数没有数据类型

(7) 以下关于 Function 过程的说法中，错误的是(　　)。

A. Function 过程名可以有一个或多个返回值

B. 在 Function 过程内部不得再定义 Function 过程

C. Function 过程中可以包含多个 Exit Function 语句

D. 可以像调用 Sub 过程一样调用 Function 过程

(8) 若在模块中用 Private Function Fun(A As Single,B As Integer)As Integer 定义了函数 Fun。调用函数 Fun 的过程中定义了 I、J 和 K 三个 Integer 型变量，则下列语句中不能正确调用函数 Fun 的语句是(　　)。

A. Fun 3. 14,J　　　　　　　　　B. Call Fun(I,365)

C. Fun (I),(J)　　　　　　　　　D. K＝Fun("24","35")

(9) 一个工程中包含两个名称分别为 Forml、Form2 的窗体，一个名称为 mdlFunc 的标准模块。假定在 Forml、Form2 和 mdlFunc 中分别建立了自定义过程，其定义格式为：

Forml 中定义的过程：

```
    Private Sub frmfunctionl()
End Sub
```

Form2 中定义的过程：

```
    Public Sub frmfunction2()
End Sub
```

mdlFunc 中定义的过程：

```
    PubliC Sub mdlFunction()
    End Sub
```

在调用上述过程的程序中，如果不指明窗体或模块名称，则以下叙述正确的是(　　)。

A. 上述三个过程都可以在工程中的任何窗体或模块中被调用

B. frmfunction2 和 mdlfunction 过程能够在工程中各个窗体或模块中被调用

C. 上述三个过程都只能在各自被定义的模块中调用

D. 只有 mdlFunction 过程能够被工程中各个窗体或模块调用

(10) 为实现将 a、b 中的值交换后输出的目的，程序代码如下：

```
Private Sub Command1_Click()
    a% = 10: b% = 20
    Call swap(a,b)
    Print a,b
End Sub
Private Sub swap(ByVal a As Integer,ByVal b As Integer)
    c= a: a=b: b=c
```

End Sub

在程序运行时发现输出结果错了,需要修改。下面列出的错误原因和修改方案中正确的是(　　)。

A. 调用 swap 过程的语句错误,应改为 Call swap a,b

B. 输出语句错误,应改为：Print "a","b"

C. 过程的形式参数有错,应改为：swap(ByRef a As Integer,ByRef b As Integer)

D. swap 中三条赋值语句的顺序是错误的,应改为 a＝b：b＝c：c＝a

(11) 以下关于变量作用域的叙述中,正确的是(　　)。

A. 窗体中凡被声明为 Private 的变量只能在某个指定的过程中使用

B. 全局变量可以在窗体模块或标准模块中声明

C. 模块级变量只能用 Private 关键字声明

D. Static 类型变量的作用域是它所在的窗体或模块文件

(12) 在以下描述中正确的是(　　)。

A. 标准模块中的任何过程都可以在整个工程范围内被调用

B. 在一个窗体模块中可以调用在其他窗体中被定义为 Public 的通用过程

C. 如果工程中包含 Sub Main 过程,则程序将首先执行该过程

D. 如果工程中不包含 Sub Main 过程,则程序一定首先执行第一个建立的窗体

(13) 在 Visual Basic 工程中,可以作为"启动对象"的程序是(　　)。

A. 任何窗体或标准模块

B. 任何窗体或过程

C. Sub Main 过程或其他任何模块

D. Sub Main 过程或任何窗体

(14) 如果一个工程含有多个窗体及标准模块,则以下叙述中错误的是(　　)。

A. 任何时刻最多只有一个窗体是活动窗体

B. 不能把标准模块设置为启动模块

C. 用 Hide 方法只是隐藏一个窗体,不能从内存中清除该窗体

D. 如果工程中含有 Sub Main 过程,则程序一定首先执行该过程

6.10.2 填空题

(1) 执行下面程序,单击命令按钮 Command1 后,显示在窗体上第一行的内容是＿＿＿＿,第二行的内容是＿＿＿＿,最后一行的内容＿＿＿＿。

```
Option Explicit
Dim N As Integer
Private Sub Command1_Click()
    Dim I As Integer, J As Integer
    For I = 3 To 1 Step −2
        N = Fun(I, N)
        Print N
    Next I
End Sub
Private Function Fun(A As Integer, B As Integer) As Integer
    Static X As Integer
    Dim Sum As Integer, I As Integer
    X = X + N
```

```
        For I = 1 To A
            B = B + X + I
            N = N − I \ 2
            Sum = Sum + B
        Next I
        A = A + 1
        Fun = Sum + A
End Function
```

（2）执行下面程序，单击 Command1 按钮，窗体上显示的第一行是_____、第二行是_____第三行是_____。

```
Option Explicit
Private Sub Command1_Click()
        Dim I As Integer，n As Integer
        For i＝5 To 15 Step 2
            n＝fun1(I, I)
            Print n
        Next I
        Print I
End Sub
Private Function fun1(ByVal a As Integer，b As Integer)
        b＝a＋b
        fun1＝a＋b
End Function
```

（3）执行下面程序，在文本框 Text1 中输入数据 15768 后，单击 Command1 按钮，窗体上显示的第一行是_____、第二行是_____、第三行是_____。

```
Option Explicit
Private Function pf(x As Integer) As Integer
        If x<100 Then
                pf＝x Mod 10
        Else
                pf＝pf(x/100) * 10＋x Mod 10
                Print pf
        End If
End Function
Private Sub Command1_Click()
        Dim x As Integer
        x＝Text1. Text
        Print pf(x)
End Sub
```

（4）执行下面的程序，当单击 Command1 时，窗体上显示的内容的第二行是_____、第三行是_____，第四行是_____。

```
Option Explicit
Private Sub Command1_Click()
```

```
        Dim a As Integer, b As Integer, z As Integer
        a = 1: b = 1: z = 1
        Call p1(a, b)
        Print a, b, z
        Call p1(b, a)
        Print a, b, z
    End Sub
    Sub p1(x As Integer, ByVal y As Integer)
        Static z As Integer
        x = x + z
        y = x - z
        z = x + y
        Print x, y, z
    End Sub
```

6.10.3 编程题

(1) 找出指定范围内,本身及其平方数均由不同数字组成的整数。

(2) 验证 2～10 之间的整数的立方都等于一串连续奇数的和。

(3) 找出满足下列条件的正整数:① 该数的位数为 N(N=3,4);② 该数的数字全部由偶数数字组成;③ 该数等于另一个由偶数数字组成的数的平方。

(4) 找出仅由数字 1、2、3、4 组成的 4 位素数,要求每个素数由四个不同数字组成。

算法提示:可定义一个数组 A(10),用数组的各个元素分别对应数字 0～9,只要某数字出现在四位数中,无论几次,均将该数字对应的数组元素置值为 1。

(5) 验证 3～n 区间内的任意两个相邻素数的平方之间至少存在 4 个素数。例如,5 和 7 是两个相邻素数,5^2(25)和 7^2(49)之间存在 6 个素数:29、31、37、41、43、47。

(6) 找出 5 000 以内的亲密对数。所谓"亲密对数",是指甲数的所有因子和等于乙数,乙数的所有因子和等于甲数,那么甲和乙两数就称为亲密对数。如:

220 的因子和:1+2+4+5+10+11+20+22+44+55+110=284。

284 的因子和:1+2+4+71+142=220。

所以,220 和 284 是亲密对数。

(7) 求出 n～m 之间所有的可分解整数。所谓可分解整数是指它的各位数字之和等于其所有质因子各位数字之和(注意:素数不是可分解整数)。例如整数 121,各位数字之和是 4,其质因子是 11、11,质因子的各位数字之和也是 4(1+1+1+1=4),所以 121 是可分解整数。

(8) 求出大于 m 并且不包含小于 21 的素数因子的合数。合数是指除了 1 和自身以外仍存在其他因子的数(即非素数)。

测试数据与运行结果如下:

输入 21 时,输出 529;

输入 1000 时,输出 1073。

(9) 对任意一个各位数字不全相同的四位数,存在以下规律:

① 将组成该数的四个数字由大到小排列,形成由这四个数字构成的最大的四位数。

② 将组成该数的四个数字由小到大排列,形成由这四个数字构成的最小的四位数(如果四个数中含有 0,则得到的数不足四位)。

求两个数的差,得到一个新的四位数(如果不足 4 位,则高位置 0 后参与下面的运算)。

重复以上过程,直到得到的结果是 6174 为止,6174 被称为卡布列克数。

编程验证上述结论。程序正确运行示例如下:

请输入一个整数:

3656

6653－3656＝3087

8730－378＝8352

8532－2358＝6174

(10) 编写一个将 N(二、八、十六)进制数转换成十进制数的通用程序。

(11) 编写程序,从 1～9 这九个数中任取六个互不重复的数字围成一圈,使得相邻两个数之和都是质数,并输出这六个数字。

(12) 从 1～9 这 9 个数字中任取 4 个数字组成一个 4 位数,用这个 4 位数乘以剩下的 5 个数中的一个数字的积等于由另外 4 个数字构成的一个 4 位数,找出所有满足条件的等式。如 1738×4＝6952。

第7章 用户界面设计

用户界面是应用程序的一个重要组成部分,主要负责用户与应用程序之间的交互。

7.1 菜单设计

在 Windows 环境下,几乎所有的应用软件都通过菜单来实现各种操作。而对于 Visual Basic 应用程序来说,当操作比较简单时,一般通过控件来执行;而当要完成较为复杂的操作时,使用菜单具有十分明显的优势。

菜单按使用形式有下拉式和弹出式两种。下拉式菜单位于窗口的顶部,弹出式菜单是独立于窗体菜单栏且显示在窗体内的浮动菜单。

7.1.1 下拉式菜单设计

1. 下拉式菜单的组成

(1) 下拉式菜单由主菜单、主菜单项、子菜单等组成。如图 7-1 所示。

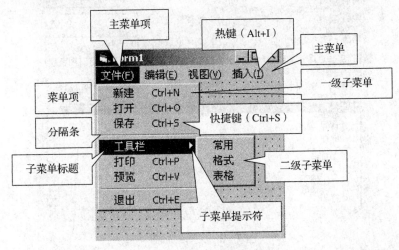

图 7-1 下拉式菜单的组成

(2) 子菜单可分为一级子菜单、二级子菜单、……、五级子菜单。

(3) 每级子菜单由菜单项、快捷键、分隔条、子菜单提示符等组成。

① 菜单项:所有子菜单的基本元素就是菜单项,每个菜单项代表一条命令或子菜单标题。

② 分隔条:分隔条为一条横线,用于在子菜单中区分不同功能的菜单项组,使菜单项功能一目了然,并且方便操作。

③ 快捷键:为每个最底层的菜单项设置快捷键后,可以在不用鼠标操作菜单项的情况下,通过快捷键直接执行相应的命令。

④ 热键：热键是在鼠标失效时，为用户操作菜单项提供的按键选择。使用热键时，须与 Alt 键同时使用。

⑤ 子菜单提示符：如果某个菜单项后有子菜单，则在此菜单项的右边出现一个向右指示的小三角提示符。

2. 菜单编辑器的启动

Visual Basic 中的菜单通过菜单编辑器，即菜单设计窗口建立。可以通过以下四种方法进入菜单编辑器：

(1) 执行"工具"菜单中的"菜单编辑器"命令。

(2) 使用热键 Ctrl+E。

(3) 单击工具栏中的"菜单编辑器"按钮。

(4) 在要建立菜单的窗体上单击鼠标右键，将弹出一个菜单，然后单击"菜单编辑器"命令。

注意：只有当某个窗体为活动窗体时，才能用上面的方法打开菜单编辑器窗口。打开后的菜单编辑器窗口如图 7-2 所示。菜单编辑器分为上下两部分：上半部分用于设置菜单项的属性，下半部分用于显示用户设置的主菜单项与子菜单项内容。

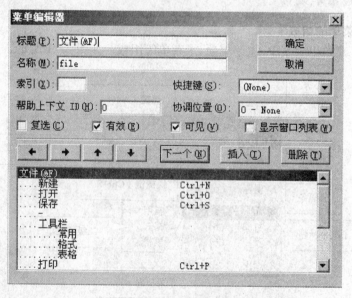

图 7-2　菜单编辑器

3. 菜单编辑器的使用方法

(1) "标题"文本框(Caption)：输入菜单项的标题、设置热键与分隔条。

① 标题：直接输入标题内容，如"文件"。

② 热键：在菜单项中某个字母前输入"&"后，该字母将成为热键，如在图 7-2 所示的文件主菜单项中输入"文件(&F)"。

③ 分隔条：在标题框中键入一个连字符"-"即可。

(2) "名称"文本框(Name)：用于输入菜单项内部唯一标识符，如图 7-2 所示"file"等，程序执行时不会显示名称栏内容。

注意：分隔符也要输入名称，且不能重复命名。

　　(3)"快捷键"下拉列表框(Shortcut Key)：用于选择菜单项的快捷键,用鼠标单击列表框的下拉按钮,在列表框中可选择不同的快捷键。

　　(4)"下一个"按钮(Next)：当用户将一个菜单项的各属性设置完后,单击"下一个"按键可新建一个菜单项或进入下一个菜单项。

　　(5)"←"与"→"按钮：用于选择菜单项在菜单中的层次位置。

　　单击"→"按钮,将菜单项向右移编入下一级子菜单。

　　单击"←"按钮,将菜单项向左移编入上一级子菜单。

　　(6)"插入"按钮(Insert)：用于在选定菜单项前插入一个新的菜单项。使用时应先在如图 7-2 所示菜单编辑器的下半部分选定菜单项,然后按"插入"按钮,并输入新菜单项的标题、名称等内容。

　　(7)"删除"按钮(Delete)：用于删除指定菜单项。先在菜单编辑器的下半部分选择要删除的菜单项,然后按"删除"按钮。

　　(8)"↑"和"↓"按钮：用于改变菜单项在主菜单与子菜单中的顺序位置。

　　(9)"复选"框(Checked)：若某菜单项的"复选"框被选中,则该菜单项左边加上检查标记"√",表示该菜单项是一个被选项。

　　(10)"有效"框(Enabled)：当菜单项的"有效"框被选中时,程序执行时,该菜单项高亮度显示,表示用户可以选择该菜单项。当菜单项的"有效"框未被选中时,程序执行后,该菜单项灰色显示,表示用户不能选择该菜单项。

　　(11)"可见"框(Visible)：菜单项的"可见"框被选中,则该菜单项可见,否则不可见。

　　(12)"显示窗口列表"复选框：若某菜单项的"显示窗口列表"复选框有效,则该菜单项成为多文档窗体的"窗口",在该"窗口"中将列出所有已打开子窗体的标题名称。

4. 下拉式菜单应用举例

　　【例 7-1】　建立一个下拉菜单,测试快捷键和访问键的功能,根据菜单中选择的颜色,变化窗体的背景色。

　　设计步骤如下：

　　利用"菜单编辑器",建立如图 7-3 所示菜单。

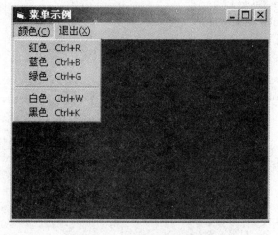

图 7-3　下拉式菜单示例

由于每个菜单项都可以接收 Click 事件,因此可以把菜单项看成是一个控件。本例中有两个主菜单项和一个子菜单项,具体属性设置见表 7-1 所示。

表 7-1　各菜单项的属性

标　　题	名　　称	快　捷　键
颜色(&C)	mnuColor	
红色	mnuRed	Ctrl+R
蓝色	mnuBlue	Ctrl+B
绿色	mnuGreen	Ctrl+G
-	line	
白色	mnuWhite	Ctrl+W
黑色	mnuBlack	Ctrl+K
退出(&X)	mnuExit	

【程序代码】如下:

```
Private Sub mnuRed_Click()
        Form1. BackColor = vbRed
End Sub

Private Sub mnuBlue_Click()
        Form1. BackColor = vbBlue
End Sub

Private Sub mnuGreen_Click()
        Form1. BackColor = vbGreen
End Sub

Private Sub mnuWhite_Click()
        Form1. BackColor = vbWhite
End Sub

Private Sub mnuBlack_Click()
        Form1. BackColor = vbBlack
End Sub

Private Sub mnuExit_Click()
        End
End Sub
```

7.1.2　弹出式菜单设计

在实际应用中,除了下拉式菜单外,Windows 还广泛使用弹出式菜单,几乎在每一个对象上单击鼠标右键都可以显示一个弹出式菜单。

弹出式菜单是一种小型的菜单，它可以在窗体的某个地方显示出来，对程序事件做出响应。通常用于对窗体中某个特定区域有关的操作或选项进行控制，例如：用来改变某个文本区的字体属性等。与下拉菜单不同，弹出式菜单不需要在窗口顶部下拉打开，而是通过单击鼠标右键在窗口（窗体）的任意位置打开，因而使用方便，具有较大的灵活性。

建立弹出式菜单通常分为两步进行：

首先用菜单编辑器建立菜单，然后用 PopupMenu 方法弹出显示。第一步的操作与前面介绍的基本相同，唯一的区别是：必须把菜单名（即主菜单项）的"可见"属性设置为 False（子菜单项不要设置为 False）。

1. PopupMenu 方法的调用格式

格式为：［窗体名.］PopupMenu ＜菜单名＞［,flags］［,x］［,y］［,boldcommand］

说明：

（1）窗体名表示要弹出菜单的窗体名称，默认为当前窗体。

（2）菜单名是要弹出的菜单名称，一般至少包含一个子菜单项的主菜单项名称。

（3）Flags 为可选参数，用于设定菜单弹出的位置和行为，位置常数和行为常数分别见表 7 - 2 和表 7 - 3 所示。若同时指定这两个常数，可用"逻辑或"（Or）运算符将二者结合起来，例如：4 or 2。

表 7 - 2　Flags 参数中的位置常数

常　数	值	作　用
vbPopupMenuLeftAlign	0	X 坐标指定菜单左边位置
vbPopupMenuCenterAlign	4	X 坐标指定菜单中间位置
vbPopupMenuRightAlign	8	X 坐标指定菜单右边位置

表 7 - 3　Flags 参数中的行为常数

常　数	值	作　用
vbPopupMenuLeftButton	0	通过单击鼠标左键选择菜单命令
vbPopupMenuRightButton	8	通过单击鼠标右键选择菜单命令

（4）x 和 y 两个可选参数用于指定显示弹出式菜单的位置。如果该参数省略，则使用鼠标的坐标。

（5）boldcommand 参数指定弹出式菜单中的菜单控件的名字，用以显示其黑体正文标题。如果该参数省略，则弹出式菜单中没有以黑体字出现的控件。

PopupMenu 方法常在控件对象的鼠标按下事件过程 MouseDown()中调用，下面举例说明。

2. 弹出式菜单应用举例

【例 7 - 2】　建立一个弹出式菜单，当在窗体上单击鼠标右键时，弹出菜单，并根据菜单中选择的颜色，变化窗体的背景色。

设计步骤如下：

利用"菜单编辑器"，建立如图 7－4 所示菜单。

由于每个菜单项都可以接收 Click 事件，因此可以将菜单项看成是一个控件，具体属性设置见表 7－4 所示。

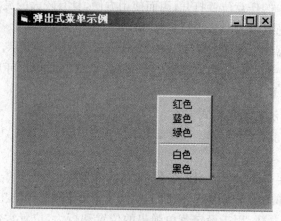

图 7－4　弹出式菜单示例

表 7－4　各菜单项的属性

标　　题	名　　称	可 见 性
弹出菜单	mnuPopup	False
红色	mnuRed	
蓝色	mnuBlue	
绿色	mnuGreen	
-	line	
白色	mnuWhite	
黑色	mnuBlack	

【程序代码】如下：

```
Private Sub Form_MouseDown(Button As Integer, Shift As Integer, X As Single, Y As Single)
    '如果在窗体上按下鼠标右键,则弹出菜单
    If  Button = 2  Then   Form1. PopupMenu mnuPopup, 4
End Sub

Private Sub mnuRed_Click()
    Form1. BackColor = vbRed
End Sub

Private Sub mnuBlue_Click()
    Form1. BackColor = vbBlue
End Sub
```

```
Private Sub mnuGreen_Click()
    Form1. BackColor = vbGreen
End Sub

Private Sub mnuWhite_Click()
    Form1. BackColor = vbWhite
End Sub

Private Sub mnuBlack_Click()
    Form1. BackColor = vbBlack
End Sub
```

7.2　对话框的设计

对话框是用户与应用程序进行交互的重要途径之一,它有两种类型:一是通用对话框,如执行记事本程序中的"打开"、"另存为"、"颜色"、"字体"命令所弹出的对话框;二是自定义对话框,它是程序设计人员设计的对话框,本质上是一种设置了特殊属性的窗体,例如执行记事本程序中的"帮助"子菜单中的"关于"命令。

在基于 Windows 的应用程序中,对话框被用来提示用户所提供应用程序继续执行所需要的数据和向用户显示的信息。

❑ 对话框的分类:

(1) 预定义对话框:该对话框是系统提供的,即前面章节中介绍的输入框(InputBox)、信息框(MsgBox)。

(2) 自定义对话框:由用户根据自己的需要进行定义。

(3) 通用对话框:是一种控件,用这种控件可以设计较为复杂的对话框。

❑ 对话框的特点:

(1) 在一般情况下,用户没有必要改变对话框的大小,因此其边框是固定的。

(2) 在对话框中不能有最大化按钮和最小化按钮。

(3) 对话框不是应用程序的主要工作区,只是临时使用,使用后就关闭。

(4) 对话框中控件的属性可以在设计阶段设置,但在有些情况下必须在运行时设置控件的属性,因此某些属性设置取决于程序中的条件判断。

7.2.1　通用对话框

Visual Basic 提供了一组基于 Windows 的通用对话框,用户可以用来在窗体上创建六种标准对话框,分别为打开(Open)、另存为(Save As)、颜色(Color)、字体(Font)、打印机(Printer)和帮助(Help)对话框。本节主要介绍通用对话框的一些知识。

1. 概述

通用对话框不是 Visual Basic 系统的标准控件,它是 ActiveX 控件,使用时需要添加到工具箱中。具体方法如下:

(1) 用鼠标右单击工具箱的任何位置,在弹出的快捷菜单中选择"部件"选项,则会弹出如图 7－5 所示的部件对话框；或打开"工程"菜单，选择"部件"菜单命令。

（2）在对话框中控件列表中选择 Microsoft Common Dialog Control 6.0 项目（在项目前的方框上单击选中），通用对话框控件的图标就被添加到 VB 的控件工具箱中。

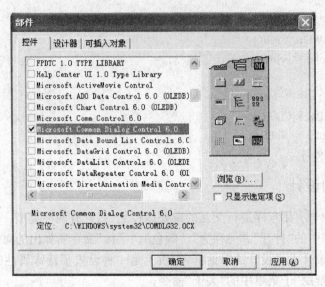

图 7－5 "部件"对话框

ActiveX 控件被加入工具箱后，就可以与其他控件一样的方式使用。如果在程序中使用通用对话框控件，用户可在窗体的任何位置加入一个 CommonDialog 控件。CommonDialog 控件的大小是不能改变的，在设计时，CommonDialog 控件以图标的形式显示在窗体上；程序运行时，CommonDialog 控件图标被隐藏起来，只能调用控件的 Show 方法或激活 Action 属性后才能打开具体的对话框。通用对话框仅用于应有程序与用户之间进行信息交互，是输入/输出的界面，不能实现打开、存储文件、设置颜色字体、打印等操作，如果需要实现这些功能则需要编程来实现。

CommonDialog 控件显示不同的对话框，所对应的使用的 CommonDialog 控件方法和 Action 取值不同，具体 Show 方法和 Action 属性对应关系见表 7－5 所示。

表 7－5　Show 方法和 Action 属性对应关系

方　法	Action 取值	通用对话框的类型
ShowOpen	1	显示"打开"（Open）对话框
ShowSave	2	显示"另存为"（Save As）对话框
ShowColor	3	显示"颜色"（Color）对话框
ShowFont	4	显示"字体"（Font）对话框
ShowPrinter	5	显示"打印"或"打印选项"对话框
ShowHelp	6	调用 Windows 帮助

2. 通用对话框控件基本属性

通过在"属性窗口"中设定，或是在"属性页"中设定通用对话框的属性。方法就是在窗体上右键单击 CommonDialog 控件可以调出"属性页"对话框（如图 7 - 6 所示，显示"属性页"对话框的"打开/另存为"标签）。

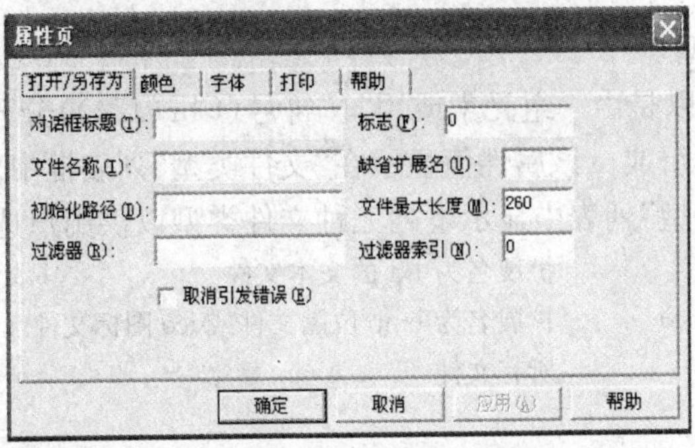

图 7 - 6　CommonDialog 控件"属性"页

下面介绍一下与文件有关的一些属性：

❏ DialogTitle

对话框标题属性，可以是任意字符串。例如，"打开"对话框缺省的标题就是"打开"。

❏ CancelError

该属性决定在用户按下"取消"按钮时判断是否产生错误信息。

（1）True 按下"取消"按钮，出现错误警告。

（2）False（缺省）按下"取消"按钮，不会出现错误警告。

当对话框被打开后，就显示在界面上供用户操作，其中"确定"按钮表示确认，"取消"按钮表示取消，有时为了防止用户在未输入信息时使用取消操作，可用该属性设置出错警告。

当该属性设为 True 时，用户对话框中的"取消"按钮一经操作，自动将错误标志 Error 设置为 32755（cdCancel），供程序判断。该属性值在属性窗口及程序中均可设置。

❏ Action 属性

Action 属性可以设定使用哪种对话框，该属性只能在使用时赋值，不能在设计时使用。Action 属性的取值与对应对话框之间关系参见表 7 - 5 所示。

3. 打开对话框的使用

打开对话框是当 Action 属性为 1 或用 ShowOpen 方法显示的通用对话框，供用户选定所要打开的文件。打开对话框并不能真正打开一个文件，它仅仅提供一个打开文件的用户界面，供用户选择所要打开的文件，打开文件的具体工作还是需要编程来完成。

（1）打开对话框的主要属性

❏ FileName

文件名属性，该属性设置或返回用户需要操作的文件的名称（包括路径），即当用户选择一个文件（或用键盘键入一个文件名），并"关闭"对话框时，文件名属性被设置为选定的文件名。

❏ FileTitle

文件名称属性，该属性返回要打开或保存文件的名称（不包括文件的路径），该属性运行时为只读属性。

❑ Filter

过滤器属性，该属性用于指定在对话框的文件列表框中显示的文件类型。通常被称为过滤器，此属性应该在对话框被显示之前设定。

书写格式如下：

文件说明|文件类型

说明：该属性值可以是由一组元素或用"|"符号（Chr(124)）分开；"|"符号分别表示不同类型文件的多组元素组成。该属性值显示在"文件类型"列表框中。

例如，若在"文件类型"列表中显示下列三种文件类型以供用户选择；

Text(* . txt)   '扩展名为 txt 的文本文件

Pictures(* . bmp; * . ico)   '扩展名为 bmp 位图文件或 ico 图标文件

All File(* . *)   '所有文件

编写代码为：

Text(* . txt)| * . txt | Pictures(* . bmp; * . ico)| * . bmp; * . ico | All File(* . *)| * . *

❑ FilterIndex

过滤器索引属性，该属性为整型，表示用户在文件类型列表中选定了第几组文件类型。如上例，如果选定的是文本文件，那么 FilterIndex 值为 1，文件列表框只显示当前目录下的文本文件(* . txt)。

❑ InitDir(初始化路径)属性

该属性用来指定打开文件的对话框中的初始目录。

下面是一段简单的代码示例：

```
Private Sub Command1_Click()
'打开文件之间,应先关闭文件
    Close #1
'设置过滤器,只显示文本文件
    CommonDialog1. Filter = "文本文件(. txt)| * . txt|Word 文档(. RFT)| * . RFT|_
VB 程序(. VBP)| * . VBP"
'显示"打开"对话框或使用 CommonDialog1. ShowOpen
    CommonDialog1. Action = 1
    If   CommonDialog1. FileName <> ""   Then
        Text1. Text = ""
        Open CommonDialog1. FileName For Input As #1
'读入文件
        Do While Not EOF(1)
            Input #1, alltext
            Text1. Text = Text1. Text & alltext &Chr(13) & Chr(10)
        Loop
    End If
End Sub
```

4. 另存为对话框的使用

另存为对话框是当 Action 属性为 2 或用 ShowSave 方法显示通用对话框时，供用户指定所要保存文件的路径和文件名。与打开对话框一样,另存为对话框并不能提供真正的存储文件操作,存储文件的操作需要编程来完成。

　　另存为对话框的属性与打开对话框基本相同,特有的重要属性是 DefaultExt,用于设置默认扩展名。

　　简单代码示例:

```
Sub FileSaveAs_Click()
    CommonDialog1. FileName="C:\AAA. Txt"          '设置默认文件名
    CommonDialog1. DefaultExt="Txt"               '设置默认扩展名
    CommonDialog1. CancelError=True
    CommonDialog1. Action=2                        '打开另存为对话框
    ……
End Sub
```

5. 颜色对话框

　　颜色对话框是当 Action 为 3 或用 ShowColor 方法显示通用对话框时,如图 7‐7 所示,供用户选择颜色。

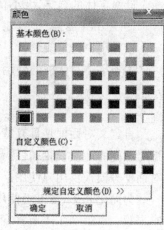

　　颜色对话框不仅提供了 48 种基本颜色,而且还允许用户自己调色,可以调制出 2^{24} 种颜色。

　　颜色对话框的重要属性是 Color,它返回或设置选定的颜色。

【例 7‐3】　编写事件过程,设置文本框的前景色。

```
Private Sub FormatColor_Click()
    CommonDialog1. CancelError=True
'打开颜色对话框
    CommonDialog1. Action=3
'设置文本框前景颜色
    Text1. ForeColor = CommonDialog1. Color
End Sub
```

6. 字体对话框

图 7‐7　"颜色"对话框

　　字体对话框是当 Action 为 4 或用 ShowFont 方法显示通用对话框时,如图 7‐8 所示,供用户选择字体。

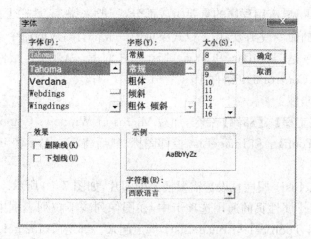

图 7‐8　"字体"对话框

字体对话框的主要属性有：

（1）Flags 属性

在显示字体对话框之前必须设置 Flags 属性；否则将发生错误。Flags 属性应取见表 7－6 所示的常数。

表 7－6   Flags 属性设置值

常　　数	值	说　　明
cdlCFScreenFonts	&H1	显示屏幕字体
cdlCFPrinterFonts	&H2	显示打印机字体
cdlCFBoth	&H3	显示打印机字体和屏幕字体
cdlCFEffects	&H100	在字体对话框显示删除线和下划线复选框以及颜色组合框

（2）FontName、FontSize、FontBold、FontItalic、FontStrikethru 和 FontUnderline

设置字体的名字，大小，字体是否为加粗、倾斜，字体是否具有删除线和下划线效果。

（3）Color 属性

设置用户选定颜色。

关于字体对话框的使用，建议读者自行研究，限于篇幅本书不作太多讨论。

7.2.2   自定义对话框

自定义对话框是具有特殊属性的窗体，创建自定义对话框就是先添加一个窗体，然后根据对话框的性质设置属性。为方便创建自定义对话框，Visual Basic 提供了对话框、"关于"对话框等模板供用户使用。

为简化起见，本书不使用模板，而是通过添加窗体来创建自定义对话框。读者可以参考本书第二章第 2.1.4 节多窗体程序设计有关的语句和方法、第 2.1.5 节设置启动窗体的内容。

7.3   工具栏的设计

工具栏是 Windows 应用程序的重要组成部分，一般来说，工具栏上的每个图标按钮都代表了用户最常用的命令或函数，在下拉式菜单中一般都有对应的命令。

工具栏的控件是 ToolBar 和 ImageList。它们是 ActiveX 控件，位于 Microsoft Windows Common Control 6.0 组件中。

创建工具栏的步骤：

（1）首先使用【工程】|【部件】命令，加载 Microsoft Windows Common Control 6.0 部件，工具栏上出现 ToolBar 和 ImageList 控件图标，然后将 ToolBar 和 ImageList 控件设置在窗体上。

（2）使用 ImageList1 属性页设置需要插入的图片，如图 7－9 所示。

（3）在 ToolBar1 属性页的通用选项卡中，在图像列表下拉列表框中选定 ImageList1，如图 7－10 所示，将 ToolBar1 与 ImageList1 绑定起来。绑定后，ImageList1 不可以修改。

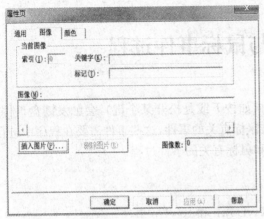

图 7-9 ImageList1 属性页的图像选项卡 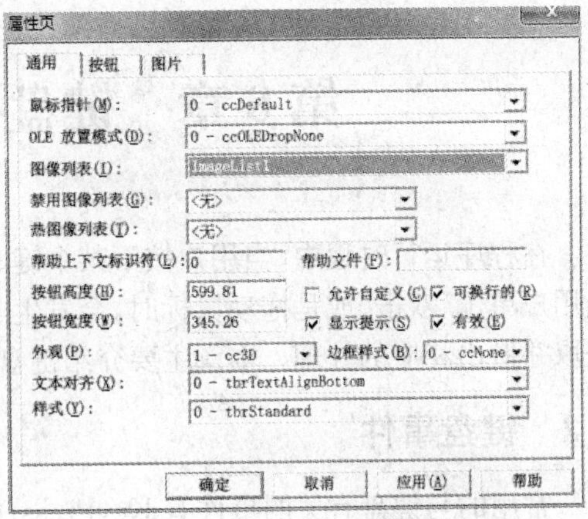   图 7-10 ToolBar1 属性页的通用选项卡

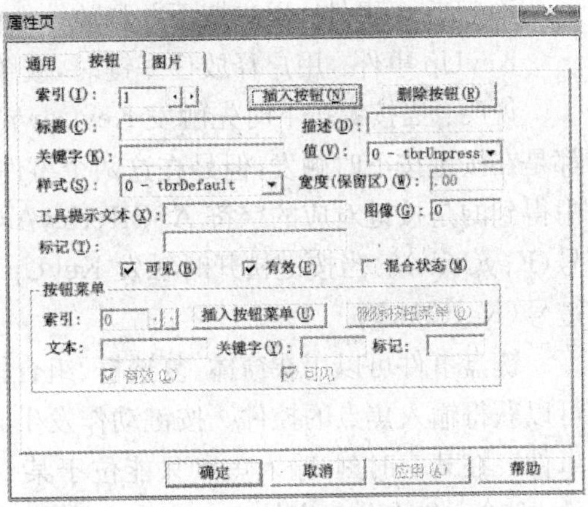

（4）在 ToolBar1 属性页的按钮选项卡中，首先插入对应的按钮，然后将每一个按钮与对应的图像连接起来，如图 7-11 所示。

（5）编写工具栏的事件过程。工具栏上的按钮被按下时，会触发 ButtonClick 事件。ButtonClick 事件过程中的 Button 参数代表是被按下的按钮对象，利用其 Index 或 Key 属性就可以判断用户按下了哪个按钮，然后再进行处理。

图 7-11 ToolBar1 属性页的按钮选项卡

7.4 本章小结

本章主要介绍用户界面设计中常用的菜单、对话框和工具栏等。对初学者来说，编写应用程序首先需要设计一个美观、简单、易用的界面，然后编写各控件的事件过程。所以，界面设计是学习程序设计必须掌握的基本技术之一。

7.5 习题

1. 从设计角度说明下拉菜单和弹出式菜单的区别？
2. 弹出式菜单如何显示？
3. 热键和快捷键在使用上有什么区别？如何实现？
4. 简述窗体之间数据互访的方法？
5. 在 KeyDown 事件过程中，如何检测 Ctrl 键和 F3 键是否同时被按下？
6. KeyDown 与 KeyPress 事件的区别是什么？

第8章 键盘与鼠标事件过程

在程序运行过程中，当用户按下某个键时（如按下或是松开某个键），会触发键盘事件；当用户单击、双击、或是拖动鼠标时，会发生与鼠标有关的事件，这些事件需要在程序中进行获取并做出相应的处理。本章主要介绍键盘和鼠标有关的事件过程。

8.1 键盘事件

常用的与键盘有关的事件有 KeyPress、KeyDown 和 KeyUp 事件。

KeyDown 事件：用户按下任一键时，被触发。

KeyPress 事件：用户按下并释放一个能产生 ASCII 码的键时，被触发。

KeyUp 事件：用户释放任一键时，被触发。

说明：当按键按下时先触发 KeyDown 事件，而后触发 KeyPress 事件，这两个事件虽然都是在按键按下时触发，但是在这两个事件中得到的按键信息是不一样的。KeyPress 事件中得到的是按键对应的字符 ASCII(KeyAscii)，而 KeyDown 事件中得到的是按键对应的键号(KeyCode)。当按键松开时触发 KeyUp 事件，在 KeyUp 事件中得到的也是按键对应的键号(KeyCode)。

键盘事件可以用在窗体、复选框、组合框、命令按钮、列表框、图片框、文本框和滚动条等可以获得输入焦点的控件。按键动作发生时，所触发的是拥有输入焦点的那个控件的键盘事件。在某一时刻，输入焦点只能位于某一个控件上，如果窗体上没有活动的或可见的控件，则输入焦点位于窗体上。当一个控件或窗体拥有输入焦点时，该控件或窗体将接收从键盘输入的信息。

8.1.1 KeyPress 事件

在按下与按键对应的 ASCII 字符对应的键时将触发 KeyPress 事件。ASCII 字符集不仅代表标准键盘的字母、数字和标点符号，而且也代表大多数控制键，但是 KeyPress 事件只识别控制键中的 Enter、Tab 和 Back Space 键；对于例如方向键（→、←、↑、↓）、Insert、Delete、F1～F12 功能键等不产生 ASCII 码的按键，KeyPress 事件不会发生。

KeyPress 事件的一般格式有如下两种情况：

❏ 单个控件/窗体形式

```
Private Sub 对象名_KeyPress(KeyAscii As Integer)
    ……
End Sub
```

❏ 控件数组形式

```
Private Sub 对象名_ KeyPress (Index As Integer, KeyAscii As Integer)
    ……
End Sub
```

说明：该事件整型参数有两种，第一种形式"KeyAscii As Integer"，用于单个控件，其中的 KeyAscii 参数为按键所对应的 ASCII 码值，例如，当键盘处于小写状态，用户在键盘上按"A"键时，KeyAscii 参数值为 97；当键盘处于大写状态，用户在键盘按"A"键时，KeyAscii 参数数值为 65；第二种形式"Index As Integer"只用于控件数组。

见表 8-1 所示显示了一些常用的字符按键的 KeyCode 和 KeyPress 值。

表 8-1　常用的字符按键的 KeyCode 和 KeyPress 值

按键	字符	KeyCode	KeyPress	按键	字符	KeyCode	KeyPress
字符键 A	A	65	65	Shift 键	—	16	—
字符键 Z	Z	90	90	Alt 键	—	17	—
字符键 A	a	65	97	大键盘数子键 1	0	49	49
字符键 Z	z	90	122	小键盘数子键 1	0	97	49
功能键 F1		112	—	Caps Lock	—	20	—

除了表 8-1 所列出的常用按键的 KeyCode 和 KeyPress 值，读者可以通过下列代码获取键盘上任意按键 KeyCode 和 KeyPress 的值。

```
Private Sub Form_KeyDown(KeyCode As Integer, Shift As Integer)
    Text1. Text = Text1. Text & "按键的 Keycode=" & Str(KeyCode)
End Sub
```

```
Private Sub Form_KeyPress(KeyAscii As Integer)
    Text1. Text = Text1. Text & " KeyPress" & Str(KeyAscii) & " 代表字符" & _
    Chr(KeyAscii) & vbCrLf
End Sub
```

需要说明的是：Text1 属性列表中的 Locked 属性设置为 True，窗体 Form 的 KeyPreview 属性设置为 True，上述代码才能顺利执行。因为，在默认情况下，窗体上控件的键盘事件优先于窗体的键盘事件，因此在发生键盘事件时，总是先激活"控件"的键盘事件。如果希望窗体先接收键盘事件，则必须将窗体的 KeyPreview 属性设置为 True，否则不能激活窗体的键盘事件。运行结果如图 8-1 所示。

图 8-1　获得 KeyPress、KeyCode

【例 8-1】　KeyAscii 参数应用。参见如图 8-2 所示界面，设计一个程序，在窗体上添加一个命令按钮、两个文本框和一个水平滚动条，其名称分别为 Command1、Text1、Text2

和 HScroll1。

图 8－2　KeyAscii 参数应用

【程序代码】如下：

```
Dim SaveAll As String
Private Sub Command1_Click()
    Text2. Text = Left(UCase(SaveAll), 4)
End Sub


Private Sub Text1_KeyPress(KeyAscii As Integer)
    SaveAll = SaveAll + Chr(KeyAscii)
End Sub
Private Sub HScroll1_Change()
    '设置滚动条 HScroll1 属性 Min 为 10、Max 为 100,Smallchange 为 2,Largechange 为 5
    Text2. FontSize = HScroll1. Value
End Sub


Private Sub HScroll1_Change()
    '设置滚动条 HScroll1 属性 Min 为 10、Max 为 100,Smallchange 为 2,Largechange 为 5
        Text2. FontSize = HScroll1. Value
End Sub
```

程序运行后,在文本框(Text1)中输入 abcdefg,单击命令按钮,则文本框(Text2)中显示的内容是：ABCD。如果拖动滚动条,则转换后的字符会随之变大。

本例考察的知识点是 KeyPress 事件的 KeyAscii 参数,KeyAscii 参数代表的是键盘按下时字符所对应的 ASCII 码,因此在文本框中输入 abcdefg 之后变量 SaveAll 的值为abcdefg,UCase()函数将字符串 SaveAll 中字母全部变成大写形式,Left()函数取出字符串SaveAll 中前四个字符,即 Text2 中显示的内容是：ABCD。

8.1.2　KeyDown 和 KeyUp 事件

KeyDown 事件触发在 KeyPress 之前;KeyUp 事件触发在 KeyPress 之后。KeyDown 和 KeyUp 事件能够检测其他功能键、编辑键和定位键。KeyDown 和 KeyUp 事件中返回的是 KeyCode(键号)而不是字符的 ASCII 码。

当控件焦点在某个对象上,同时用户按下键盘上任意键,便会触发该对象的 KeyDown 事件,释放按键便触发 KeyUp 事件。一般格式为:

❑ 单个控件/窗体形式

Private Sub 对象名_KeyDown(KeyCode As Integer, Shift As Integer)

Private Sub 对象名_KeyUp(KeyCode As Integer, Shift As Integer)

❑ 控件数组形式

Private Sub 对象名_KeyDown(Index As Integer, KeyCode As Integer, Shift As Integer)

Private Sub 对象名_KeyUp(Index As Integer, KeyCode As Integer, Shift As Integer)

其中:KeyCode 参数是用户所操作的那个键的扫描代码,它在事件过程中表示用户操作的物理键,即大写字母和小写字母使用同一个键,它们的 KeyCode 相同。对于有上档字符和下档字符的键,其 KeyCode 也是相同的,即为下档字符的 ASCII 码,但可以通过 Shift 参数来确定上档的状态。

键盘上的"1"和数字小键盘的"1"被作为不同的键返回,尽管它们生成相同的字符。

键盘事件使用 Shift 参数代表 Shift、Ctrl 和 Alt 键的整数值或常数。只有检查此参数才能判断输入的是大写字母还是小写字母。可以参见表 8-1 所示,列出部分字符的 KeyDown 事件的 KeyCode 和 KeyPress 事件的 KeyAscii。

【例 8-2】 在窗体上添加一个文本框,名称为 Text1,然后编写如下过程。

【程序代码】如下:

```
Private Sub Text1_KeyDown(KeyCode As Integer,Shift As Integer)
    Print Chr(KeyCode),
End Sub
Private Sub Text1_KeyUp(KeyCode As Integer,Shift As Integer)
    Print Chr(KeyCode+2),
End Sub
```

程序运行后,将焦点移到文本框中,此时如果敲击 A 键,则输出结果为 A 和 C。

因为,当敲击 A 键将触发 KeyDown 事件,输出字符"A";随后将触发 KeyUp 事件,此时 KeyCode 加 2,所以输出字符"C"。

8.2 鼠标事件

鼠标是 Windows 视窗操作系统下必不可少的输入设备,它由滚动球和按键组成。当鼠标指针指向某个项目时,按动鼠标键可以执行某些操作。当移动鼠标和按鼠标键时就会产生一些鼠标有关的事件。

鼠标器事件是指由于用户操作鼠标而引发的事件,在之前的学习中我们已经用到两个常用的鼠标器事件,即 Click 事件和 DblClick 事件,在本节中主要介绍其他常用的鼠标器事件,下面将依次详细介绍它们。见表 8-2 所示就是鼠标在控件(或对象)操作时,触发的鼠标事件。

表 8-2　鼠 标 事 件

事件名称	说　　　明
Click	在对象上按下鼠标并放开,会触发此事件
DblClick	在对象上双击并放开,会触发此事件
MouseMove	鼠标光标在对象内移动会触发此事件
MouseDown	鼠标光标在对象上并按下鼠标按键时会触发此事件
MouseUp	已经按住的鼠标光标移到对象上放开鼠标按键时会触发此事件
DragDrop	拖拽 A 对象到 B 对象的范围并放下 A 对象,此时会触发 B 对象 DragDrop 事件
DragOver	拖拽 A 对象并经过 B 对象的范围,此时会触发 B 对象的 DragOver 事件

　　鼠标事件被用来识别和响应各种鼠标状态,并将这些状态看作独立的事件,不应将鼠标与 Click 事件和 DblClick 事件混为一谈。在按下鼠标按钮并释放时,Click 事件只能将此过程识别为一个单击操作,鼠标事件不同于 Click 事件和 DblClick 事件之处在于:鼠标事件能够区分各种鼠标按钮与 Shift、Ctrl、Alt 键。

　　可通过 MouseMove、MouseDown 和 MouseUp 事件使应用程序对鼠标位置及状态的变化作出响应。

　　鼠标事件格式如下:

Private Sub 对象名_MouseDown(Button As Integer, Shift As Integer, X As Single, Y As Single)

……

End Sub

Private Sub 对象名_MouseMove(Button As Integer, Shift As Integer, X As Single, Y As Single)

……

End Sub

Private Sub 对象名_MouseUp(Button As Integer, Shift As Integer, X As Single, Y As Single)

……

End Sub

　　对于鼠标事件中的 MouseDown、MouseUp 和 MouseMove 中的 Button 、Shift 、X 、Y 参数作如下说明:

1. Button 参数

　　参数 Button 用于表示鼠标键状态,该参数是一个整数(16 位);在设置按键状态时,实际上只用了低 3 位(图 8-3),其中最低位(b_0)表示左键,右数第二位(b_1)表示右键,第三位(b_2)表示中间键,当按下某个键时,相应的位被置 1,否则为 0。其参数值含义见表 8-3所示。

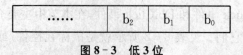

图 8-3　低 3 位

表 8 - 3　**Button 参数**

Button 参数取值		功　　能
十进制	二进制(关键低三位)	
0	000	表示没有按下鼠标任何键
1	001	表示按下鼠标左键
2	010	表示按下鼠标右键
3	011	表示左、右键同时被按下
4	100	表示中间按键被按下
5	101	表示同时按下中间和左按键
6	110	表示同时按下中间和右按键
7	111	表示三个键同时被按下

2. Shift 参数

参数 Shift 为转换键,它所指的是三个转换键,包括 Shift、Ctrl 和 Alt。这三个键分别以二进制方式表示,每个键用低 3 位(图 8 - 3),即:Shift 键为 001;Ctrl 键为 010;Alt 键为 100。因此 Shift 参数共可取八种值,参见表 8 - 4 所示。

表 8 - 4　**Shift 参数**

Shift 参数取值		功　　能
十进制	二进制(关键低三位)	
0	000	没有按下转换键
1	001	按下 Shift 键
2	010	按下 Ctrl 键
3	011	按下 Shift+Ctrl 键
4	100	按下 Alt 键
5	101	按下 Shift+Alt 键
6	110	按下 Alt+ Ctrl 键
7	111	按下 Alt+ Ctrl+Shift 键

3. 鼠标位置 X、Y

鼠标位置由参数 X、Y 确定,这里使用的 X、Y 不需要给出具体的值,它随鼠标光标在窗体上移动而变化,当移动到某个位置时,如果按下鼠标键,则产生 MouseDown 事件;如果松开,则产生 MouseUp。(X、Y)通常指接收鼠标事件的窗体或控件上的坐标,采用的坐标系是用 ScaleMode 属性指定的坐标系。

例如,如果按住 Ctrl 键,然后在坐标为(2 500,4 000)的点上按下鼠标器右键,则立即调用 Form_MouseDown 过程,释放鼠标右键时,调用 Form_MouseUp 过程,此时 Button 、Shift 、X 、Y 这四个参数值分别为 2、2、2 500、4 000。

【例 8 - 3】　利用鼠标事件画圆。

【程序分析】使用 MouseDown 事件记录圆心的坐标，使用 MouseUp 事件记录半径端点的坐标，计算半径，再利用 Circle 方法在窗体上画圆。

【程序代码】如下：

```
Dim StartX As Integer, StartY As Integer
Private Sub Form_MouseDown(Button As Integer, Shift As Integer, X As Single, Y As Single)
        StartX = X
        StartY = Y
End Sub


Private Sub Form_MouseUp(Button As Integer, Shift As Integer, X As Single,_ Y As Single)
        Dim r As Integer, color As Integer
        Dim endx As Integer, endy As Integer
        endx = X
        endy = Y
        color = Int(16 * Rnd)
        r = Sqr((endx - StartX) ^ 2 + (endy - StartY) ^ 2)
        Form1. Circle (StartX, StartY), r, QBColor(color)
End Sub
```

将鼠标光标移动到所需的圆心位置，按下鼠标左键，拖动鼠标到想要的半径大小，松开鼠标，则在窗体上画了一个彩色圆。程序多次运行显示界面如图 8 - 4 所示。

【例 8 - 4】　按下鼠标键并拖动鼠标，则沿鼠标拖动的轨迹画一条线，放开鼠标键则结束画线。其中方法 Pset(X, Y)的功能是在坐标 X,Y 处画一个点。在名称为 Form1 的窗体上面没有控件，界面如图 8 - 5 所示，程序代码运行时鼠标拖动由 Pset(X, Y)画点而连成的轨迹线。

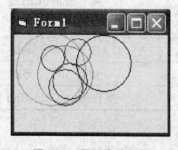　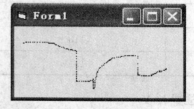

图 8 - 4　鼠示事件画圆　　　　图 8 - 5　鼠标画线

【程序代码】如下：

```
Dim cmdmave As Boolean
Private Sub Form_MouseDown(Button As Integer,Shift As Integer, X As Single,_Y As Single)
        cmdmave = True
End Sub
```

```
Private Sub Form_MouseMove(Button As Integer,Shift As Integer, X As Single,_Y As Single)
    If cmdmave Then
        Form1.Pset(X, Y)
    End If
End Sub

Private Sub Form_MouseUp(Button As Integer, Shift As Integer, X As Single,Y As Single)
    cmdmave = False
End Sub
```

8.3　拖放

在设计应用程序时可能经常要在窗体上拖动控件,Visual Basic 的拖放功能使用户在程序运行时具有这种能力。拖动的一般过程是将鼠标光标移动到一个控件对象上,按下鼠标键,并移动控件的操作称为拖动,松开鼠标,释放按钮的操作称为放下。

8.3.1　拖放的概述

拖放操作的意义以及启动拖动操作的方法见表 8-5 所示。

表 8-5　拖放属性、事件、方法

类　别	项　目	描　　述
属性	DragMode	设置自动拖动控件或手动控件
	DragIcon	指定拖动控件时显示的图标
事件	DragDrop	识别何时在对象上拖动控件
	DragOver	识别何时在对象上拖动控件
方法	Drag	启动或停止手动拖动

除了 Menus、Timers、Lines、Shapes 外的所有控件均支持 DragMode、DragIcon 属性和 Drag 方法。窗体识别 DragDrop 和 DragOver 事件,但不支持 DragMode、DragIcon 属性和 Drag 方法。

在拖动对象后释放鼠标按钮时,Visual Basic 将生成 DragDrop 事件,可用多种方法响应此事件。控件无法自动移动到新位置,但可编写代码将控件重新移动到新位置(此位置由灰色轮廓的最后位置指示)。

下面了解两个术语:

❑ 源:拖动的控件,此控件可以是 Menu、Time、Line 或 Shape 外的任一对象。

❑ 目标:其上放置的控件对象,此对象可为窗体或控件,能识别 DragDrop 事件。

当鼠标指针位于某控件边框内时释放按钮,则控件成为目标。当鼠标指针位于窗体上无控件的区域上时,则窗体成为目标。

8.3.2　拖放有关的属性、事件和方法

1. 属性

（1）DragMode

该属性用来设置或返回拖动模式是自动的还是手动的，有两个值可以选择：

❑ 0 - Manual　　　　　　拖放模式是手动的（默认）

❑ 1 - Automatic　　　　　拖动模式是自动的

该属性值的设置，可以通过属性窗口设置，也可以在运行时通过程序代码设置。如果用户要求单击某个控件时将自动地开始一个拖动操作，只要将该属性设置为 1 - Automatic。需要说明的是，设置为自动拖放后，控件将不再响应通常的鼠标事件（Click、DbClick、MouseDown、MouseUp）。

（2）DragIcon

该属性用于设置或返回拖动鼠标时鼠标指针图标，在对象拖动过程中，该图标随着鼠标指针的移动而移动。当对某对象的 DragIcon 属性设置为一个图标文件（.ico）文件后，在拖动该对象时，鼠标指针的形状将变成该属性中设置的图标。具体操作时，可以将 Visual Basic 图标库中的图标分配给 DragIcon 属性（图标位于"\Program file\Microsoft Visual Basic\Icons"目录下），也可用图像程序创建自己的拖动图标。

该属性，可以通过属性窗口设置，也可以在运行时通过程序代码设置。

2. 事件

（1）DragDrop

当将控件（或图标）拖到目标对象上之后，如果松开鼠标键，就会触发目标对象的 DragDrop 事件。该事件过程格式如下：

Private Sub 对象名_DragDrop(Source As Control, X As Single, Y As Single)

......

End Sub

其中，Source 参数的引用表示放在目标上的控件，(X, Y)参数用于指定源的位置，即 X 和 Y 返回松开鼠标键放下对象时鼠标光标的位置。如果将源声明为 As Control，则可像使用控件一样使用它，也就是说，可以引用其属性或调用其方法。

（2）DragOver

当被拖放的控件（或图标）越过某个对象时，会触发该对象的 DragOver 事件，类似于控件的 MouseMove 事件。该事件过程格式如下：

Private Sub 对象名_DragOver (Source As Control, X As Single, Y As Single, _

　　　　　　　　　　　　State As Integer)

......

End Sub

其中，Source 参数的含义与 DragDrop 相同；X 和 Y 参数就是拖动时鼠标光标的位置；State 参数表示被拖动对象的状态，可以取下面三个值：

0 - vbEnter　　　　　　　表示鼠标光标正在进入目标对象的区域。

1 - vbLeave　　　　　　　表示鼠标光标正在离开目标对象的区域。

2－vbOver　　　　　　　　表示光标正位于目标对象的区域之内。

3. 方法

与拖动有关的方法有 Move 和 Drag 两个，Move 方法前面已经介绍过，用来移动控件。Drag 方法用来开始、结束或取消一个拖动操作。Drag 方法格式如下：

对象名. Drag［DragAction］
vbCancel　　　'取消进行中的任何拖放操作
BeginDrag　　'开始拖放操作
EndDrag　　　'介绍拖放操作并放置对象

8.3.3　自动拖放

将对象的 DragMode 属性设置为 1－Automatic，运行程序后，即可以用鼠标自由地拖动对象。但是鼠标键松开后，被拖动的对象又会回到原来位置。此时还需要在目标对象的 DragDrop 事件中书写程序代码，将被拖动的对象移动到目标控件中。

8.3.4　手动拖动

将对象的 DragMode 属性设置为 0－Manual，即拖放模式是手动的，也是默认模式。拖动控件时，Visual Basic 将控件的灰色轮廓作为默认的拖动图标；通过对 Pictures 对象的 DragIcon 属性进行设置，可用其他图像代替该轮廓。

设置 DragIcon 属性最简单方法就是使用属性窗口；选定 DragIcon 属性单击"属性"按钮，再从"加载图标"对话框中选择包含图像图形的文件。

8.4　程序示例

【例 8－5】　如图 8－6 所示，要求实现以下程序功能，通过键盘向文本框中输入数字，如果输入的是非数字字符，则提示输入错误，且文本框中不显示输入的字符。如果是合法的数字，则添加到组合框中。

【程序代码】如下：

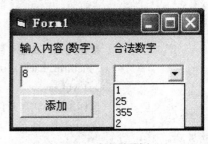

图 8－6　数字判定

```
Private Sub Command1_Click()
        Combo1. AddItem Text1. Text
        Text1. Text = ""
End Sub
Private Sub Text1_KeyPress(KeyAscii As Integer)
    If  KeyAscii > 57  Or  KeyAscii < 48  Then
    '数字"0"到"9"的对应的 Ascii 是 48 到 57
        MsgBox "请输入数字"
        KeyAscii = 0
    End If
End Sub
```

　　【例 8 - 6】　请参照如图 8 - 7 所示界面设计,在文本框(Text1)中输入文字后,然后将
文本框用鼠标拖放到图片框上(Picture1),当文本
框进入图片框中,图片框变成绿色,当拖放结束时,
图片框上显示 Text1 中输入的文字;如果拖放文本
框不放在图片框中,图片框背景变成红色。

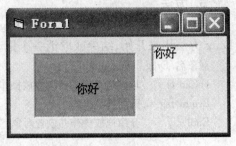

图 8 - 7　拖放示例

　　【程序分析】该例题主要涉及到对象的自动拖
放和手动拖放,窗体装载时需要把 Text1 对象设置
为手动拖放;当拖放 Text1 进入 Picture1,Picture1
的 DragDrop 事件和 DragOver 事件分别发生。
DragDrop 事件在对象当前的位置并打印对象内
容;DragOver 事件用 Select Case 判断鼠标光标状态。

　　【程序代码】如下:

```
Private Sub Form_Load()
        Text1. DragMode = 1
End Sub


Private Sub Picture1_DragDrop(Source As Control, X As Single, Y As Single)
    Picture1. CurrentX = X
    Picture1. CurrentY = Y
    Picture1. Print Text1. Text
End Sub


Private Sub Picture1_DragOver(Source As Control, X As Single, Y As Single,_State As Integer)
    Select Case State
            Case vbEnter
            '鼠标光标正在进入目标对象的区域,图片背景设置为绿色
                Picture1. BackColor = RGB(0, 255, 0)
            Case vbLeave
            '鼠标光标正在离开目标对象的区域图片背景为红色
            Picture1. BackColor = RGB(255, 0, 0)
        End Select
End Sub


Private Sub Text1_MouseMove(Button As Integer, Shift As Integer, X As Single, Y As Single)
        If  Button = 1   Then'Text1DragMode 属性设置为 1 - Automatic,
            Text1. DragMode = 1
        End If
End Sub
```

　　【例 8 - 7】　参照如图 8 - 8 所示界面,设计程序,用 KeyPress 事件和 KeyAscii 参数来
实现密码或口令的验证程序。

【程序分析】在前面章节中用 PasswordChar 属性和 LostFocus 事件可以实现了密码或口令程序,本题主要用 KeyPress 事件和 KeyAscii 参数来实现。KeyPress 事件代码用来判断输入的字符,如果为回车键(KeyAscii=13),则认为密码输入完毕,并对密码进行验证,判断密码是否正确,输出提示信息。如果输入的是其他字符,则将该字符存入 PassW 字符串变量中,并将输入的字符变成"＊",显示在文本框中。程序对输入的密码数进行限制,最多可输入 8 位,接收的字符超过 8 位后,KeyAscii ＝ 0(即为空操作)。如果错误口令输入达到三次,则输出提示信息,并退出程序。

图 8-8　密码验证

【程序代码】如下:

```
Dim PassW As String
Dim Pcount As Integer
Private Sub Form_Load()
        PassW = ""
        Pcount = 0
End Sub
Private Sub Text1_KeyPress(KeyAscii As Integer)
    If KeyAscii <> 13 Then
        If  Len(Text1. Text) ＋ 1 ＞ 8   Then
                KeyAscii = 0      '限定输入密码字符个数不超过 8 位,否则无效
        Else
                PassW = PassW ＆Chr(KeyAscii)
                KeyAscii = 42    '＊ 的 KeyAscii 是 42
        End If
    Else
        If   PassW = "PassWord"   Then
                MsgBox "口令正确,欢迎使用!", vbOKOnly, "提示"
                Unload Me
        Else
                Pcount = Pcount ＋ 1
                If   Pcount ＜ 3   Then
                        MsgBox "错误口令,请重新输入!", vbOKOnly ＋ vbExclamation, "警告"
                        Text1. Text = ""
                        PassW = ""
                Else
                        MsgBox "错误口令超过三次," ＆ vbCrLf ＆ "按 OK 退出程序!", _
                            vbOKOnly ＋vbExclamation, "警告"
                        Unload Me
                End If
        End If
    End If
```

```
        End If
End Sub
```

【例 8-8】 演示一个简单的绘图应用程序。当用户按下鼠标左键时,可以开始绘画,
按住鼠标左键不放,在窗体上移动,可以开始
绘画。当用户松开鼠标左键时,停止绘画。如
图 8-9 所示为用鼠标在 Form 上绘图所得
结果。

【程序分析】 设置一个 Boolean 类型变量
paint,用于监测鼠标状态不同变化,当用户按
下鼠标左键时,触发 MouseDown 事件,可以开
始绘画,按住鼠标左键不放,在窗体上移动,触
发 MouseMove 事件,可以将点连成线,当用户
松开鼠标键时,触发 MouseUp 事件,停止
绘画。

图 8-9 鼠标绘图

【程序代码】 如下:

```
Dim paint As Boolean
Dim x0, y0 As Integer
Private Sub Form_Load()
    drawwith = 3                          '设置线宽
    ForeColor = RGB(0, 0, 255)            '设置前景色
End Sub


Private Sub Form_MouseDown(Button As Integer, Shift As Integer, X As Single, Y As Single)
    If  Button = 1   Then
        paint = True                '启动绘画
        x0 = X
        y0 = Y
    End If
End Sub


Private Sub Form_MouseMove(Button As Integer, Shift As Integer, X As Single, Y As Single)
    If   paint   Then
        Line (X, Y)－(x0, y0)             '画线,点连成线
        x0 = X
        y0 = Y
    End If
End Sub


Private Sub Form_MouseUp(Button As Integer, Shift As Integer, X As Single, Y As Single)
    pain = False                          '停止绘画
End Sub
```

8.5　本章小结

　　本章主要介绍键盘和鼠标事件的用法。在程序运行过程中,当用户按下键盘键,或者操作鼠标,都会引发事件,我们将它们叫做键盘事件或鼠标事件。键盘事件和鼠标事件是 Windows 环境下最主要的外部操作事件驱动方式。键盘事件由按键盘键触发,与键盘有关的事件有 KeyPress 事件、KeyDown 事件和 KeyUp 事件,重点掌握各事件中参数列表的用法,常用的中 KeyAscii 和 KeyCode 参数区别和联系起来,鼠标事件中 Button 参数不同组合中取值与按下鼠标左、右及其对程序的影响,更是非常实用。通过本章的学习,可以掌握鼠标和键盘事件驱动机制、熟练使用鼠标和键盘事件开发的方法。

8.6　习题

8.6.1　选择题

　　(1) 在窗体上添加一个名称为 TxtA 的文本框,然后编写如下的事件过程:
Private Sub TxtA_KeyPress(KeyAscii As Integer)
……
End Sub
假定焦点已经位于一文本框中,则能够触发 KeyPress 事件的操作是(　　　)。

A. 单击鼠标　　　　　　　　　　　B. 双击文本框

C. 鼠标滑过文本框　　　　　　　　D. 按下键盘上的某个键

　　(2) 在窗体上添加一个名称为 Command1 的命令按钮,然后编写如下程序:
Dim SW As Boolean
Function func(X As Integer) As Integer
　　If X < 20 Then
　　　Y = X
　　Else
　　　Y = 20 + X
　　End If
　　func = Y
End Function
Private Sub Form_MouseDown(Button As Integer, Shift As Integer,_X As Single, _Y As Single)
　　　SW = False
End Sub
Private Sub Form_MouseUp(Button As Integer, Shift As Integer, _X As Single, Y As Single)
　　　SW = True
End Sub
Private Sub Command1_Click()
　　　Dim intNum As Integer
　　　intNum = InputBox("")
　　　If　SW　Then
　　　　Print func(intNum)

```
        End If
End Sub
```

程序运行后,单击命令按钮,将显示一个输入对话框,如果在输入对话框中输入 25,则程序的执行结果为(　　)。

A. 输出 0　　　　　　B. 输出 25　　　　　C. 输出 45　　　　　D. 无任何输出

(3) 在窗体上有一个名为 Text1 的文本框。当光标在文本框中时,如果按下字母键"A",则被调用的事件过程是(　　)。

A. Form_KeyPress()　　　　　　　　B. Text1_LostFocus()

C. Text1_Click()　　　　　　　　　D. Test1_Change()

(4) 在窗体上画一个命令按钮和一个文本框,其名称分别为 command1 和 text1,再编写如下程序:

```
Dim ss As String
Private Sub text1_keypress(keyascii As Integer)
        If  Chr(keyascii) <> ""  Then
            ss = ss + Chr(keyascii)
        End Sub
Private Sub Command1_Click()
        Dim m As String, i As Integer
        For i = Len(ss) To 1 Step -1
        m = m + Mid(ss, i, 1)
        Next
End Sub
```

程序运行后,在文本框中输入"Visual 6.0",单击命令按钮,则文本框中显示的内容是(　　)。

A. VISUAL 6.0　　　B. LAUSIV 0.6　　　C. 0.6 LAUSIV　　　D. LAUSIV

(5) 设窗体上有一个名为 Text1 的文本框,并编写如下程序:

```
Private Sub Form_Load()
        Show
        Text1. Text = ""
        Text1. SetFocus
End Sub
Private Sub Form_MouseUp(Button As Integer,
        Shift As Integer, X As Single, Y As Single)
        Print "程序设计"
End Sub
Private Sub Text1_KeyDown(KeyCode As Integer, Shift As Integer)
        Print "Visual Basic";
End Sub
```

程序运行后,如果在文本框中输入字母"a",然后单击窗体,则在窗体上显示的内容是(　　)。

A. Visual Basic　　　　　　　　B. 程序设计

C. Visual Basic 程序设计　　　　D. a 程序设计

(6) 以下关于 KeyPress 事件过程中参数 KeyAscii 的叙述中正确的是(　　)。

A. KeyAscii 参数是所按键的 ASCII 码

B. KeyAscii 参数的数据类型为字符串

C. KeyAscii 参数可以省略

D. KeyAscii 参数是所按键上标注的字符

（7）有一个名为 Form1 的窗体，上面没有控件，设有以下程序（其中方法 Pset(X，Y)的功能是在坐标 X，Y 处画一个点）：

```
Dim cmdmave As Boolean
Private Sub Form_MouseDown(Button As Integer,Shift As Integer, X As Single,_
Y As Single)
    cmdmave = True
End Sub
Private Sub Form_MouseMove(Button As Integer,Shift As Integer, X As Single,_
Y As Single)
    If  cmdmave Then
        Form1. Pset(X, Y)
    End If
End Sub
Private Sub Form_MouseUp(Button As Integer, Shift As Integer, X As Single,_
Y As Single)
    cmdmave = False
End Sub
```

此程序的功能是（　　）。

A. 每按下鼠标键一次，在鼠标所指位置画一个点

B. 按下鼠标键，则在鼠标所指位置画一个点；放开鼠标键，则此点消失

C. 不按鼠标键而拖动鼠标，则沿鼠标拖动的轨迹画一条线

D. 按下鼠标键并拖动鼠标，则沿鼠标拖动的轨迹画一条线，放开鼠标键则结束画线

（8）在窗体上先后添加两个图片框，名称分别为 Picture1 和 Monkey，Monkey 中添加了 Monkey 图片（如图 8-10(1)所示），且将 Monkey. DragMode 属性设置为 1。要求程序运行时，可以用鼠标将 Monkey 拖拽到 Picture1 中（如图 8-10(2)所示）。能实现此功能的事件过程是

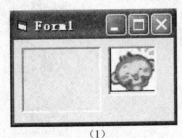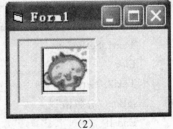

（1）　　　　　　　　　　（2）

图 8 - 10

A. Priate Sub Form_DragDrop(Source As Control,X As Single,Y As Single)

　　Monkey. Move Picture1. Left+X,Picture1. Top+Y)

　End Sub

B. Private Sub banana _DragDrop(Source As Control,X As Single,Y As Single)

　　Source. Move Picture1. Left+X. Picture1. Top+Y

　End Sub

C. Private Sub Picture1_DragDrop(Source As Control,X As Single,Y As Single)

```
Source. Move Picture1. Left＋X. Picture1. Top＋Y
    End Sub
```

D. Private Sub Picture1_DragDrop(Source As Control, X As Single, Y As Single)

```
    Monkey. Move banana. Left＋X, banana. Top＋Y
    End Sub
```

（9）在窗体上从左到右有 Text1、Text2 两个文本框（图 8－11），要求程序运行时，在 Text1 中输入 1 个分数后按回车键，则判断分数的合法性，若分数为 0～100 中的 1 个数，周围光标移到 Text2 中；否则光标不动，并弹出对话框显示"分数错"，下面程序中正确的是（　　　）。

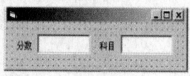

图 8－11

A. Private Sub Text1__KeyPress(KeyAscii AS Integer)

```
        If   KeyAscii＝13    Then        '回车符的 ACSII 码是 13
                a＝Val(Text1)
        If    a＞＝0 or a＜＝100    Then
                Text2. SetFocus
            Else
                Text1. SetFocus
                MsgBox("分数错")
            End If
        End If
    End   Sub
```

B. Private Sub Text1__KeyPress(KeyAscii AS Integer)

```
        If   KeyAscii＝13 Then        '回车符的 ACSII 码是 13
                a＝Val(Text1)
            If a＞＝0 And a＜＝100 Then
            Text1. SetFocus
            Else
            Text2. SetFocus
            MsgBox("分数错")
                End If
        End If
    End   Sub
```

C. Private Sub Text1__KeyPress(KeyAscii AS Integer)

```
        If   KeyAscii＝13 Then        '回车符的 ACSII 码是 13
                a＝Val(Text1)
                If a＜0 And a＞100 Then
                Text2. SetFocus
                Else
                Text1. SetFocus
```

```
                            MsgBox("分数错")
                        End If
                End If
            End  Sub
D. Private Sub Text1__KeyPress(KeyAscii AS Integer)
    If  KeyAscii=13 Then        '回车符的 ACSII 码是 13
            a=Val(Text1)
            If a>=0 And a<=100 Then
                Text2. SetFocus
            Else
                Text1. SetFocus
                MsgBox("分数错")
            End If
        End If
    End  Sub
```

8.6.2　填空题

(1) 在键盘和鼠标事件中,转换键 Shift、Ctrl 和 Alt 键对应的 Shift 值分别是＿＿＿＿、＿＿＿＿和＿＿＿＿。

(2) 用来设置拖放模式的属性是＿＿＿＿、该属性为自动拖放模式设置成＿＿＿＿、手动拖放模式设置成＿＿＿＿。

(3) 为了使窗体之前接收键盘事件,需要将窗体＿＿＿＿属性设置成＿＿＿＿。

(4) 如果窗体上建立一个通用对话框,与下列语句等价的语句是＿＿＿＿＿＿＿＿。

CommonDialog1. Action=1

(5) 在窗体上添加一个文本框,名称为 Text1,然后编写如下程序:该程序的功能是,在 D 盘 temp 目录下建立一个名为 dat. txt 的文件,在文本框中输入字符,每次按回车键(回车符的 ASCII 码是 13)都把当前文本框中的内容写入文件 dat. txt,并清除文本框中的内容;如果输入"End",则结束程序,请填空。

```
Private Sub Form_Load()
    Open"d:\temp \ dat. txt"For Output As#1
    Text1. Text=""
End Sub
Private Sub Text1_KeyPress(KeyAscii As Integer)
    If ＿＿＿＿    =13 Then
                    If UCase(Text1. Text)= ＿＿＿＿    Then
                        Close 1
                        End
                    Else
                        Write#1,＿＿＿＿
                        Text1. Text=""
                    End If
            End If
End Sub
```

8.6.3　编程题

（1）在窗体中添加一个文本框，编写程序实现使输入字符大小写转换；如果输入的小写字符则转换成大写字符，如果使大写字符转换成小写字符。例如：输入"A"转换成"a"，输入"b"转换成"B"。

（2）MouseDown 事件发生在 MouseUp 和 Click 事件之前，请编写程序验证 MouseUp 和 Click 事件发生的次序与对象有关，例如：测试命令按钮和标签上 MouseDown、MouseUp 和 Click 事件发生的顺序。

（3）编写程序，当同时按下 Shift、Alt 和 F4 键时，退出程序。

（4）在窗体上添加一个文本框，要求输入 E-mail 地址，即只允许输入字母、数字、减号（—）、下画线（_）、@和点(.)。

（5）编写程序，用键盘事件完成，从键盘上输入的到 Text1 中一组字符串中找出其中的数字，并把它们按逆序输出到 Text2 中。

第9章 文 件

在前面章节中介绍的应用程序中,数据的输入都是通过使用键盘、文本框、InputBox 对话框来实现的,程序的运行结果是输出到窗体或其他控件上,当退出应用程序或关闭计算机时,其相应的运行结果和数据也就会全部消失,无法重复使用这些数据,如果再次查看结果,就必须重新运行程序,并重新输入数据。

为了长期保存数据,修改后能够被其他应用程序调用,必须将其以文件方式保存在磁盘中,Visual Basic 中提供给用户较强的对文件系统的支持,使用户可以方便快捷地访问文件系统。

9.1 文件的基本概念

9.1.1 文件的概念

文件是指存储在计算机外部介质上一组信息的集合。计算机的操作系统是以文件为单位对数据进行管理,用户识别数据,必须先按文件名找到指定文件,再对文件中的数据进行读写等操作。磁盘文件由数据记录组成;记录是计算机处理数据的基本单位,它由一组具有共同属性相互关联数据项组成。

文件的基本结构可以分为字符、字段、记录、文件。

1. 字符

数据文件中最小的信息单位,如单个的字节、数字、标点符号等。一个汉字一般相当于两个字符。

2. 字段

由几个字符组成的一项独立的数据,称为字段。如学生姓名、性格、年龄等都称为字段。

3. 记录

由若干个字段组成的一个逻辑单位,称为记录。一般记录中的各个字段之间有着相互关系,如学生的姓名、性别、年龄、班级四个字段组成一个记录。

4. 文件

文件是记录的集合。下面将重点介绍文件内容。

9.1.2 文件的分类

Visual Basic 根据计算机访问文件的模式不同,分为顺序访问模式、随机访问模式和二进制访问模式。根据访问模式可以将文件分成三类:顺序文件、随机文件和二进制文件。

1. 顺序文件

顺序文件是普通文本文件。文件中数据是以 ASCII 码方式存储的。顺序文件中记录按顺序一个接一个存放。顺序文件中每一行字符串就是一条记录,每条记录可长可短,读写文件存取记录时,必须按记录顺序逐个进行,并且记录之间以"换行"字符为分隔符的。

顺序文件的优点是：文件结构简单，且容易使用；缺点是：如果要修改数据，必须将所有数据读入到计算机内存中进行修改数据，再将修改好的数据重新写入磁盘。如果在文件汇总中找一条记录，必须先从第一条记录开始顺序读取，直到找到该记录为止。例如读取文件中的第 N 条记录，就必须先读出前 N−1 条记录，写入记录也是如此。

2. 随机文件

随机文件将数据分成多个记录，每个记录具有相同的数据结构，每条记录的长度是相同的；随机文件的数据是作为二进制信息存储的，当对数据进行处理时可以随机地存取记录，可以按任意顺序读写的文件。

文件中每个记录都按顺序被系统分配一个记录号，只需根据记录号访问文件中任意记录。随机文件适用于数据结构固定和经常需要修改的情况，如果将顺序文件比作磁带，那么随机文件就像磁盘或唱片，要想读取某些数据，不必从头到尾顺序读取，可以在随机文件中任意定位并取出数据。所以，随机文件的优点是存取数据快，更新容易；缺点是所占空间较大，设计程序繁琐。

3. 二进制文件

二进制文件除了没有对数据类型和记录长度的限定外，它与随机文件访问的文件很相似，但它的数据记录的长度为 1 个字节，数据与数据之间没有什么逻辑关系，只是若干个二进制信息。图像文件、声音文件、可执行文件等都属于二进制文件。二进制访问模式适用于读写任意结构的文件。

9.2　文件的操作

VB 中提供了一些用来处理文件的语句和函数来满足应用程序存取、编辑文件的需要，用这些语句和函数能打开文件、读取文件内的信息、修改文件的信息并将修改的结果再保存到文件中。

9.2.1　文件的打开与关闭

1. 打开文件

打开文件格式如下：

Open 文件名 For 模式 [Access 存取类型] [Lock] As [♯] 文件号 [Len＝记录长度]

其中：

（1）文件名：数据文件的名字，字符串表达式，该文件名可以包括目录、文件夹及驱动器，此参数不可省。

（2）模式：有 Append、Binary、Input、Output、Random 方式。

❑ Append 设定为添加模式，与 Output 方式不同，以 Append 方式打开顺序文件，写入数据文件，在文件末尾追加内容，文件原有内容被保留。如果文件不存在，则创建新文件。

❑ Binary 是二进制方式（读写）。

❑ Input 对打开的文件进行读操作。文件名指定的文件必须是已存在的文件，否则会出错，不能对此文件进行写操作。

❑ Output 对打开的文件进行写操作，是用来输出数据，可将数据写入文件，若文件名指定的文件不存在,则创建新文件;文件是已存在的文件,将原有内容覆盖。

❑ Random 是随机文件(读写)。如果缺省 For 子句,将以 Random 模式打开文件。

(3) 存取类型(Access):可选,用来说明打开文件可进行的操作。存取类型如下:

❑ Read(读)是只读文件。

❑ Write(写)是只写文件。

❑ Read Write(读写)是读写文件,在随机文件、二进制文件和 Append 方式下有效。

注意:如果打开的是顺序文件,并已在其 For 子句中(For Input 或 Output 或 Append)指定了访问文件的模式,则不再需要 Access 子句。

(4) Lock(锁定):说明限定与其他进程打开的文件操作,防止其他计算机或其他程序对打开的文件进行读写。锁定的类型包括:

❑ Shared 指所有进程都可以对此数据文件进行读写操作。

❑ Lock Read 指不允许其他进程进行读操作。

❑ Lock Write 指不允许其他进程进行写操作。

❑ Lock Read Write 指不允许其他进程进行读写操作。

(5) 文件号:一个整数表达式,其取值范围在 1~511 之间。作用是为每个打开的文件指定一个文件号,在后续程序中可以用此文件号来指代相应的文件,参与文件的读写和关闭命令,可用 FreeFile 函数获得下一个可利用的文件号。

(6) 记录长度:对于用随机访问方式打开的文件,该值就是记录长度。对于顺序文件,该值就是缓冲字符数。

打开文件具有如下功能:

❑ 打开指定的文件。

❑ 如果指定文件不存在,在利用 Append、Binary、Output 或 Random 方式打开文件时,可以建立文件。

❑ 按照 Binary 方式,Len 子句会被忽略掉。

❑ 如果文件已由其他进程打开,而且不允许指定访问类型,则 Open 操作失败,且会有错误发生。

需要说明的是:在 Binary、Input 和 Random 方式下可以用不同的文件号打开同一文件,而不必先将该文件关闭。在 Append 和 Output 方式下,如果用不同文件号打开同一文件,则必须在打开文件前先关闭该文件。

下面是打开文件的一些例子:

例如:Open "d:\Test. txt"for Append As ♯1

如果文件"Test. txt"不存在,则建立一个新文件,否则打开已存在名为"Test. txt"的文件,原来的数据保留,在该文件后面添加新写的数据。

例如:Open "d:\Test. txt"for Output　As ♯1

如果文件"Test. txt"不存在,则建立一个新文件,可以将数据写入到文件中去;如果存在名为"Test. txt"的文件,则该语句打开已存在的文件,原来的数据将被覆盖。

例如:Open "d:\Test. txt"for Iutput　As ♯1

"Test. txt"文件若存在,可从中读出数据;若文件"Test. txt"不存在,将产生"File Not Found"错误。

例如：Open "d:\Test. txt"for Random As ♯1

按随机方式打开或建立一个文件，读出或写入的记录长度为 128B。

例如：Open "d:\Test. txt"for Binary As ♯1

打开"Test. txt"的二进制访问文件，以便从文件中读出数据或从某个字节位置开始写入数据。

2. 关闭文件

文件读写操作完成后，应及时地使用 Close 语句，将相应文件关闭。

Close 语句格式如下：

Close [[♯]文件号] [,[♯]文件号]……

3. 关闭所有打开的文件语句

功能：关闭所有用 Open 语句打开的文件。

Reset 语句格式如下：

Reset

4. 锁定和解锁语句

Lock 格式：Lock[♯]文件号[,记录范围]

功能：禁止其他进程对一个已经打开的文件的全部或部分内容进行存取操作。

Unlock 格式：Unlock[♯]文件号[,记录范围]

功能：释放由 Lock 语句设置的对一个文件的多重访问保护。

说明：记录范围，对于不同访问方式文件则有不同的含义。

❑ 对于顺序文件，锁定或解锁的是整个文件，即使指明了范围也不起作用。

❑ 对于随机文件，锁定或解锁的是记录范围。

❑ 对于二进制文件，锁定或解锁的是字节范围。

【例 9 - 1】 下面是一个简单的文件写入的例子。

【程序代码】如下：

```
Private Sub Form_Load( )
    Open "d:\temp\dat. txt" For Output As ♯1
    Text1. Text=""
End Sub


Private Sub Text1_KeyPress(KeyAscii As Integer)
    If  KeyAscii=13  Then
        If  UCase(Text1. Text)= "END"  Then
            Close ♯1
            End
        Else
            Write ♯1, Text1. text
            Text1. Text=""
        End If
    End If
End Sub
```

说明：本题主要是文件写入操作和键盘事件。Form_Load 事件在"d:\temp\"目录下建立一个"dat. txt"文件。在文本框中输入字符，Text1_KeyPress 发生事件，为了判断是否按下回车键（回车符的 Ascii 码是 13），随后为了判断文本框的输入是否为字符串"END"，如果成立就关闭文件结束程序，反之将 Text1 的内容写到文件中，最后再清空 Text1。

9.2.2 常用文件操作语句与函数

VB 提供了多个用于访问文件的语句和函数，其中大部分语句和函数均适用于三种文件访问类型，但是有一些只适用于特定的文件访问类型，见表 9-1 所示。

表 9-1 语句、函数与文件关系

语句与函数	顺序型	随机型	二进制型
Close	√	√	√
Get		√	√
Input()	√		
Input #	√		
Line Input #	√		
Open	√	√	√
Print #	√		
Put		√	√
Type-End Type		√	
Write	√		

本节将介绍一些常用的文件操作语句和函数，对于没有介绍的内容可以查阅 VB 相关资料的帮助。

1. 文件指针

当数据文件打开后，将自动生成一个文件指针（隐含的），文件的读写从文件指针所指的位置开始操作。

以 Append 方式打开文件后，指针指向文件尾。以其他方式打开文件后，指针指向文件头。完成读写操作后，指针自动移动到下一位置，移动量由 Open 语句和读语句中的参数共同决定。

❑ 顺序文件中文件指针移动的长度与它所读写的字符串长度相同。

❑ 随机文件中文件指针最小的移动量是一个记录的长度。

（1）Seek 语句

格式：Seek ♯ 文件号，位置

功能：设置文件中下一个读/写操作的位置；位置是一个数值表达式。

（2）Seek 函数

格式：Seek(文件号)

功能：用于返回指定文件号的当前指针位置；顺序文件返回字节位置，随机文件返回记录号。

以上移动指针语句的几点说明如下：

- 在以顺序文件(Input、Output、Append)方式打开的文件中，位置是指从文件头到尾的字节数，指针移到这里，文件第一个字节的位置是 1。
- 在以 Random 方式打开的文件中，位置是记录号，则返回值是下一个读出或写入的记录号；以 Binary 方式访问的，则返回一个操作的字节位置。
- Get 和 Put 语句中的记录优先于 Seek 语句确定的位置，即 Get 和 Put 语句中指定的记录号将覆盖由 Seek 语句指定的文件位置，如果位置小于等于 0，则产生错误信息，当 Seek 语句中的"位置"在文件尾之后，执行写操作将扩展该文件。

例如：要将文件指针移动到记录号为 3 的记录上，可使用以下代码：

```
Seek ♯1,3
```

例如：要读取文件号为 1 的文件的记录指针位置，并将它放在 Position 中，代码如下：

```
Position=Seek(♯1)
```

2. 其他语句和函数

(1) FreeFile 函数

格式：FreeFile(0/1)

指定 0(默认值)则返回一个介于 1～255 的文件号。指定 1 则返回一个介于 256～511 的文件号。

功能：此函数用于返回一个没有被使用的文件号。

此函数在使用中非常有用，通常在程序中不直接指定文件号，以避免和其他已经打开的文件号重复。通常，先使用 FreeFile 函数将一个没有使用的文件号放到变量中，使用 Open 语句时，参数中的文件号直接使用这个变量，这样可以在不知道哪个文件号已经被使用的情况下，使用打开命令不会错误。

(2) LOC 函数

格式：LOC(文件号)

功能：此函数用于返回一个长整型数值，在已打开的文件中指定当前读、写位置，即返回此打开文件中读写的记录号。对于不同打开方式的数据，文件返回值不同，见表 9-2 所示。

表 9-2   LOC 函数返回值

方　式	返　回　值
随机方式(Random)	上一次对文件进行读出或写入的记录号
顺序方式(Sequential)	文件中当前字节位置除以 128 的值，但是，对于顺序文件而言，不会使用 LOC 的返回值，也不需要使用 LOC 的返回值。
二进制方式(Binary)	上一次读出或写入的一个字节位置

(2) LOF 函数

格式：LOF(文件号)

功能：此函数用于返回一个长整型，表示用 Open 语句打开的文件的字节数，即文件的大小。对于未打开的文件,使用 FileLen 函数可以得到其长度。

例如:"LOF(1)"返回♯1 文件的长度,如果返回 0 值,则表示该文件是一个空文件。

(3) EOF 函数

格式:EOF(文件号)

功能:此函数用于返回一个整型数据,表示文件指针是否到达文件末尾的标志。它返回布尔值 TRUE(−1),表明已经到达为 Random 或 Input 打开文件的结尾;否则返回 False (0)。

使用 EOF 是为了避免因试图在文件结尾处进行输入而产生的错误。直到文件的结尾,EOF 函数才返回 TRUE,对于为访问 Random 或 Binary 而打开的文件,直到最后一次执行的 Get 语句无法读出完整的记录时,EOF 才返回 TRUE。对于为访问 Binary 而打开的文件,在 EOF 函数返回 True 之前,试图使用 Input 函数读出整个文件的任何尝试都会导致错误发生。在用 Input 函数读出二进制文件时,要用 LOF 和 LOC 函数来替换 EOF 函数,或者将 Get 函数与 EOF 函数配合使用。对于用 Output 打开的文件,EOF 总是返回 True。

(4) FileLen 函数

格式:FileLen(文件号)

功能:返回一个长整数,用于获取以"文件名"(字符串类型)参数指定的文件长度(以字节为单位)。文件不要求打开,如果文件已经打开,则返回的是打开前的文件长度,如果要取得一个打开文件的长度大小,使用 LOF 函数。

例如,在名称为 Form1 的窗体上添加一个文本框,名称为 Text1,在属性窗口中将该文本框的 MultiLine 属性设置为 True,然后编写如下的事件过程:

```
Private Sub Form_Click()
    Open "d:\test\smtext1. txt" For Input As ♯1
    Do While Not   EOF(1)
        Line Input ♯1, aspect $
        whole $ = whole $ + aspect $ + Chr $(13) + Chr $(10)
    Loop
    Text1. Text  = whole $
    Close ♯1
    Open "d:\test\smtext2. txt" For Output  As ♯1
    Print ♯1, Text1. Text          '或 whole $
    Close ♯1
End Sub
```

程序说明:上述程序的功能是将磁盘文件 smtext1. txt 的内容读到内存并在文本框中显示出来,然后把该文本框中的内容存入磁盘文件 smtext2. txt 中。本例考查的知识点为 EOF 函数、文件的打开和关闭。为了将磁盘文件 smtext1. txt 读到内存并在文本框中显示出来,通过 EOF(1)来判断读取工作是否到达文件结尾,最后将文本框中的内容存入磁盘文件 smtext2. txt。

【例 9-2】 下面程序的功能是将文件 file1. txt 中重复字符去掉后(即若有多个字符相同,则只保留 1 个)写入文件 file2. txt。

【程序分析】本例考查的知识点是文件的读写操作。为了写入文件 file2. txt,引入文件号♯2,随后的 LOF()函数用来返回文件的长度,Instr()函数用来在字符串 outchar 中查找指定的字符串 temp,如果没有找到函数返回值为 0。在文件 file1 中将重复字符去掉,通过"print ♯2, outchar",将结果写入文件 file2。

【程序代码】如下:

```
Private Sub Command1_Click()
    Dim inchar AS String,temp AS String,outchar AS String
    Outchar=""
    Open "file1. txt" For Input AS ♯1
    Open "file2. txt"For Output AS ♯2
    n=LOF(1)
    inchar=Input $(n, 1)
    For k=1 To n
      temp=Mid(inchar,k,1)
      If InStr(outchar,temp)= 0 Then
        outchar=outchar & temp
      End If
    Next k
    print ♯2,outchar
    close ♯2
    close ♯1
End Sub
```

(5) 文件的删除、复制、移动、重命名等函数

❑ 删除文件: Kill(文件名)

❑ 复制文件: FileCopy (源文件名),(目标文件名)

❑ 文件(目录)重命名: Name(原文件)As(新文件名)

❑ 改变当前驱动器: ChDrive Drive

❑ 改变当前目录: ChDir Path

❑ 删除目录: RmDir Path

❑ 确定当前目录驱动器: CurDir [(drive)]

9.2.3　顺序文件的读写操作

1. 打开顺序文件

Open 文件名 For [Output|Input|Append] [Lock] As [♯]文件号

各种参数参考第 9.2.1 节。

例如: Open "D:\test. txt "For Input As ♯1

该代码表示将 D 盘目录下的文件 test. txt 打开并进行读出操作,文件号为 1,此时文件不可写。

2. 关闭顺序文件

Close [♯文件号列表]

文件号列表为可选项,例如:♯1,♯2,…如果省略,则将关闭 Open 语句打开的所有活

动文件。以 Output｜Input｜Append 打开文件,并对文件进行读/写操作后,必须使用 Close语句关闭它。例如:

```
Close ♯1,♯2,♯3      '关闭文件号为 1,2,3 的文件
Close                '关闭 Open 语句打开的所有活动文件
```

3. 顺序文件的写操作

要向顺序文件写入(存储)信息,必须使用 Output 或是 Append 模式打开文件。Visual Basic 为顺序文件的写入提供两个语句:Print♯ 和 Write♯。

(1) "Print ♯"语句

格式:Print ♯ 文件号,[输出列表]

功能:文件号是指以写方式打开文件的文件号,将格式化显示的数据写入顺序文件中,输出列表为用分号或逗号分隔的变量、常量、空格和定位函数序列。数据写入文件的格式与使用 Print 方法获得的屏幕输出格式相同。

说明:

❑ 若参数列表中数据是 Empty,则不将任何数据写入文件。但是,若输出列表的数据是 Null,则将 Null 写入文件。

❑ 如果省略参数输出列表,而且文件号之后只含一个列表分隔符,则将空白行打印到文件中。

❑ 多个表达式之间可用一个分号或逗号隔开,分别对应紧凑格式或标准格式。

(2) "Write ♯"语句

格式:Write ♯ 文件号,[表达式表]

功能:用来向指定的顺序文件中写入数据,输出列表只用逗号分隔,数据写入文件以紧凑格式存放。

说明:

❑ 它自动在同一个 Write 语句的多个数据之间插入逗号,并给字符加上双引号。并且在最后一个字符写入文件后插入一个回车换行符"Chr(13)＋Chr(10)"。

❑ 对于"Write ♯"命令尾部无";"和",",则下一个"Write ♯"命令的数据换一行。

❑ 对于"Write ♯"语句写入正数的前面没有空格。

❑ 如果使用"Write ♯"语句将数据写入一个用 Lock 限定的顺序文件中,则发生错误。

❑ 若用 Input 语句读出文件的数据,就要用 Write 语句而不要用 Print 语句。因在使用 Write 时自动将数据分界,确保每个数据的完整性,因此可用 Input 再将数据读出来。

【例 9-3】 请看下面一段代码,是对 Print 与 Write 语句输出数据结果的比较和说明。

【程序代码】如下:

```
Private Sub Command1_Click()
    Dim n As Integer, S As String
    Open "d:\file. txt" For Output As ♯1
    S = "ABCDEF"
    n = 1234
    Print ♯1, S, n, "Visual", "Basic"        '①
    Print ♯1, S; n; "Visual"; "Basic"        '②
```

```
        Print #1, 2 * 3 > 2 + 3, Date                '③
        Print #1,                                     '④
        Write #1, S, n, "Visual", "Basic"            '⑤
        Write #1, S; n; "Visual"; "Basic"            '⑥
        Write #1,                                     '⑦
        Write #1, 2 * 3 > 2 + 3, Date                '⑧
        Close #1                                      '⑨
End Sub
```

上面的程序运行后,在 D 盘根目录中,将建立一个名为"file"的文本文件,并写入数据。运行界面如图 9 - 1 所示,请观察 Print 与 Write 语句输出数据格式有什么不同。

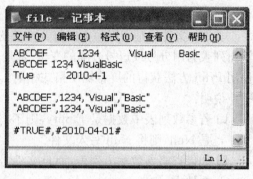

图 9 - 1   Print 与 Write 输出数据对比

说明:

- ①和②行对于 Print♯语句分别按照标准和紧凑格式写入数据。②行可以看出,对于数值数据前面留有符号位(正号不输出,但留有一个空格)的数据,则后面一个空格作为数据之间的分隔符;而对于字符串型数据,若按紧凑格式输出,各字符串数据之间不留空格且将连成一串,因此以后再读取这些数据时,分解各字符串比较困难。如果还是采用紧凑格式输出的化,可以在各字符之间插入一个逗号作为区分。上例②行可以改写为:

  Print #1, S; n; "Visual"; ","; "Basic"

- ⑤和⑥行对于 Write♯语句写入数据没有","和";"区别,因为同一个 Write 语句的多个数据之间插入逗号,并给字符加上双引号,写入到文件的正数,在其前面不再留有空格。

- ④和⑦行对于 Print♯语句、Write♯语句在其后没有输出项的,就会在文件中插入一个空行。

- ③和⑧行对比,Write♯语句如果是逻辑型和日期型数据,则以"♯"作为数据的定界符,并且对于逻辑值,总以大写字母"TRUE"或"FALSE"写入文件中。

- 为了正确地从文件中读出本身就含有逗号、双引号或有意义的前后空格等符号的字符串,将写到文件中的字符串数据前后加上双引号作为字符串数据的定界符。例如:

  S= "ABC,DEF"

  Print ♯1 ,Chr(34);S;Chr(34)   'Chr(34)函数值是一个双引号字符

  执行这两条语句后,文件中的数据为:

  "ABC,DEF"

4. 顺序文件的读操作

在程序中,要使用一个现存文件中的数据,必须先将它的内容读入到程序的变量中,然后操作这些变量。要从现存文件中读入数据,应以 Input 方式打开该文件,再使用 Input♯、

Line Input♯ 或者 Input()函数将文件读入到程序变量中。与读文件操作有关的几个函数 LOF、LOC、EOF 函数,其的含义和用法参考第 9.2.2 节。

(1)"Input ♯"语句

格式:Input ♯ 文件号,变量表

功能:从一个顺序文件中读出数据,并将这些数据项赋值给程序变量;变量的类型与文件中数据的类型要求对应一致。若顺序文件中的数据有多个或多种类型,则可以使用变量名表,依次将这些数据赋予变量名表中的变量,然后对这些变量进行处理,它适用于处理列表一类的文件。

【例9-4】 下面的代码从文件中读取数据,并通过 MsgBox 函数显示出来。

【程序代码】如下:

```
Private Sub Form_Click()
        Dim Filenum As Integer
        Dim Name As String * 8
        Dim Age As Integer
        Dim Code As String * 6
        Dim S As String
        Filenum = FreeFile()
        Open "D:\FileName. txt" For Input As Filenum
        Do While Not EOF(Filenum)
            Input ♯Filenum, Name, Age, Code
            S = Name &Str(Age) & "   " & Code
        Loop
        MsgBox (S)
        Close Filenum
End Sub
```

(2)"Line Input ♯"语句

格式:Line Input ♯ 文件号,字符串变量

功能:从已打开的顺序文件中读出一行并将它分配给字符串变量。

例如:下面语句是从文件号为 1 的文件中读取一行数据,并将数据存放在变量 V 中。

Line Input ♯1,V

说明:

❑ 字符串变量为存放读出数据的变量名。

❑ 通常用"Print ♯"将"Line Input ♯"语句读出的数据写回文件中。

❑ "Line Input ♯"语句一次只从文件中读出一个字符,直到遇到回车符(Chr(13))或者是"Chr(13)+Chr(10)"为止。

【例9-5】 利用 Line Input ♯1 语句将文件 Line. txt 读出,并显示在文本框中。

【程序代码】如下:

```
Private Sub Form_Click()
        Dim line As String
        Dim str As String
        Open "c:\Line. txt" For Input As 10
```

```
        Do While Not EOF(10)
            Line Input #10, line
                str = str + line + vbCrLf
        Loop
        Text1. Text = str
    End Sub
```

（3）Input＄函数

格式：Input＄(n,＃文件号)

参数说明：n 为要读取的字符个数。

功能：根据所设置的参数，从指定的文件中读取 n 个字符的字符串。Input 函数只用于从以 Input 或 Binary 方式打开的文件中读取字符。

需要说明的事项如下：

❑ 与"Input＃"语句不同，Input 函数返回它所读出的所有字符，包括逗号、回车、空白列、换行符、引号和前导空格等。

❑ 对于 Binary 访问类型打开的文件，如果试图用 Input 函数读出整个文件，则会在 EOF 返回 True 时产生错误。在用 Input 读出二进制文件时，要用 LOF 和 LOC 函数代替 EOF 函数，且在使用 EOF 函数时要配合使用 Get 函数。

❑ 对于文本文件中包含的字节数据要使用 Input＄函数。对于 Input＄来说，n 指定的是要返回的字节个数，而不是要返回的字符个数。

9.2.4　随机文件的读写操作

1. 随机文件的特点

（1）随机文件中的记录是定常记录，通过记录长度和记录号找到记录的地址。

（2）每个记录划分为若干个字段，每个字段的长度等于相应的变量的长度。

（3）各变量（数据项）要按一定的格式赋给相应的字段。

（4）打开随机文件后，即可进行读操作也可进行写操作。

2. 随机文件存储的四个步骤

（1）变量声明。

（2）打开随机文件。

（3）对随机文件进行读写。

（4）关闭随机文件。

3. 变量声明

在应用程序打开随机文件之前，应先声明所有用来处理该文件数据所需的变量；这些变量应包括与文件中记录类型一致的标准类型变量或用户自定义类型变量。

可以将整个随机型文件分成多个记录，每个记录由一组数据组成，这些数据称为字段；组成记录的每一字段都属于一种数据类型，具有一定的长度。

代码如下：

```
Type stu_score
    Name As String * 8
    Number As String * 6
```

```
    Age As Integer
    Score As Integer
End Type
```

例如,建立一个记录学生成绩的随机文件,该文件的记录是由学生姓名、学号、年龄、总成绩共四个字段组成。首先在窗体模块或标准模块中定义一个用户自定义类型。

由定义可以看出,每个学生的信息都有固定的长度,因此,可以计算出某个记录在文件中所处的位置,从而随机地存取信息。注意到定义类型中的字符串数据使用固定长度字符串,上例中 Name、Number 都声明为定长字符串变量。如果实际包含的字符数比它写入的字符串元素的固定长度少,则 VB 用空格来填充其余的空间,如果字符串比字段的尺寸长,则截断它。

在应用程序打开随机型访问的文件之前,应先声明所有用来处理该文件需要的变量,这包括对该文件中记录的用户自定义类型变量和其他随机型访问文件的标准类型变量,即在相应的程序段中声明程序在处理随机文件时所需的变量。

例如,在处理学生成绩的随机文件时用下面语句定义变量:

```
Public Scl As stu_score
```

该语句作用是把变量 Scl 定义为 stu_score 类型。

4. 随机文件的打开、关闭和读写

(1) 随机文件的打开和关闭

打开文件格式:Open 文件名 For Random As ♯文件号 [Len=记录长度]

说明:

❑ 表达式"Len=记录长度"指定了每个记录的长度,如果"记录长度"比文件记录的实际长度短,则会产生错误。如果"记录长度"比记录的实际长度长,记录可以存入,但要浪费磁盘空间。

❑ 表达式"Len=记录长度"省略,则默认记录长度为 128 个字节。

例如,下面的程序片段打开一个名为"Score_stu.txt"的随机文件,代码如下:

```
Dim Filenum As Integer
Dim RecLength As Long
Dim Scl As stu_score
Filenum = FreeFile
RecLength = Len(Scl)
Open " Score_stu. txt*" For Random As ♯Filenum Len = RecLength
```

❑ 关闭随机文件与关闭顺序文件一样使用 Close 语句。

(2) 随机文件的写操作

格式:Put ♯ 文件号,[记录号],变量

功能:Put 语句将"变量"的内容写入由"文件号"指定的文件的"记录号"位置。

说明:

❑ 如果记录号省略,则逗号不能省,默认时表示取上次操作记录的下一条记录。

❑ 如果变量的内容长度小于记录的长度,不足部分用文件缓冲区现有内容填充。因此如果长度不是记录长度,最好将变量内容加上空格字符串,从而让它和记录长度匹配。由于填充数据的长度无法精确确定,最好写入数据的长度与指定的记录长度相

匹配。

❑ 如果写入的是一个变长字符串，Put ♯ 语句将写入一个包含字符串长度的两个字节描述符，然后再写入变量，所以，记录长度至少要比字符串长度大 2 个字节。

❑ 如果写入的变量是数值类型 Variant，则 Put 先写入两个字节来辨认 Variant 的 VarType，然后再写入变量。例如，当写入 VarType 3 的 Variant 时，Put 会写入 6 个字节，其中，前两个字节辨认出 Variant 为 VarType 3（Long），后四个字节则包含 Long 类型的数据。

（3）随机文件的读操作

格式：Get ♯ 文件号，[记录号]，变量

功能：将一个打开的磁盘文件读入一个变量之中。由于随机文件的长度是固定的，打开文件时，应使用 Len 子句指定记录长度。

（4）修改随机文件

可以使用 Put 语句修改以随机型方式打开的文件；要修改记录，首先修改存放读出记录的变量，然后使用以下代码：

Put ♯ 文件号，Position，S

代码的目的是用 S 变量中的数据来替换"Position"位置（即第几个记录）所指定的记录。

（5）随机文件的增加记录

在随机文件中增加记录，实际上是在文件的末尾增加记录，同样使用 Put 语句。

需要说明的是：

❑ 方法是为先找到文件最后一个记录的记录号，然后将要增加的记录写到它的后面。

❑ 最后一条记录的记录号＝文件长度/记录长度。

❑ 通过 LOF 函数可以获取打开文件的长度，多字段记录类型变量的长度就是记录的长度，可以用 Len 函数求得，即记录长度＝Len（记录类型变量）。而单字段记录的长度容易得到，最后一个记录的记录号＋1，就是要添加的记录的位置。

例如：要在一个包含 8 个记录的文件中添加一个记录，把 Position 设置为 9 即可。可以使用下述语句将一个记录添加到文件的末尾：

Put ♯ 文件号，9，newrecord

（6）随机文件的删除记录

不能通过清除其字段来删除一个记录，因为该记录仍然存在于文件中，这样的文件就会有空记录，不仅浪费空间并且干扰顺序操作。

有两种方法删除记录：

❑ 在随机文件中删除一个记录，并不是真正的删除记录，而是将下一记录重写到要删除的记录的位置上，其后的所有记录依次前移。这样要删除的记录内容不复存在，但是文件最后两条记录相同，文件中记录数没有减少。

❑ 打开一个临时文件，将原有文件中所有不删除的记录一条一条地复制到临时文件中去，删除原文件后，重新命名临时文件。

【例 9 - 6】 可使用下面的代码完成删除"D：\A. dbf"中记录的操作。

【程序代码】如下：

```
Private Sub Form_Click()
```

```
    Dim s As students
    Dim i As Integer
    Dim n1 As Integer, n2 As Integer
    n1 = FreeFile()
    n2 = FreeFile()
    Open " D:\A. dbf " For Random As n1 Len = Reclength
    Open " D:\A. dbf" For Random As n2 Len = Reclength
    For i = 1 To LastRecord
      If  i <> Positon  Then              'position 为要删除记录的位置
          Get n1, i, s
          Put n2, i, s
      End If
    Next
    LastRecord = LastRecord - 1
    Close n1
    Close n2
    Kill ("D:\A. dbf")
    Name "D:\A1. dbf" As "D:\A. dbf"
  End Sub
```

如果代码运行完成,A. dbf 中的记录个数应该比以前少了一个记录。

9.2.5 二进制文件的读写操作

二进制文件的基本元素是字节。二进制文件中的数据没有固定的格式,不按某种方式进行组织,也不一定要组织一定长度的记录,该文件是一种灵活的存储方式,但进行程序设计比较困难。任何类型的文件(顺序文件或随机文件)都可以以二进制访问模式打开。

1. 二进制文件打开

格式：Open 文件名 [Binary] As 文件号

使用二进制方式访问与使用随机访问语句的不同之处是：使用二进制文件不指定 Len,二进制数据的最小存取单位是字节,可以定位到文件中任意字节位置,而随机存取的存取单位是记录,存取要定位在记录的边界上。二进制存取文件中读取数据或向文件写入数据的字节长度取决于 Get # 或 Put # 语句的"变量"长度,而随机存取方式读写固定个数的字节(一条记录的长度)。

关闭随机文件与关闭顺序文件一样使用 Close 语句。

2. 二进制文件的读/写操作

二进制读写模式与随机存取模式一样使用 Get #,Put # 语句获取数据。

Put # 文件号,[记录号],变量

Get # 文件号,[记录号],变量

对于二进制访问模式,文件进行读操作,除了用函数 EOF()判断文件结束外,还可以结合使用 LOF 和 LOC 两个函数确定文件是否结束。LOF 函数返回文件的长度,LOC 函数则返回文件指针的当前位置,当 LOF 的值等于 LOC 的值时,则表明文件已经读完。

【例 9 - 7】 下列代码是对一个二进制文件进行处理,功能为实现拷贝文件。

【程序代码】如下：

```
Private Sub Form_Load()
    Dim t As Integer
    Dim i As Long
    Dim file As Long
    Open "d:\sushu1.mdb" For Binary As #1
    Open "e:\sushu2.mdb" For Binary As #2
    FileLen = LOF(1)
    i = 1
    Do While i <= FileLen
        Get #1, i, t
        Put #2, i, t
        i = i + 1
    Loop
    Close #1
    Close #2
End Sub
```

9.3　文件系统控件

在应用程序中常常需要显示关于磁盘驱动器、目录和文件的信息。为了用户能顺利使用文件系统，Visual Basic 提供了两种选择：一是使用 DriveListBox（驱动器列表框）、DirListBox（目录列表框）和 FileListBox（文件列表框）这三种文件系统控件的组合创建自定义对文件操作的对话框。二是使用通用对话框（CommonDialog 控件）提供的"打开文件"或"保存"对话框，使用户能在应用程序中检查可用的磁盘文件并从中选择。

Visual Basic 提供了三种可直接浏览系统目录结构和文件的常用控件：驱动器列表框（DriveListBox）、目录列表框（DirListBox）、文件列表框（FileListBox）。用户可以使用以上三种控件建立与文件管理器类似的窗口界面，在 VB 工具箱中可以找到这三种控件，如图9-2所示。

图 9-2　与文件有关的三种控件图标

1. 驱动器列表框

驱动器列表框控件属于一种下拉式列表，在运行期间（缺省状态）顶端突出显示用户系统当前的驱动器编号。当用户单击"磁盘驱动器列表"的向下箭头时，就会看到所有可以选用的磁盘驱动器编号（如图 9-3 所示）。当驱动器列表框获取焦点时，用户可以键入任何有效的驱动器标识符，或者单击列表框右侧箭头，再从下拉列表中选择一个新的驱动器，则指定的或选中的驱动器名字就会出现在列表框的顶端。

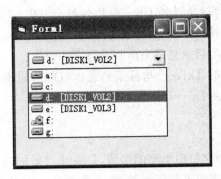

图 9 - 3　驱动器列表框

（1）常用属性

驱动器列表框有许多标准属性：

❑ Name 属性

Name 属性通常采用"Drv"作为驱动器列表框控件的前缀；缺省时，Name 属性值为"Drive1"。

❑ Drive 属性

Drive 属性是在程序运行中所使用的属性，在设计时不可用；运行时用于返回用户在驱动器列表中选定的驱动器，即改变了属性的值。在应用程序中，可以通过赋值语句改变 Drive 属性值，从而指定出现在列表框顶端的驱动器。

例如，假定驱动器列表框的名字为"Drive1"，可以利用下面语句改变驱动器列表的 Drive 属性值。将"d 盘"改变为当前驱动器：Drive1. Drive="d:\"。

驱动器列表框显示可用的有效驱动器。从列表框中选择驱动器并不能自动地变更当前的工作驱动器；然而可用 Drive 属性在操作系统中变更驱动器，这只需要将它作为 ChDrive 语句的参数"ChDrive Drive1. Drive"。

❑ List 属性

返回/设置控件的列表部分中包含的项，该属性在设计阶段不可用。

❑ ListCount 属性

ListCount 属性可以用于组合框、驱动器列表框、目录列表框和文件列表框，用来设置或返回控件内所列项目总数。该属性是运行时属性，只能在程序代码中使用。例如：

Print Drive1. ListCount

该语句功能是在窗体中显示驱动器列表框 Drive1. ListCount 所有项目。

❑ ListIndex 属性

ListIndex 属性用于组合框、驱动器列表框、目录列表框和文件列表框，设置或返回当前控件上所选择的项目的"索引值"。该属性是运行时属性，只能在程序代码中作用。驱动器列表框和文件列表框中的第一项的索引值为 0，第二项索引值为 1，以此类推。表达式 List（List1. ListIndex）返回当前选择项目的字符串。列表中的第一项是 ListIndex = 0，ListCount 始终比最大的 ListIndex 值大 1。

（2）常用事件

Change 事件是驱动器列表框中最常用的事件。当用户在驱动器列表框的下拉列表中选择一个驱动器，或者输入一个正确的驱动器标识符，或者在程序中给 Drive 属性赋新值，都会改变列表框顶端显示的驱动器名,Change 事件就会发生,并激活 Change 事件过程。所以,一般在驱动器列表框控件的 Change 事件过程中,使用 Drive 属性来更新目录列表框中显示的目录,以保证被显示的目录总是当前驱动器下的目录。

例如,实现驱动器列表框(Drive1)与目录列表框(Dir1)同步,就要在 Change 事件过程中写入如下代码: Dir. Path=Drive1. Drive

(3) ChDirve 语句

格式: ChDrive　Drive

其中:Drive 参数是一个字符串类型的参数,是系统有效的磁盘驱动器名。如果它是一个空字符串,则表示不改变当前工作驱动器;如果参数是一个多字符的字符串,语句仅取第一字符作为语句参数。

功能: 改变当前工作驱动器。

说明: 使用该语句不会改变驱动器列表的 Drive 属性值,不会引发它的 Change 事件,也不会改变列表框的文本框显示的内容,只能改变当前工作驱动器,即指定对文件进行存取操作时的缺省驱动器。例如:

```
Private Sub Drive1_Change()
    ChDrive "e:"                              '将当前工作驱动器改为 E 盘
    Open "file1. txt" For Input As #1
    ChDrive "d:"                              '将当前工作驱动器改为 D 盘
    Open "file1. txt" For Output As #2
End Sub
```

上面程序代码的第一个 Open 语句打开的是 E 盘当前工作目录中的 file1. txt 文件。而第二个 Open 语句打开的是 D 盘当前工作目录中的 file1. txt 文件。

2. 目录(文件夹)列表框

目录列表框显示用户系统的当前驱动器的目录结构,并突出显示当前目录。目录列表框从最高层目录开始显示用户系统上的当前驱动器目录结构及当前目录下的所有子目录。在目录列表框中当前目录下的子目录也缩进显示。用户可以通过双击任一个可见目录来显示该目录的所有子目录或关闭显示,并使该目录成为当前目录,如图 9 - 4 所示。

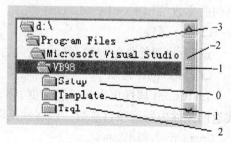

图 9 - 4　目录(文件夹)列表框

(1) 常用属性

❑ Name 属性

目录列表框的 Name 属性通常以"Dir"作为前缀,缺省时,Name 属性为"Dir1"。

❑ List 属性

返回/设置控件的列表部分中包含的项。

❑ ListIndex 属性

返回当前选择的目录名,ListIndex 的取值从 0 到 ListCount - 1。当前目录的 ListIndex 属性值为-1,据此可以判断在树形目录结构中,当前目录与根目录之间的距离。

❑ Path 属性

Path 属性是目录列表框控件最常用的属性,用于返回或设置当前路径,该属性在设计时不可用,即它是一个运行时属性,不能在属性窗口中设置。

格式:〈目录列表框名〉. Path[=〈字符串表达式〉]

其中,"字符串表达式"用来表示路径名的字符串表达式。默认值是当前路径。

例如,假定目录列表框的缺省名为 Dir1,可用下面语句完成当前目录的改变。

Dir1. Path="D:\Program Files\VB"

此外,Path 属性可以直接设置限定的网络路径,如:\网络计算机名\共享目录名\Path。

说明:如果要编写程序时对指定目录及其他的下级目录进行操作,就要用到 List. ListCount 和 ListIndex 等属性,这些属性与列表框(ListIndex)控件基本相同。假定目录列表框中的当前目录的 ListIndex 值为-1,紧邻其上的目录 ListIndex 为-2,再上一个的 ListIndex 值为-3,依次类推。当前目录(Dir. Path)中的第一个子目录的 ListIndex 值为 0,若第一级子目录有多个目录,则每个目录的 ListIndex 值按照 1,2,3…的顺序依次排列,如图 9-4 所示。

(2) Change 事件

当用户双击目录列表框中的目录项,或在程序代码中通过赋值语句改变 Path 属性值时,均会发生 Change 事件。

(3) ChDir 语句

目录列表框不能自动设置当前目录,要设置当前工作目录应使用 ChDir 语句。

格式: ChDir Path

其中,语句的参数 Path 是一个字符串表达式,用来指明哪个目录或文件夹将成为新的缺省工作目录或文件夹,即改变了系统存取文件的缺省路径。Path 中可以包含驱动器符号;如果不指名驱动器符号,ChDir 则改变当前工作驱动器上的缺省的工作目录或文件夹。

特别注意,ChDir 语句改变的是缺省的工作目录而不是缺省的工作驱动器。例如,缺省的工作驱动器是 C 盘,下面语句只是改变 D 盘上的缺省工作目录,而缺省的工作驱动器仍然是 C 盘。

ChDir "D:\Workdir"　　　　'将 D 盘的 Workdir 目录设置为当前工作目录

再如:ChDir Dir1. Path '该语句的功能是将目录列表框的当前目录设置成系统的当前工作目录

3. 文件列表框

FileListBox 的外观与列表框很相似,具有显示选定目录中所有文件或指定类型名称的功能,如图 9-5 所示。

(1) 常用属性

❑ Name 属性

文件列表框的 Name 属性通常"File"作为前缀。缺省时,Name 属性为"File1"。

❑ List、ListCount 和 ListIndex 属性

其功能和含义与前述类似,只不过操作对象是文件列表框。

❑ Path 属性

图 9-5　文件列表框

文件列表框的 Path 属性是一个用来设置和返回文本列表框中所显示文件的路径。它在运行时设置属性,在程序代码中可以通过下面的赋值语句重新设置 Path 的属性值。

例如:File1. Path =路径(即 File1. Path =Dir1. Path)

Path 属性一旦发生变化,就会引发 Change 事件,文件列表框中内容被更新,显示由 Path 属性指定目录中的文件。

❑ Pattern 属性

Pattern 属性用来实现对显示文件的过滤功能;该属性可以在设计阶段用属性窗口设置,也可以通过程序代码设置。缺省是 Pattern 属性值为"＊.＊",即显示所有文件。如果设置 Pattern 属性为"＊.exe",将只显示扩展名为 exe 的文件。将 Pattern 属性设为由分号分隔的扩展名,则显示多种扩展名的文件;其中 Pattern 属性中可以使用通配符"?"和"＊"。

例如:File1. Pattern=" ＊.exe;＊.txt" ′设置扩展名为.exe 和.txt 的所有文件

❑ FileName 属性

FileName 属性用来返回或设置所选文件的路径和文件名称。

其中文件名称可以具体写明所具有的路径,文件名中也可以包含通配符。只能在代码编辑运行时设置 FileName 的属性,运行创建控件时,FileName 属性设置为 0 长度字符串,表示当前没有选择文件。通常采用鼠标单击文件列表框中的文件选择文件,同时触发 Click 事件。

例如:File1. FileName=″D:\＊.txt″

执行该语句后,在文件列表框中显示 D 盘根目录下的所有扩展名为".txt"的文件。同时 FilePath 的属性值也改变为"D:\",且产生 File_PathChange 事件。

(2) 常用事件

文件列表框控件所持有的两个事件是 PathChange 和 PatternChange。

① PathChange 事件

当文件列表框属性 Path 被改变,就会产生 PathChange 事件,下述两种情况均会改变文件列表框控件的 Path 属性,从而引发 PathChange 事件的发生。

❑ 如果程序代码为:File1. Path=Drive1. Drive 或 File1. Path=Dir1. Path,则表明当前驱动器或目录列表框中重新选取当前目录,从而改变了文件列表框控件的 Path 属性。

❑ 在程序代码中给文件列表框 FileName 属性重新赋值,会自动改变文件列表框的 Path 属性。

例如,File1. FileName="C:\Config. sys",执行该语句后,Path 的属性值为"C:\"。

② PatternChange 事件

当文件列表框属性 Pattern 被改变,就会产生 PatternChange 事件。

4. 文件管理控件组合使用

在实际编写程序过程中,驱动器列表框、目录列表框及文件列表框需要结合起来使用,达到同步操作,具体方法可以通过 Path 属性的改变引发 Change 事件来实现。例如:

```
Private Sub Dir1_Change()
    File1. Path=Dir1. Path  ′把目录列表框的 Path 属性值赋给文件列表框的 Path 属性
End
```

该事件过程实现窗体上的目录列表框 Dir1 和文件列表框 File1 产生同步。该段代码中目录列表框 Path 属性的改变将产生 Change 事件,在 Dir1_Change 过程中将 Dir1. Path 赋给 File1. Path 就可以产生同步效果。

增加下面的事件过程,目录列表框和驱动器列表框达到同步操作:

```
Private Sub Drive1_Change()
    Dir1. Path=Drive1. Drive    '设置目录列表框的 Path 属性
End Sub
```

加上前面的目录列表框和文件列表框同步,从而可以使三种列表框同步。

5. Shell 函数

在 VB 实际应用程序中,经常需要在程序运行中启动其他应用程序,这就要用到 Shell 函数。例如:

```
A=Shell("C:\WINDOWS\notepad. exe",1)      '此语句的执行将启动记事本程序
B=Shell("C:\WINDOWS\pbrush. exe",1)       '此语句的执行将启动画图程序
```

Shell 函数的一般格式是:Shell(〈命令字符串〉[,〈窗口类型〉])

其中,"命令字符串"是要执行文件的文件名,若不在当前盘的目录中,则它必须含有盘符和路径。它必须是可执行文件,其扩展名应是:. com、. exe、. bat 或. pif。〈窗口类型〉是执行程序时窗口的形式,有六种选择,具体见表 9-3 所示。

表 9-3 Shell 函数窗口类型

值	含　　义
0	窗口被隐藏,焦点传到隐式窗口,缺省值
1	窗口具有焦点,并还原到原来大小和位置
2	窗口具有焦点,并最小化为图标
3	窗口具有焦点,并最大化
4	窗口还原到原来大小和位置,而当前活动窗口仍然活动
6	窗口最小化为图标,而当前活动窗口仍然活动

【例 9-8】 参照图 9-6 活动窗口,设计一个启动程序的界面,窗体中含有五个标签框、一个文本框、一个组合框、两个命令按钮和一组文件系统控件。运行程序时,用户可以通过选择驱动器、目录、文件类型和文件名来指定要启动的应用程序,单击"确定"按钮启动应用程序,单击"取消"按钮结束程序。

【程序分析】程序中设置了当前盘和当前目录。因此,Shell 函数中的要执行文件的文件名未含盘符和路径。

【程序代码】如下:

```
Private Sub Drive1_Change()
    Dir1. Path = Drive1. Drive
    ChDrive Drive1. Drive                    '设置为当前盘
End Sub
```

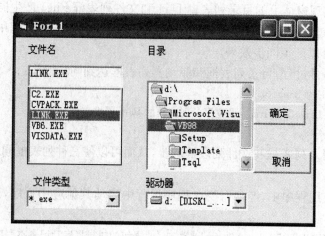

图 9 - 6   文件系统控件同步示例

```
Private Sub File1_Click()
    Text1. Text = File1. FileName
End Sub


Private Sub Dir1_Change()
    File1. Path = Dir1. Path
    ChDir Dir1. Path                          '设置当前目录
    Label3. Caption = Dir1. Path
End Sub
```

9.4   程序示例

【例 9 - 9】 用二进制文件方式访问文件 Test. txt 中的内容,并将内容显示在文本框中。

【程序分析】在窗体上创建一个文本框,将其 MultiLine 属性设置为 True,并加上滚动条,再创建一个命令按钮,将其 Caption 属性设置为“显示”。

【程序代码】如下:

```
Private Sub Command1_Click()
        Dim i As Integer
        Dim char As String * 1
        Dim st1 As String
        Open "Test. txt" For Binary As #1
        For i = 1 To LOF(1)
            Get #1, i, char
            st1 = st1 + char
        Next i
        Close
        text1. Text = st1
    End Sub
```

【例 9 - 10】 参照如图 9 - 7 所示界面,设计窗体上有三个标签,三个文本框(Text1、Text2、Text3)和两个读数(Command1)、合并(Command2)按钮。要求,单击"读数"按钮,则将文件夹下 File1.dat 文件中两组已按升序方式排列的数(每组 30 个)分别读入数组 a 和数组 b,并分别将它们显示在 Text1 和 Text2 文本框中;单击"合并"按钮,则数组 a 和数组 b 合并为一个按升序排列的数组 c,并将合并后的数组 c 中数据以升序方式显示在 Text3 中。

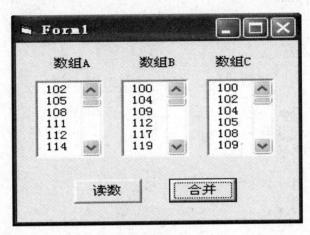

图 9 - 7 顺序文件应用

【程序分析】分别从数组 a 和数组 b 中各取出一个最小的数(即 a(1)和 b(1)),并比较它们的大小,将两者较小的数作为数组 c 的第一个元素(即 c(1))。接下来再用两者中较大的数与对方的下一个数比较,并将两者中较小的数作为 c 的第二个元素(c(2)),依次类推,直至数组 c 的 60 个元素比较完成为止。

用 For 循环控制给 c 数组个元素赋值,当一数组中元素较另一数组中元素先去掉时,则将另一个数组中剩余元素直接作为数组 c 的后续元素。

【程序代码】如下:

```
Option Base 1
Dim a(30) As Integer, b(30) As Integer, c(60) As Integer
Private Sub Command1_Click()
    Dim k As Integer
    Open App. Path & "\file1. dat" For Input As #1
    For k = 1 To 30
        Input #1, a(k)
        Text1. Text = Text1. Text + Str(a(k)) + Space(2)
    Next k
    For k = 1 To 30
        Input #1, b(k)
        Text2. Text = Text2. Text + Str(b(k)) + Space(2)
    Next k
    Close #1
End Sub
Private Sub Command2_Click()
```

```
        Dim i As Integer, j As Integer, m As Integer, n As Integer
        m = 1
        n = 1
        For i = 1 To 60
            If a(m) < b(n) Then
                c(i) = a(m)
                m = m + 1
            Else
                c(i) = b(n)
                n = n + 1
            End If
            If m > 30 Then
                For j = i + 1 To 60
                    c(j) = b(n)
                    n = n + 1
                Next j
                Exit For
            End If
            If n > 30 Then
                For j = i + 1 To 60
                    c(j) = a(m)
                    m = m + 1
                Next
                Exit For
            End If
        Next
        For k = 1 To 60
            Text3. Text = Text3. Text + Str(c(k)) + Space(2)
        Next k
    End Sub

    Private Sub Form_Unload(Cancel As Integer)
        Open App. Path & "\File2. dat" For Output As #1
        Print #1, Text3. Text
        Close #1
    End Sub
```

【例 9 – 11】　参照如图 9 – 8 所示的程序运行界面,利用系统文件控件(Drive1、Dir1、File1)、组合框(Combo1)、文本框(Text1),制作一个文件浏览器,组合框限定文件列表框中显示的文件类型,如选定"＊.frm"文件,当文件列表框选定欲要显示的文件时,在文本框显示出该文件的内容。

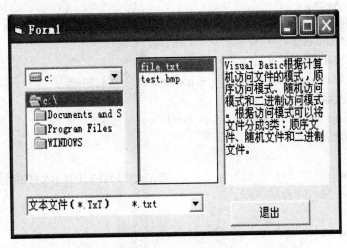

图 9-8　文件控件应用

　　【程序分析】程序运行时先初始化组合框，通过 Dir1_Change、Drive1_Change 设置文件控件组合使用的同步操作，并在 Combo1 发生 Click 事件时选定要在文件列表中显示的文件类型；在 File1 发生 Click 事件时，判断当前目录是否是根目录，并组合得到包含路径的文件名，并通过循环语句来读取文件中的数据到文本框中。

　　【程序代码】如下：

```
Private Sub Dir1_Change()
    File1. Path = Dir1. Path
End Sub
Private Sub Drive1_Change()
    Dir1. Path = Drive1. Drive
End Sub
Private Sub File1_Click()
    Dim t As String, Fpath As String
    Text1. Text = ""
    '判断当前目录是否是根目录,并组合得到包含路径的文件名
    If Right(Dir1. Path, 1) = "\" Then
     Fpath = Dir1. Path & File1. FileName
    Else
     Fpath = Dir1. Path & "\" & File1. FileName
    End If
    Open Fpath For Input As #1                '打开文件
    Do While Not EOF(1)
     Line Input #1, t
     Text1. Text = Text1. Text + t + vbCrLf
    Loop
    Close #1    '关闭文件
End Sub
Private Sub Form_Load()                        '初始化组合框
```

```
        Dim Item As String
        Item = "所有文件(*.*)"
        Combo1. AddItem Item + Space(15 - Len(Item)) + ""
        Item = "窗体文件(*.Frm)"
        Combo1. AddItem Item + Space(15 - Len(Item)) + "*.Frm"
        Item = "文本文件(*.TxT)"
    Combo1. AddItem Item + Space(15 - Len(Item)) + "*.txt"
    Combo1. ListIndex = 2
    End Sub
    Private Sub Combo1_Click()
    File1. Pattern = Mid(Combo1. Text, 21)          '限定文件列表框中显示文件的类型
    End Sub
    Private Sub Command1_Click()
    End
    End Sub
```

【**例 9 - 12**】 参照如图 9 - 9 所示的程序运行界面,用"写通讯录"命令按钮用来建立一个通讯录,以随机方式保存到文件 file1. txt 中,而"读通讯录"命令按钮事件过程用来读出文件file1. txt 中的记录,并在窗体上显示出来。要求通讯录中每个记录由三个字段组成,结构如下:

图 9 - 9　随机文件应用

　　Name(姓名):String * 15 (字符串 15);

　　Tel(电话):String * 15 (字符串 15);

　　Pos(邮政编码):Long (长整型);

【**程序分析**】在"写通讯录"命令按钮事件过程中,先用 Open 语句打开随机文件file1. txt,并通过计算得到随机文件现有记录数,存入变量 RecNum;然后在 Do 循环中,为定义数据类型变量 Pers 的各元素赋值,用 Put 语句将该变量的值写入打开的随机文件中(记录号为 RecNum+1),并通过输入对话框询问是否再插入新记录,Do 循环以输入对话框中返回值大写为"Y"作为循环条件。

　　在"读通讯录"命令按钮的单击事件过程中,先用 Open 语句打开文件随机文件file1. txt,并通过表达式:LOF(1) / Len(Pers)计算随机文件现有记录,存入变量 RecNum;然后利用 For 循环语句,用 Get 语句读入随机文件中相应记录号的记录,赋值给变量 Pers,并将变量 Pers 各记录的值用 Print 方法显示在窗体上。

【**程序代码**】如下:

```
Private Type Tele
    Name As String * 15
    Tel As String * 15
    Pos As Long
End Type
```

```
Dim Pers As Tele
Dim RecNum As Integer
Private Sub cmdWrite_Click()                 '写通讯录
    Open "file1. txt" For Random As ♯1 Len = Len(Pers)
    RecNum = 0
    Do
        Pers. Name = InputBox("请输入姓名")
        Pers. Tel = InputBox("请输入电话号码")
        Pers. Pos = InputBox("请输入邮政编码")
        RecNum = RecNum + 1           '记录数增 1
        Put ♯1, RecNum, Pers
        asp = InputBox("More(Y/N)?")  '通过输入对话框询问是否再插入新记录
    Loop While UCase(asp) = "Y"
    Close 1
End Sub


Private Sub cmdRead_Click()                  '读通讯录
    Open "file1. txt" For Random As ♯1 Len = Len(Pers)
    Cls
    RecNum = LOF(1) / Len(Pers)
    For i = 1 To RecNum
        Get ♯1, i, Pers
        Print Pers. Name; Pers. Tel; Pers. Pos
    Next i
    Close 1
End Sub
```

【例 9 - 13】　参照如图 9 - 10 所示的程序运行界面,窗体上有一个文本框 Text1,三个命令按钮"打开文件(Command1)"、"修改文件(Command2)"和"保存文件(Command3)"。

要求:单击"打开文件"按钮则弹出"打开"通用对话框,默认文件类型为"文本文件",默认目录为所保存文件目录。选中目录下的 Text1. txt 文本文件(如图 9 - 11 所示),单击"打开"按钮,则将文件中的内容读入并显示在文本框(Text1)中,单击"修改文件"按钮,则可将 Text1 中的大写字符"A"、"B"、"C"改成小写字符,将小写字符"a"、"b"、"c"改成大写字符;单击"保存文件"按钮,则弹出"另存为"对话框,默认文件类型为"文本文件",默认文件为"Text2. txt"(如图 9 - 12 所示),单击"保存"按钮则把 Text1 中修改后的内容存到 Text2. txt 中。

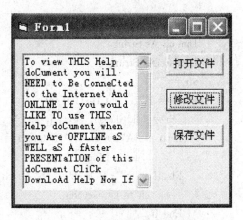

图 9 - 10　CommonDialog 应用

图 9‑11　"打开"对话框图　　　　　　　图 9‑12　"另存为"对话框

【程序分析】本题测试顺序文件的读写（Input、Print）操作和通用对话框 Filter、FilterIndex、ShowOpen、Action 等含义及应用。

【程序代码】如下：

```
Private Sub Command1_Click()
    Dim s As String
    CommonDialog1.Filter = "所有文件| * . * |文本文件| * . txt"   '设置默认文件类型
    CommonDialog1.FilterIndex = 2
    CommonDialog1.InitDir = App.Path            '设置默认目录
    CommonDialog1.ShowOpen                       '显示"打开"（Open）对话框
    Open CommonDialog1.FileName For Input As #1
    Input #1, s
    Close #1
    Text1.Text = s
End Sub


Private Sub Command2_Click()
    Dim ch As String
    Dim str As String
    str = ""
    For i = 1 To Len(Text1.Text)
        ch = Mid(Text1.Text, i, 1)
        If ch = "A" Or ch = "B" Or ch = "C" Then
                ch = LCase(ch)
        ElseIf ch = "a" Or ch = "b" Or ch = "c" Then
                ch = UCase(ch)
        End If
    str = str & ch
    Next
    Text1.Text = str
```

End Sub

Private Sub Command3_Click()
　　CommonDialog1. Filter = "文本文件| * . txt|所有文件| * . * "
　　CommonDialog1. FilterIndex = 1
　　CommonDialog1. FileName = "Text2. txt"
　　CommonDialog1. InitDir = App. Path
　　CommonDialog1. Action = 2　　　　　　　　'显示"另存为"(Save As)对话框
　　Open CommonDialog1. FileName For Output As ♯1
　　Print ♯1, Text1　　　　　　　　　'把修改后的 Text1 文本框内容写到文件中
　　Close ♯1
End　Sub

9.5　本章小结

　　文件是指存放在外部存储介质上的数据和程序的集合,在计算机系统中,用户可以对文件进行各种各样的处理和操作,文件操作是程序设计的一个重要组成部分。在程序设计中,对文件的处理主要涉及文件的创建与打开、文件读写以及文件关闭等操作。Visual Basic 具有较强的文件处理能力,它不仅为用户提供了大量与文件操作有关的语句和函数,而且还提供了可视化的文件系统控件。本章主要介绍三种访问文件模式,及其对不同访问文件模式采用不用的打开和读写具体操作方式,文件系统控件和对话框。了解文件的结构与分类,重点掌握顺序、随机文件的读写操作,文件常用操作命令语句和函数。

9.6　习题

9.6.1　选择题

　　(1) 下面关于顺序文件的描述,正确的是(　　)。

　　A. 每条记录的长度必须相同

　　B. 可通过编程对文件中的某条记录方便地修改

　　C. 数据只能以 ASCII 码形式存放在文件中,所在可通过文本编辑软件显示

　　D. 文件的组织结构复杂

　　(2) 下面关于随机文件的描述,不正确的是(　　)。

　　A. 每条记录的长度必须相同

　　B. 一个文件中记录号不必唯一

　　C. 可通过编程对文件中的某条记录方便地修改

　　D. 文件的组织结构比顺序文件复杂

　　(3) 下列有关文件的说法正确的是(　　)。

　　A. 打开随机文件时,参数 Len 的值可任意设置

　　B. 若以 Output、Append、Random 或 Binary 方式打开一个不存在的文件系统会出错

　　C. 在 Input 方式下,不能使用不同文件号同时打开同一个文件

　　D. 在一个过程中,一个文件号有可能被用于打开不同的文件

　　(4) 在窗体上放置了 DriveListBox、DirListBox 和 FileListBox 三个控件,下面(　　)语句一定不会改

变相应控件的 Path 属性或 Drive 属性。

  A. Drive1. ListIndex＝2   B. Dir1. ListIndex＝－2

  C. File1. FileName＝"a:\ *. *"   D. File1. Path＝Drive1. Drive

  (5) 执行赋值语句( )后,会触发相应控件的 Change 事件(控件名均为缺省名)。

  A. Dir1. ListIndex ＝ －2   B. Drive1. ListIndex ＝ 2

  C. List1. ListIndex ＝ 3   D. File1. ListIndex ＝ 3

  (6) 窗体上放置有名为 Drive1 与 Dir1 的驱动器列表框,需要在选定驱动器列表框中的列表项时目录列表框中的内容随之改变,正确的语句及语句的位置是( )。

  A. Dir1. Path ＝ Drive1. Path   '位于 Drive1_Change()过程

  B. Dir1. Path ＝ Drive1. Path   '位于 Dir1_Change()过程

  C. Dir1. Path ＝ Drive1. Drive   '位于 Drive1_Change()过程

  D. Dir1. Path ＝ Drive1. Drive   '位于 Dir1_Change()过程

  (7) 下面有关文件管理控件的说法正确的是( )。

  A. ChDir 语句的作用是指明新的缺省工作目录,同时也改变目录列表框的 Path 属性值

  B. 改变文件列表框的 FileName 属性值,仅改变列表框中显示的文件名,不会引发其他事件

  C. 改变驱动器列表框的 ListIndex 属性值,会改变 Drive 属性值并触发 Change 事件

  D. 单击目录列表框中某一项,会触发 Change 事件

  (8) 窗体上有一个名称为 Text1 的文本框和一个名称为 Command1 的命令按钮。要求程序运行时,单击命令按钮,就可以把文本框中的内容写到文件 file1. txt 中,每次写入的内容附加到文件原有内容之后。下面能够实现上述功能的程序是( )。

  A. Private Sub Command1_Click()   B. Private Sub Command1_Click()

    Open "file1" For Inpit As #1   Open "file1" For Outpit As #1

    Print #1, Text1. Text   Print #1, Text1. Text

    Close #1   Close #1

    End Sub   End Sub

  C. Private Sub Command1_Click()   D. Private Sub Command1_Click()

    Open "file1" For Append As #1   Open "file1" For Random As #1

    Print #1, Text1. Text   Print #1, Text1. Text

    Close #1   Close #1

    End Sub   End Sub

  (9) 下列( )说法是不正确的。

  A. 当程序正常结束时,所有没有 Close 语句关闭的文件都会自动关闭

  B. 在关闭文件或程序结束之前,可以不用 Unlock 语句对已锁定的记录解锁

  C. 可以用不同的文件号打开同一个随机文件

  D. 用 Output 模式打开一个顺序文件,即使不对它进行写操作,原来内容也被清除

  (10) 以下叙述中错误的是( )。

  A. 顺序文件中的数据只能按顺序读写

  B. 对同一个文件,可以用不同的方式和不同的文件号打开

  C. 执行 Close 语句,可将文件缓冲区中的数据写到文件中

  D. 随机文件中各记录的长度是随机的

  (11) 假定在工程文件中有一个标准模块,其中定义了如下记录类型:

Type Books

  Name As String * 10

TelNum As String * 20

End Type

要求当执行事件过程 Command1_Click 时,在顺序文件 student. txt 中写入一条记录。下列能够完成该操作的事件过程是(   )。

A. Private Sub Command1_Click()

　　Dim B As Book

　　Open " d:\ student. txt " For Input As #1

　　Name = InputBox("输入姓名")

　　TelNum = InputBox("输入电话号码")

　　Print　#1, B. Name, B. TelNum

　　Close #1

　　End Sub

B. Private Sub Command1_Click()

　　Dim B As Books

　　Open " d:\ student. txt " For Input As #1

　　B. Name = InputBox("输入姓名")

　　B. TelNum = InputBox("输入电话号码")

　　Print #1, B. Name, B. TelNum

　　Close #1

　　End Sub

C. Private Sub Command1_Click()

　　Dim B As Books

　　Open " d:\ student. txt " For Output As #1

　　Name = InputBox("输入姓名")

　　TelNum = InputBox("输入电话号码")

　　Write #1, B

　　Close #1

　　End Sub

D. Private Sub Command1_Click()

　　Dim B As Books

　　Open "d:\ student. txt" For Output As #1

　　B. Name = InputBox("输入姓名")

　　B. TelNum = InputBox("输入电话号码")

　　Write #1, B. Name, B. TelNum

　　Close #1

　　End Sub

(12) 在窗体上有两个名称分别为 TextA、TextB 的文本框,一个名称为 Command1 的命令按钮。运行后的窗体外观如图 9-15 所示。

设有如下的类型和变量声明:

Private Type Person

　name As String * 10

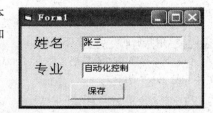

图 9-13

```
    major As String * 18
End Type
Dim p As   srudent
```

设文本框中的数据已正确地赋值给 srudent 类型的变量 p，当单击"保存"按钮时，能够正确地把变量中的数据写入随机文件 TestB. dat 中的程序段是(　　　)。

A.　Open "d:\ TextB. dat" For Output As #1

　　Put #1, 1, p

　　Close #1

B.　Open " d:\ TextB. dat " For Random As #1

　　Get #1, 1, p

　　Close #1

C.　Open " d:\ TextB. dat " For Random As #1 Len＝Len(p)

　　Put #1, 1, p

　　Close #1

D.　Open " d:\ TextB. dat " For Random As #1 Len＝Len(p)

　　Get #1, 1, p

　　Close #1

(13) 在窗体上添加一个通用对话框，其名称为 CommonDialog1 ，然后添加一个命令按钮，并编写如下事件过程：

```
Private Sub Command1_Click()
        CommonDialog1. Filter＝"AllFiles( * . * )| * . * |TextFiles"&" _( * . txt)| * . txt|Executable
_Files( * . exe)| * . exe"
        CommonDialog1.  Filterindex＝3
        CommonDialog1.  Show Open
        MsgBox CommonDialog1.  FileName
End Sub
```

程序运行后，单击命令按钮，将显示一个"打开"对话框，此时在"文件类型"框中显示的是(　　　)。

A.　Executable Files(* . exe)

B.　Text files(* . txt)

C.　ll Files(* . *)

D.　不确定

9.6.2　填空题

(1) 在使用随机文件时，一个记录中数据类型不完全相同，为了方便地完成数据存取，最好使用_____的变量。

(2) 在 Visual Basic 中，按照文件的访问方式可以将文件分为三种，分别为_____、_____、_____。

(3) 使用 Get 语句时，其后的变量类型一定要与_____的类型一致。Put 语句中，可以省略_____，但其后的_____不能省。

(4) 下面程序的功能是把文件 file1. txt 中重复字符去掉后(即若有多个字符相同，则只保留 1 个)写入文件 file2. txt。请填空。

```
Private Sub Command1_Click()
    Dim inchar AS String, temp AS String, outchar AS String
```

```
        Outchar=""
        Open "file1. txt" For Input   AS  ＃1
        Open "file2. txt"For  Output  AS  ＃2
    n=_____
    inchar=Input $ (n,1)
    For k=1 To n
    temp =Mid(inchar,k,1)
        If  InStr(outchar,temp)= 0  Then
            outchar=_____
        End If
        Next k
        print ＃2,_____
        close ＃2
        close ＃1
    End Sub
```

(5) 在窗体上添加一个通用对话框,其名称为 CommonDialog1,然后添加一个命令按钮,并编写如下事件过程:

```
    Private Sub Command1_Click()
        CommonDialog1. Filter="All Files( ＊ . ＊ )| ＊ . ＊ Text Files"&_
            "( ＊ . txt)| ＊ . txt| Executable Files( ＊ . exe)| ＊ . exe"
        CommonDialog1. Filterindex=3
        CommonDialog1. Show Open
        MsgBox CommonDialog1. FileName
    End Sub
```

程序运行后,单击命令按钮,将显示一个"打开"对话框,此时在"文件类型"框中显示的是_____。

(6) 在窗体上添加一个命令按钮和一个文本框,其名称分别为 Command1 和 Text1 ,然后编写如下事件过程:

```
    Private Sub Command1_Click()
        Dim inData As String
        Text1. Text=" "
        Open "d:\Myfile. txt" for _____As ＃1
        Do While _____
            Input ＃ 1 , _____
            Text1. Text=Text1. Text+inData
        Loop
        Close ＃1
    End Sub
```

程序的功能是打开 D 盘根目录下的文本文件 Myfile. txt,读取它的全部内容并显示在文本框中。请填空。

(7) 在窗体上添加一个命令按钮和一个文本框,其名称分别为 Command1 和 Text1,然后编写如下代码:

```
    Dim SaveAll As String
    Private Sub Command1_Click()
        Text1. Text=Left(UCase(SaveAll),4)
```

```
End Sub
Private Sub Text1_KeyPress(KeyAscii As Integer)
    SaveAll＝SaveAll＋Chr(KeyAscii)
End Sub
```
程序运行后,在文本框中输入 abcdefg 并单击命令按钮,则文本框中显示的内容是_____。

9.6.3　简答题

(1) Open 语句中 For 子句的作用是什么?

(2) 文件一般有哪些类型?

(3) 顺序文件和随机文件有什么区别和特点?

(4) 文件存取的基本步骤是什么?

(5) 随机文件存储什么样的数据? 对它进行读、写和修改操作应注意些什么?

(6) 文件系统的 Path 属性、Drive 属性、FileName 属性、Patten 属性特点和设置状态如何?

(7) LOF、FileLen 和 FreeFile 函数的作用是什么?

9.6.4　编程题

(1) 分别用顺序访问方式、二进制访问方式实现文件的复制。

(2) 编写超市货物价格管理程序,实现下列功能:

① 建立一个记录文件、每个记录由货品号、生产日期、生产地点、价格组成。

② 对此文件添加新纪录。

③ 删除一个记录。

④ 按货品号查询记录,并显示是否找到记录。

⑤ 指定查找记录并插入新记录。

(3) 使用驱动器列表框、目录列表框、文件列表框,查找图片文件(扩展名为. wmf 和. bmp 文件),然后将找到并选中的文件在图片框中进行浏览。

(4) 编写程序,统计 MyFile. txt 文件中字符"A"(包括大小写字母)的数量,并将统计的结果写入文本文件中。

(5) 编写程序,利用通用对话框打开、保存文本文件,统计该文本文件中"空格"的个数,并保存到指定文件中。

(6) 编写程序,完成两个文件的合并。

第10章 图形操作

10.1 坐标系统

在 VB 中,每个对象定位于存放它的容器内,对象定位都要使用容器的坐标系。例如,窗体处于屏幕(Screen)内,屏幕是窗体的容器;在窗体内绘制对象,窗体就是容器;如果在图形框内绘制图形,该图形框就是容器。

Visual Basic 的坐标系统是指在屏幕(screen)、窗体(form)、容器(container)上定义的表示图形对象位置的平面二维格线,一般采用坐标(x, y)的形式定位。

10.1.1 缺省坐标系

VB 默认的坐标与我们熟悉的数学坐标系不同。任何容器的缺省坐标系统,都是从容器的左上角(0,0)坐标开始的,横向向右为 X 轴的正向,纵向向下则为 Y 轴的正向,如图 10-1 所示。坐标系包括三个要素:坐标原点、坐标度量单位、坐标轴的长度与方向。坐标度量单位由容器对象的 ScaleMode 属性决定,ScaleMode 属性设置见表 10-1 所示。

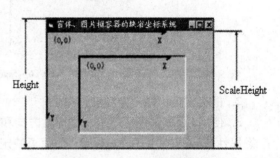

图 10-1 缺省的坐标系统

表 10-1 ScaleMode 属性设置

属性值	描 述
0 – User	自定义坐标系统
1 – Twip	缇(缺省值,1 cm=567 twips,1 inch=1 440 twips)
2 – Point	磅(1 inch=72 points)
3 – Pixel	像素(显示器分辨率的最小单位)
4 – Character	字符(水平每个单位=120 twips,垂直每个单位=240 twips)
5 – Inch	英寸
6 – Millimeter	毫米
7 – Centimeter	厘米

ScaleMode 属性默认单位为 Twip,这一度量单位规定的是对象打印时的大小,屏幕上的实际物理距离则根据监视器的大小及分辨率的变化而变化。无论采用哪一种坐标单位,其坐标原点都设在左上角,X 轴正向水平向右;Y 轴正向垂直向下。

10.1.2 自定义坐标系

1. 使用 Scale 属性重新定义坐标原点

属性 ScaleTop、ScaleLeft 的值用于控制对象左上角坐标,所有对象的 ScaleTop、ScaleLeft 属性的缺省值为 0,坐标原点在对象的左上角,如图 10-2 所示。ScaleTop=N,表示将 X 轴向 Y 轴的负方向平移 N 个单位,ScaleTop=-N,表示将 X 轴向 Y 轴的正方向平移 N 个单位。同样,ScaleLeft 的设置值可向左或向右平移坐标系的 Y 轴。

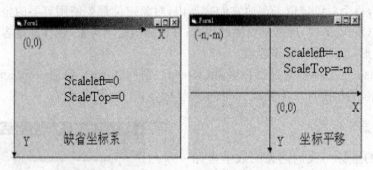

图 10-2　用 ScaleTop,ScaleLeft 属性设置坐标原点

2. 重定义坐标轴方向和度量单位

3. 使用 Scale 属性重新定义坐标轴方向和度量单位

属性 ScaleWidth、ScaleHeight 的值可确定对象坐标系 X 轴与 Y 轴的正向及最大坐标值。缺省时其值均大于 0,此时,X 轴的正向向右,Y 轴的正向向下。对象右下角坐标值为 (ScaleLeft+ScaleWidth,ScaleTop+ScaleHeight)。如果 ScaleWidth 的值小于 0,则 X 轴的正向向左,如果 ScaleHeight 的值小于 0,则 Y 轴的正向向上,如图 10-3 所示。

如图 10-4 所示的坐标系,将窗体的坐标系统的原点定义在其中心,X 轴的正向向右,Y 轴的正向向上,窗体高与宽分别为 200 和 300 单位长度。通过设置属性 Form1.ScaleLeft = -150,Form1.ScaleTop = 100,Form1.ScaleWidth = 300,Form1.ScaleHeight = -200 即可实现。

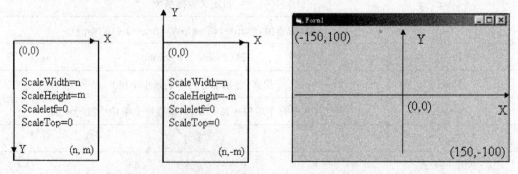

图 10-3　用 ScaleWidth,ScaleHeight 属性确定坐标轴方向   **图 10-4　自定义坐标系**

4. 利用 Scale 方法设置坐标系

[对象.]Scale[(xLeft,yTop)-(xRight,yBottom)]

其中,对象可以是窗体、图形框或打印机,如果省略对象名,则对象为当前窗体。

设置如图 10-4 所示坐标系,使用 Scale 方法:Form1.Scale(-150,100)-(150,100)。

当 Scale 方法不带参数时,取消用户定义的坐标系,采用缺省坐标系。

10.2 色彩

10.2.1 色彩常量

在 Visual Basic 编程中,颜色使用恰当,能够使程序锦上添花。VB 提供了多种获得所需颜色的方法。

1. 使用系统提供的颜色常数

在 VB 系统中已经预先定义了常用颜色的颜色常数,见表 10-2 所示,用户可以直接使用。例如语句 BackColor=vbRed 表示将窗体背景色指定为红色。

表 10-2 系统提供的颜色常数

常　数	描　述	常　数	描　述
vbBlack	黑色	vbBlue	蓝色
vbRed	红色	vbMagenta	洋红
vbGreen	绿色	vbCyan	青色
vbYellow	黄色	vbWhite	白色

2. 直接使用 Long 型颜色值

使用六位十六进制长整型代码表示,格式为 &HBBGGRR。其中,BB 指定蓝色的值,GG 指定绿色的值,RR 指定红色的值,每个数值段都是两位十六进制数,即从 00～FF。例如语句:Form1.BackColor = &HFF0000 表示将窗体背景色指定为蓝色。

10.2.2 色彩函数

VB 提供了 RGB 和 QBColor 两个颜色函数。RGB 函数返回一个 Long 整数,用来表示一个 RGB 颜色值,格式为:RGB(red,green,blue)。其中参数 red,green,blue 的数值范围分别为 0～255。例如语句:Label1.ForeColor=RGB(255,0,0) 表示将标签的前景色设定为红色。常见的标准颜色值见表 10-3 所示。

表 10-3 常见的标准颜色值

颜　色	红色值	绿色值	蓝色值
黑色	0	0	0
蓝色	0	0	255
绿色	0	255	0
青色	0	255	255
红色	255	0	0
洋红色	255	0	255
黄色	255	255	0
白色	255	255	255

QBColor 可以选择 16 种颜色,格式为:QBColor(color),其中:color 参数是一个界于

0~15的整型数,分别代表 16 种颜色,例如 QBColor(0)表示黑色,QBColor(1)表示蓝色,QBColor(2)表示绿色,QBColor(7)表示白色,QBColor(15)表示亮白色。

10.3 图形控件

为了在应用程序中创作图形效果,Visual Basic 提供了四种图形控件以简化与图形有关的操作,即 PictureBox 控件、Image 控件、Shape 控件和 Line 控件。其中 PictureBox 控件、Image 控件在本教材常用控件部分已有介绍。对于线与形状控件的使用,用户可以迅速地制作简单的线与形状并将之打印输出。与其他大部分控件不同的是,这两种控件不会响应任何事件,它们只能用来显示或打印。

10.3.1 Line 控件

当需要在窗体上添加简单的线条时,就可利用这个控件在窗体上直接画出。利用直线控件,可以建立简单的直线,通过修改其属性,还可以改变直线的粗细、色彩,以及线型。

直线控件共有 12 种属性,可以在设计阶段就设置好其位置、长度、颜色、粗细以及线条类型等。直线控件的开始及结束坐标分别记录在 X1,Y1 及 X2,Y2 属性中,在运行阶段重新设置 X2 及 Y2,可以随机地改变线条的位置,具有动态的效果。

直线控件常用属性如下:

(1) BorderStyle 属性:返回或设置控件的边框样式,见表 10-4 所示。

(2) DrawMode 属性:用来设置控件的外观,有直线、虚线等几种形式。

(3) X1、Y1 属性:返回或设置控件的起点坐标。

(4) X2、Y2 属性:返回或设置控件的终点坐标。若某直线控件表示的是一条水平直线时,其 Y1 和 Y2 属性的值是相同的;若表示的是垂直则其 X1 和 X2 属性的值是相同的。

表 10-4 BorderStyle 属性取值

属 性 值	描　　述
0 - Transparent	透明线
1 - Solid	实线(默认)
2 - Dash	虚线
3 - Dot	点线
4 - Dash - Dot	点划线
5 - Dash - Dot - Dot	双点划线
6 - InsideSoilid	内收实线

10.3.2 Shape 控件

形状控件也是在窗体或容器控件中显示图形的,但它可以显示矩形、正方形、圆形等图形。形状控件的常用属性如下:

(1) BackColor 属性:设置图形的背景色。

（2）BackStyle 属性：设置图形的背景样式是否透明。

（3）BorderStyle 属性：设置图形边框的样式，有实线、虚线、点线、点划线等几种样式。其属性值与直线控件的 BorderStyle 属性值相同，见表 10-4 所示。

（4）FillColor 属性：设置图形内部的填充颜色。

（5）FillStyle 属性：设置图形内部的填充样式，如图 10-5 所示。

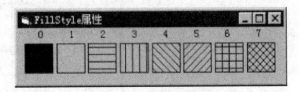

图 10-5   FillStyle 属性取值

（6）Height、Width、Left、Top 属性：返回或设置图形的大小及位置。

（7）Shape 属性：这是形状控件最重要的一个属性，是用来设置图形的样式。取值范围为 0~5，所显示的形状如图 10-6 所示。

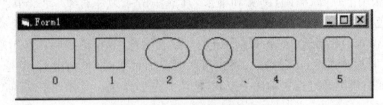

图 10-6   Shape 属性取值确定的

10.4 绘图方法

10.4.1 画点

用 Pset 方法画点。在指定对象（如窗体、图形框）上的指定位置处绘制点，还可以为点指定颜色，格式为：[对象名].Pset [step] (X, Y),[Color]。其中 X,Y 分别为点的水平与垂直坐标，Color 为点的颜色，是可选项。例如，设置窗体 Form1 上(400,500)处为红色，代码实现为 Form1.PSet (400,500), VbRed 。

10.4.2 画线

Line 方法用于画直线或者矩形，其语法格式为：[对象.] Line [[Step] (x1, y1)]—(x2, y2) [,颜色][,B[F]]。其中：对象可以是窗体或图形框。(x1, y1),(x2, y2)为线段的起终点坐标或矩形的左上角右下坐标。颜色为可选参数，指定画线的颜色，缺省时取对象的前景颜色，即 ForeColor；B 表示画矩形，F 表示用画矩形的颜色来填充矩形；关键字 Step 表示采用当前作图位置的相对值，即从当前坐标移动相应的步长后所得的点为画线起点。

需要注意的是，用 Line 画矩形框，如果不用其他参数，那么 B 与坐标(x2, y2)之间应该有两个逗点，一个是紧跟坐标，一个表示 Color 省略了。例如：Picture1.Line (500,500)—(1000,1000), ,B。

【例 10-1】 输出如图 10-7 所示图形。

【程序代码】如下：

```
Private Sub Form_Click()
    Scale (-20, 20)-(20, -20)
    DrawWidth = 3
    Line (0, 15)-(0, -15)
    Line (15, 0)-(-15, 0)
    For I = 0 To 12 Step 0. 01
        y = I * Sin(I)
        x = I * Cos(I)
        PSet (x, y)
    Next I
End Sub
```

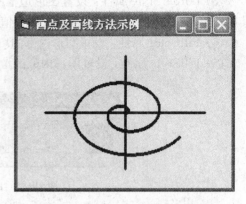

图 10-7　用 Pset 方法画点画线

10.4.3　画圆

　　Circle 方法用于画圆、椭圆、圆弧和扇形，其语法格式为：[对象.] Circle [[Step] (x, y), 半径[,颜色][,起始角][,终止角][,长短轴比率]]。其中(x, y)为圆心坐标，Step 表示采用当前作图位置的相对值；圆弧和扇形通过参数起始角，终止角控制。当起始角、终止角取值在 $0\sim2\pi$ 时为圆弧，当在起始角、终止角取值前加负号时，画出扇形，负号表示画圆心到圆弧的径向线；椭圆通过长短轴比率控制，默认值为 1，画圆。具体如图 10-8 所示。

图 10-8　用 Circle 方法画图

图 10-9　满天星程序设计

10.5　程序示例

【例 10-2】 在窗体上画出如图 10-9 所示的满天星。

【程序代码】如下：

```
Private Sub Timer1_Timer()
    Form1. BackColor = RGB(0, 0, 0)
    Form1. ForeColor = QBColor(Int(Rnd * 15 + 1))
    Form1. CurrentX = Rnd * Form1. Width
    Form1. CurrentY = Rnd * Form1. Height
    Form1. Print "★"
```

End Sub

【**例 10-3**】 在窗体上画出如图 10-10 所示的系列宽度递增的直线。

【**程序分析**】CurrentX,CurrentY 属性给出窗体或图形框或打印机在绘图时的当前坐标,这两个属性在设计阶段不能使用。DrawWidth 属性可以设置线条的粗细,点的大小,DrawWidth 属性值以像素为单位,取值范围为 1~32767,当数据取得很大时,可能一个点就能占满整个容器。

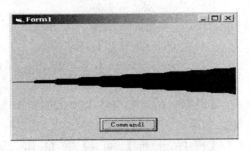

图 10-10 系列宽度递增的直线设计

【**程序代码**】如下:

```
Private Sub Command1_Click()
    CurrentX = 0
    CurrentY = ScaleHeight / 2
    For i = 1 To 60 Step 5
        DrawWidth = i
        Line -Step(ScaleWidth / 10, 0)
    Next i
End Sub
```

【**例 10-4**】 在图片框控件上按顺序产生如图 10-11 所示的六个图形。

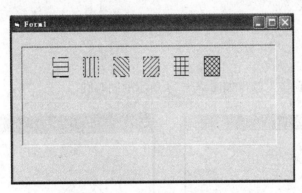

图 10-11 不同填充样式的矩形设计

【**程序代码**】如下:

```
Private Sub Timer1_Timer()
    Static i
    i = i + 1
    If i = 6 Then Timer1.Enabled = False
    Picture1.FillStyle = i + 1
    Picture1.DrawStyle = i
    Picture1.Line (800 * i, 250)-(800 * (i + 0.5), 750), , B
End Sub
```

【**例 10-5**】 在窗体上画出如图 10-12 所示的不同颜色的随机线。

【**程序代码**】如下:

```
Private Sub Timer1_Timer()
    x = 3200 * Rnd()
    y = 3200 * Rnd()
    colorcode = 15 * Rnd
    Line (0, 0)—(x, y), QBColor(colorcode)
End Sub
```

【例 10-6】 在窗体上画出如图 10-13 所示的等腰三角形。

【程序分析】 可根据窗体 ScaleWidth 和 ScaleHeight 属性确定三点位置,由于一条线的终点等价于另一条线的起点,因此除了第一条线以外,其他两条线均可用缺省起点的 Line 方法。

图 10-12 不同颜色的随机线设计

【程序代码】 如下:

```
Private Sub Command1_Click()
    Dim x1 As Integer, x2 As Integer, x3 As Integer
    Dim y1 As Integer, y2 As Integer, y3 As Integer
    x1 = ScaleWidth / 2: y1 = ScaleHeight / 5
    x2 = ScaleWidth / 5: y2 = ScaleHeight / 5 * 4
    x3 = ScaleWidth / 5 * 4: y3 = ScaleHeight / 5 * 4
    Line (x1, y1)—(x2, y2)
    Line —(x3, y3)
    Line —(x1, y1)
End Sub
```

【例 10-7】 在窗体上画出如图 10-14 所示的同心圆。

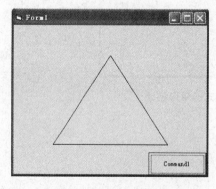

图 10-13 等腰三角形设计

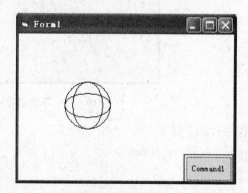

图 10-14 同心圆设计

【程序代码】 如下:

```
Private Sub Command1_Click()
    Circle (1500, 1500), 500
    Circle (1500, 1500), 500, , , , 0.5
    Circle (1500, 1500), 500, , , , 1.5
End Sub
```

【例 10 - 8】 根据绘图属性,画出如图 10 - 15 所示的扇形、椭圆、环。

【程序分析】对于圆环,没有单独语句,可用图形组合。

【程序代码】如下:

```
Private Sub Command1_Click()    '画扇形.
    FillStyle = 7
    FillColor = RGB(255, 0, 0)
    Circle (800, 1000), 800, , -0.0001, -3.14 * 2 / 3    '-0.0001是为了在0弧度上能画上横线
End Sub
Private Sub Command2_Click()    '画两个椭圆
    FillStyle = 1    '画一个红色点线的空心椭圆
    DrawStyle = 2: Circle (2300, 500), 400, vbRed, , , 2
    DrawStyle = 0    '恢复默认的线条样式
    FillStyle = 0    '画线宽3个像素,线条红色的一个实心黄椭圆
    DrawWidth = 3: FillColor = vbYellow
    Circle (2300, 1200), 400, vbRed, , , 0.5
    DrawWidth = 1    '恢复默认线宽
End Sub
Private Sub Command3_Click()    '绘制圆环
    FillStyle = 4    '画一个有填充的大圆
    FillColor = vbBlue: Circle (3500, 1000), 600, vbRed
    FillStyle = 0    '画一个实心的以背景色填充的同心小圆
    FillColor = BackColor: Circle (3500, 1000), 300, vbRed
End Sub
```

【例 10 - 9】 在窗体上画出如图 10 - 16 所示的余弦曲线。

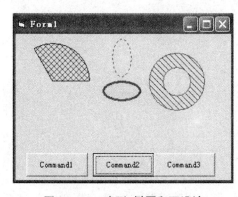

图 10 - 15 扇形、椭圆和环设计   图 10 - 16 余弦曲线设计

【程序代码】如下:

```
Private Sub Command1_Click()
    Const PI = 3.14
    Line (450, 1500)-(4000, 1500)
    Line (4000, 1500)-(3800, 1350)
    Line (4000, 1500)-(3800, 1650)
    Line (500, 500)-(500, 2500)
```

```
    Line (500, 500)－(350, 700)
    Line (500, 500)－(650, 700)
    For A = 0 To 360
        Y = (－1) * cos(A * PI / 180) * 500 + 1500
        X = A * 8 + 500
        PSet (X, Y), RGB(255, 0, 0)
    Next A
End Sub
```

【例 10－10】 编写如图 10－17 所示的模拟行星绕太阳运行的程序。

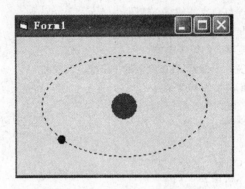

图 10－17　行星绕太阳运行设计

【程序分析】行星运动的椭圆方程为：x＝x0＋rx * cos(alfa)，y＝y0＋ry * sin(alfa)。其中，x0、y0 为椭圆圆心坐标，rx 为水平半径，ry 为垂直半径，alfa 为圆心角。

【程序代码】如下：

```
Dim pi As Double
Dim runTime As Double
Dim a As Single, b As Single
Dim cntX As Single, cntY As Single
Dim r As Single
Private WithEvents Timer1 As Timer
Dim tX As Single, tY As Single
Dim tStep As Single
Private Sub Form_Load()
    Me. ScaleMode = 3
    Me. AutoRedraw = True
    pi = Atn(1)
    Set Timer1 = Controls. Add("vb. timer", "Timer1")
    a = 100    '椭圆长轴
    b = 60     '椭圆短轴
    cntX = Form1. ScaleWidth / 2    '中心坐标 X
    cntY = Form1. ScaleHeight / 2   '中心坐标 Y
    r = 10     '圆半径
    Timer1. Interval = 50    '运动间隔(毫秒)
```

```
    tStep = pi / 10    '角度步长
    Timer1. Enabled = True
End Sub
Private Sub Timer1_Timer()
    runTime = runTime + 1
    Dim Arg As Double
    Arg = runTime * tStep
    tX = cntX + a * Cos(Arg)
    tY = cntY + b * Sin(Arg)
    Me. Cls
    Me. FillColor = vbRed
    Me. FillStyle = 0
    Me. Circle (cntX, cntY), 15, vbRed
    Me. DrawStyle = 2
    Me. FillStyle = 1
    Me. Circle (cntX, cntY), a, , , , b / a
    Me. DrawStyle = 0
    Form1. DrawWidth = 10
    Me. PSet (tX, tY), vbBlue
    Form1. DrawWidth = 1
End Sub
```

10.6   本章小结

本章主要介绍了 VB 两种坐标系统：缺省坐标系和自定义坐标系，VB 色彩常量和色彩函数的使用方法。重点讨论了 Line 和 Shape 两种图形控件的使用方法和画点、画线和画圆三种绘图方法的使用。通过实例重点讲述了如何利用图形控件和图形方法来绘制各种几何图形。

10.7   习题

10.7.1   单选题

(1) 坐标度量单位可通过(　　)来改变。

A. DrawStyle 属性　　　　　　　　　B. DrawWidth 属性
C. Scale 方法　　　　　　　　　　　D. ScaleMode 属性

(2) 以下的属性和方法中(　　)可重定义坐标系。

A. DrawStyle 属性　　　　　　　　　B. DrawWidth 属性
C. Scale 方法　　　　　　　　　　　D. ScaleMode 属性

(3) 当使用 Line 方法画线后，当前坐标在(　　)。

A. (0, 0)　　　　　　　　　　　　　B. 直线起点
C. 直线终点　　　　　　　　　　　　D. 容器的中心

(4) 执行指令"Circle (1000,1000),500,8,−6,−3"将绘制(　　)。

A. 画圆　　　　　　B. 椭圆　　　　　　C. 圆弧　　　　　　D. 扇形

(5) 执行指令"Line (1200,1200)—Step(1000,500),B"后,CurrentX=(　　)。

A. 2200　　　　　　　B. 1200　　　　　　　C. 1000　　　　　　　D. 1700

(6) 对象的边框类型由属性(　　)来决定。

A. DrawStyle　　　　　　　　　　B. DrawWidth

C. BorderSyle　　　　　　　　　　D. ScaleMode

(7) 命令按钮、单选按钮、复选框上都有 Picture 属性,可以在控件上显示图片,但需要通过(　　)来控制。

A. Appearance 属性　　　　　　　B. Style 属性

C. DisablePicture 属性　　　　　　D. DownPicture 属性

(8) Cls 命令可清除窗体或图形框中(　　)的内容。

A. Picture 属性设置的背景图案　　　B. 设计时放置的图片

C. 程序运行时产生的图形和文字　　　D. 以上全部选项

10.7.2　填空题

(1) 改变容器对象的 ScaleMode 属性值,容器的大小_____改变,它在屏幕上的位置不会改变。

(2) 容器的实际高度和宽度由_____和_____属性确定。

(3) 设 Picture1. ScaleLeft = −200, Picture1. ScaleTop = 250, Picture1. ScaleWidth = 500, Picture1. ScaleHeight=−400,则 Picture1 右下角的坐标为_____。

(4) 窗体 Form1 的左上角坐标为(−200, 250),窗体 Form1 右下角坐标为(300, −150)。X 轴的正向向_____,Y 轴的正向向上。

(5) 当 Scale 方法不带参数,则采用_____坐标系。

(6) 使用 Line 方法画矩形,必须在指令中使用关键字_____。

(7) 使用 Circle 方法画扇形,起始角、终止角取值范围为_____。

(8) Circle 方法正向采用_____时针方向。

(9) DrawStyle 属性用于设置所画线的形状,此属性受到_____属性的限制。

(10) Visual Basic 提供的图形方法有:_____清除所有图形和 Print 输出;_____画圆、椭圆或圆弧;_____画线、矩形、或填充框;_____返回指定点的颜色值;_____设置各个像素的颜色。

10.7.3　编程题

(1) 编写如图 10-18 所示的在窗体中间 1000 个同心多彩圆的代码。

提示:编写通用过程 PaintCircle:绘制彩色圆。

(2) 编写如图 10-19 所示的模拟单摆运动的程序。

提示:直线控件 Line1 为绳索,形状控件 Shape1 为球,定时器控件 Timer1 控制摆动。

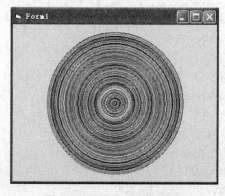
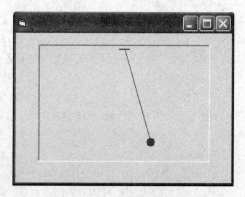

图 10-18　同心多彩圆设计　　　　　　　图 10-19　模拟单摆运动

(3) 使用绘线、绘圆、绘点的方法,编程实现如图 10 - 20 所示的房子和太阳图形。

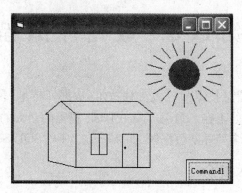

图 10 - 20 房子和太阳设计

提示:因为太阳周围要画出多条直线作为光,可将坐标系原点移到太阳的中心点上,循环完成光芒的绘制,其他直线在确定坐标点后,再一条一条画。

第 11 章　数据库编程

　　数据库技术是现代信息技术的三大支柱技术(数据库技术、多媒体技术、网络技术)之一,数据库技术的应用无处不在。利用 Visual Basic 提供的强大的数据库存取功能,用户可以更加灵活、方便地访问多种外部数据源,如 Access、VFP、SQL Server、Oracle 等。

11.1　数据库的基本概念

11.1.1　数据与信息

1. 数据(Data)

　　数据是人们为了反映客观世界事物而记录下来的可被识别的物理符号,如文字、数字、图表、图形、图片、声音等。

2. 信息(Information)

　　信息是指具有一定含义的、经过加工的能对接收者的行为和决策产生影响,具有现实的或潜在的价值的数据,例如邮件、短信、广播、电视等都是信息的具体表达方式。

3. 数据和信息的关系

　　信息是现实世界中的事物反映到人们头脑并经过识别、选择、命名和分类等综合分析形成印象和概念并产生的认识。数据是现实世界中的客观现象经过信息抽象后的表示形式。数据与信息之间的关系可以表示为: 信息＝数据＋数据处理。

11.1.2　数据库与数据库系统

1. 数据库(DataBase)

　　数据库是指以一定的组织形式存放在计算机硬盘上的相互关联的可共享的数据集合。

2. 数据库系统(DataBase System)

　　主要包括计算机系统、数据库、数据库管理系统、数据库应用系统和管理数据库的相关人员。

　　(1) 数据库管理系统(DBMS)

　　数据库管理系统是数据库系统的核心,它是位于用户与操作系统之间的一个数据管理软件。它的基本功能主要包括定义数据、操作数据、管理数据、建立和维护数据等。如 Sybase、Oracle、SQL Server、Access、Visual FoxPro 等数据库管理系统。

　　(2) 数据库应用系统

　　数据库应用系统是指系统开发人员利用数据库管理系统提供的命令编写、开发出来的,面向某一类实际应用的应用软件系统。例如: 教学管理系统、财务管理系统、人事管理系统、学生成绩管理系统等。

11.1.3　关系数据模型及关系数据库

1. 关系数据模型

关系数据模型是在层次模型和网状模型基础上发展起来的一种数据模型,它是以二维表的形式表示实体和实体之间的联系。关系数据模型的内容主要包括:数据结构、数据操作及其数据约束条件。

关系数据模型的几个基本概念:

(1) 关系:一个关系就是一张二维表,每个关系都有一个关系名,即数据表名。

(2) 元组:表中的行称为元组,一行就是一个元组,对应表中一条记录。

(3) 属性:表中的列称为属性,即字段。字段名称为属性名,字段值称为属性值。

(4) 域:属性的取值范围,例如:学生成绩在 0~100 分之间。

(5) 关键字:表中可以唯一标志元组的属性(或属性组),如:学生学号、身份证号等。

(6) 索引:为了提高数据库的访问效率,表中的记录应该按照一定顺序排列,通常建立一个较小的表——索引表,该表中只含有索引字段和记录号。通过索引表可以快速确定要访问记录的位置。

2. 关系型数据库

关系数据模型对应的数据库称为关系型数据库,目前较为流行的数据库,如 Oracle、SQL Server、Access、Visual FoxPro 等都是关系型数据库。关系数据库中的关系,即二维表必须具备以下几个特点:

(1) 每个属性必须是原子的,即每个字段不能再细分为若干个字段。

(2) 在同一个关系中不允许出现完全相同的列。

(3) 在同一个关系中也不允许出现完全相同的行。

(4) 在同一个关系中行和行交换、列和列交换位置不影响表的内容。

11.1.4　SQL 语言

SQL(Structure Query Language,结构化查询语言),是目前各种关系型数据库管理系统广泛采用的数据库语言,它现在已经成为国际标准的数据库语言。SQL 语言由各种命令、子句、运算和函数等组成,利用它们可以组成所需要的语句,以建立、更新和处理数据库中的数据。下面介绍几种常用的 SQL 语句:

1. 建立表

语句格式:CREATE TABLE 表名(字段名 1 数据类型[(长度)],字段名 2 数据类型[(长度)],……)

例如:建立一个表名为 xs 的数据表,表中含有两个字段,分别为 sno(学号)、sname(姓名)。

CREATE TABLE xs(sno Text(11),sname Text(10))

2. 添加字段

语句格式:ALTER TABLE 表名 ADD COLUMN 字段名数据类型[(长度)]

例如:在 xs 表中,增加一个"ssex"即"性别"的字段。

ALTER TABLE xs　　ADD COLUMN ssex Text(2)

3. 删除字段

语句格式：ALTER TABLE 数据表名 DROP COLUMN 字段名

例如：删除 xs 表中的"性别"字段。

ALTER TABLE xs   DROP COLUMN ssex

4. 数据查询

语句格式：SELECT 字段名列表

　　　　　FROM 表名列表

　　　　　WHERE 条件表达式

　　　　　GROUP BY 字段名列表

　　　　　HAVING 条件表达式

　　　　　ORDER BY 字段名列表 [ASC]DESC]

各字段的含义如下：

SELECT：用于查找符合条件的记录。

FROM：用于指定数据所在的数据表。

WHERE：用于指定数据需要满足的条件。

GROUP BY：将选定的记录分组。

HAVING：用于说明每个组需要满足的条件。

ORDER BY：用于确定排序情况。ASC 表示结果按升序排列，DESC 表示结果按降序排列，若省略 ASC 或 DESC，则默认按升序排列。

例如：查询 xs 表中，所有性别为"男"的记录。

SELECT * FROM xs   WHERE ssex="男"

"*"代表数据表中的所有字段，在 SELECT 语句中，也可以加入 INTO 子句，把查询结果查询存放到一个新的数据表中。

例如：SELECT * INTO student FROM student WHERE ssex="女"

5. 添加记录

语句格式：INSERT INTO 表名[(字段名 1,字段名 2,……)] VALUES(数据 1,数据 2,……)

例如：向 xs 表中增加一条记录：学号为"99009"，姓名为"李杨"，性别为"女"。

INSERT INTO xs(sno,sname,ssex)   VALUES (99009,"李杨","女")

6. 删除查询结果

语句格式：DELETE FROM 表名 WHERE 条件表达式

例如：删除 student 表中性别为"男"的记录。

DELETE FROM student WHERE ssex="男"

7. 更新查询结果

语句格式：UPDATE 表名 SET 字段名 1＝新数据值 1[,字段名 2＝新数据值 2][,……]

WHERE 条件表达式

例如：将 xs 表中姓名"李杨"改为"杨杨"

UPDATE xs SET sname="李杨" WHERE sname="杨杨"

需要特别说明的是,SQL 语句在 Visual Basic 中执行,是通过把整个 SQL 语句作为对象如 Database、QueryDef 或 ADO 对象的 Excute 方法的参数来使用的。SQL 语句往往由相应的数据库管理系统具体解释执行的,因此 SQL 语句的书写应符合该数据库管理系统的语法要求。

11.2　数据库的创建

要使用数据库编程,首先需要创建数据库。一般来说,如果要开发一个小型数据库系统,用 Access 数据库比较合适,要开发大、中型的数据库系统用 ODBC(开放式数据库互联)数据库更为适宜,如 Microsoft SQL Server 或 Oracle 数据库等,VB 默认的是 Access 数据库。创建 Access 数据库有两种方法:一是使用 VB 自带的可视化数据管理器直接创建;二是在 Microsoft Access 中建立数据库。

11.2.1　利用"可视化数据管理器"创建数据库

可视化数据管理器(Visual Data Manager)是 VB 提供的一个非常实用的、可视化的数据库管理工具。使用它可以非常方便地完成创建数据库、建立数据表、数据库查询等工作。使用 VB 的"可视化数据管理器"创建数据库的方法如下:

(1) 启动 VB,单击菜单【外接程序】,选择【可视化数据管理器】命令,在打开的【VisData】窗口中,单击菜单【文件】,选择【新建】|【Microsoft Access】|【Version 7.0 MDB】命令,操作过程如图 11-1 所示。

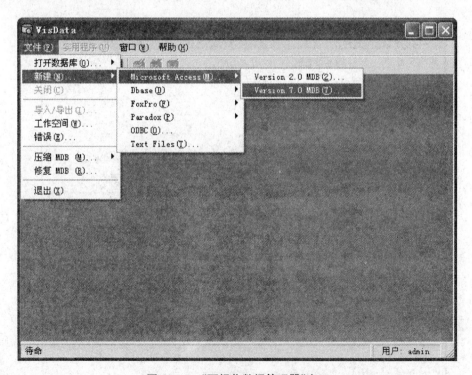

图 11-1　"可视化数据管理器"窗口

(2) 单击【Version 7.0 MDB】命令,在打开的对话框中选择数据库保存位置及名称,单击【保存】按钮后即可新建一个空数据库。在如图 11 - 2 所示的【数据库窗口】中鼠标右击，从弹出的菜单中选择【新建表】命令，弹出【表结构】对话框，如图 11 - 3 所示。

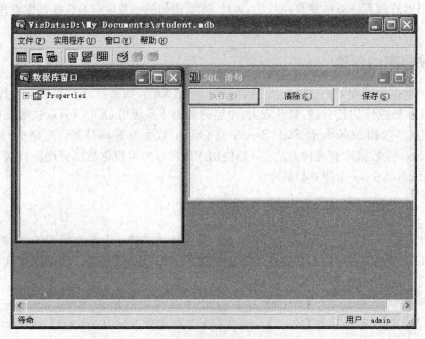

图 11 - 2　"数据库"窗口和"SQL 语句"窗口

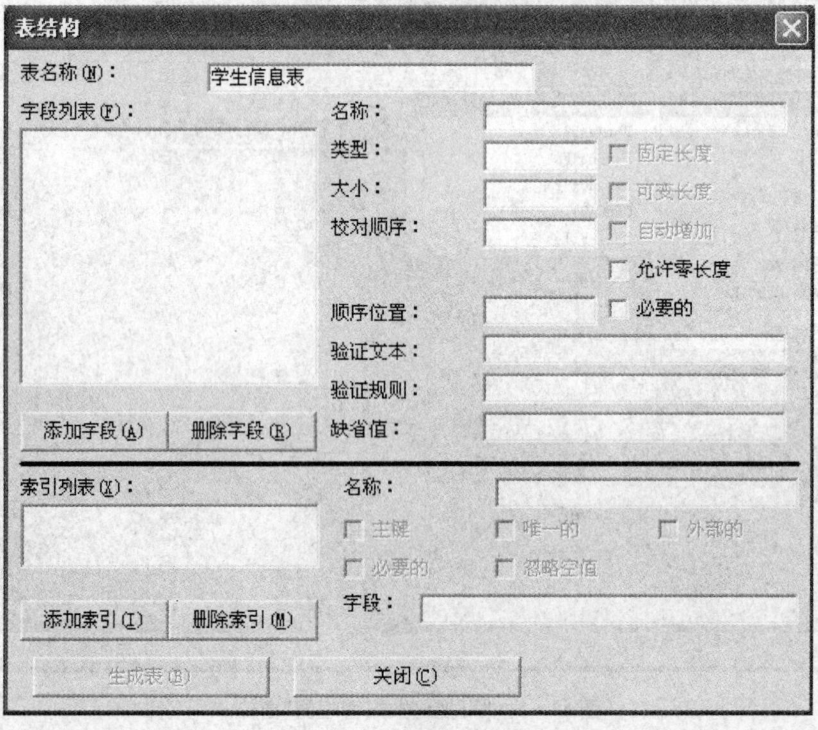

图 11 - 3　"表结构"对话框

（3）在"表结构"对话框中，单击"添加字段"按钮，打开"添加字段"对话框，如图 11-4 所示。在"添加字段"对话框中分别输入字段名称、类型、大小等信息，完成后单击"确定"按钮，继续添加下一个字段。如果全部添加完毕，则单击"关闭"按钮退出并返回到"表结构"对话框中。

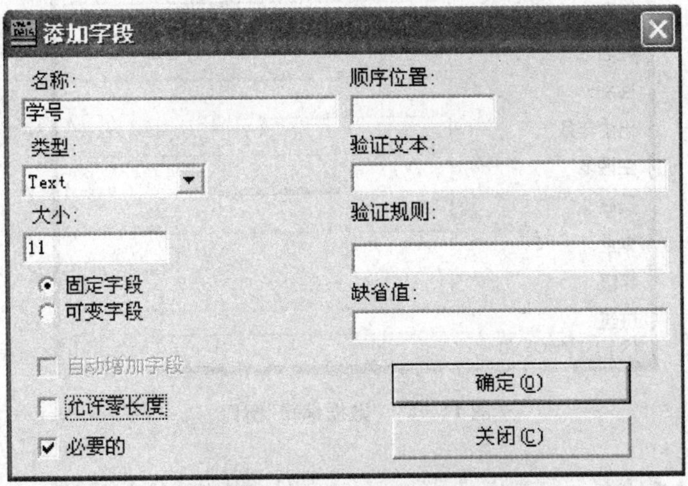

图 11-4　"添加字段"对话框

（4）返回到"表结构"对话框后，还需要为表创建一个索引（关键字）。单击"添加索引"按钮，打开如图 11-5 所示的对话框，从"可用字段"中选择要添加为索引的字段，然后在"名称"中输入索引的名称，单击"确定"按钮。

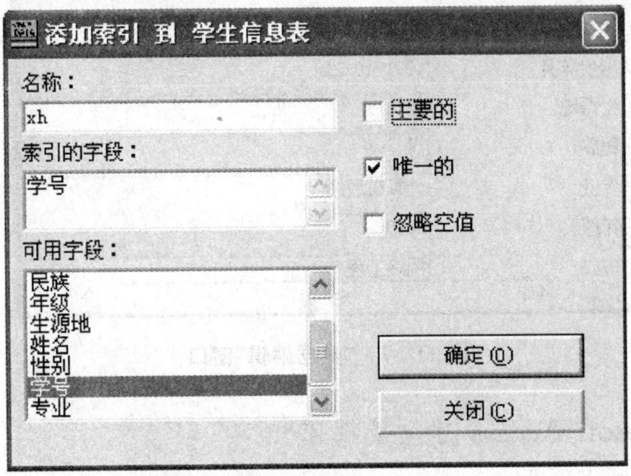

图 11-5　"添加索引"对话框

（5）返回到"表结构"对话框，添加的索引显示在"索引列表"中。最后单击"生成表"按钮，即可创建该表。

（6）在"数据库窗口"中双击新建的表，打开表的数据编辑窗口，如图 11-6 所示。单击"添加"按钮，在弹出的窗口中输入数据，然后单击"更新"按钮，完成一条记录的输入，如图 11-7 所示。重复此过程直到输入所有的记录后，单击"关闭"按钮。

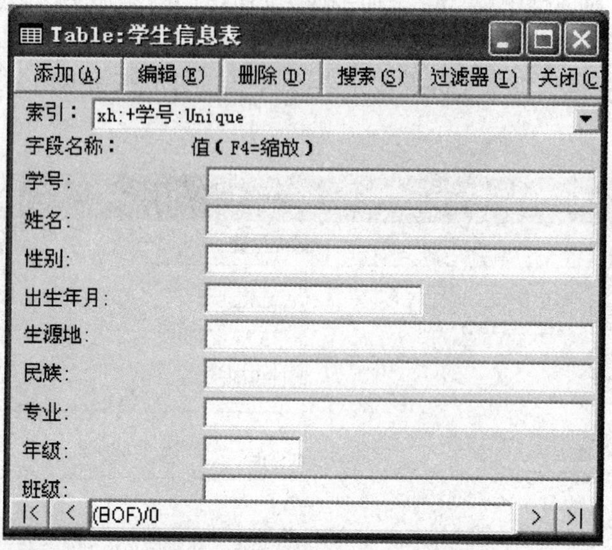

图 11 – 6　"数据编辑"窗口

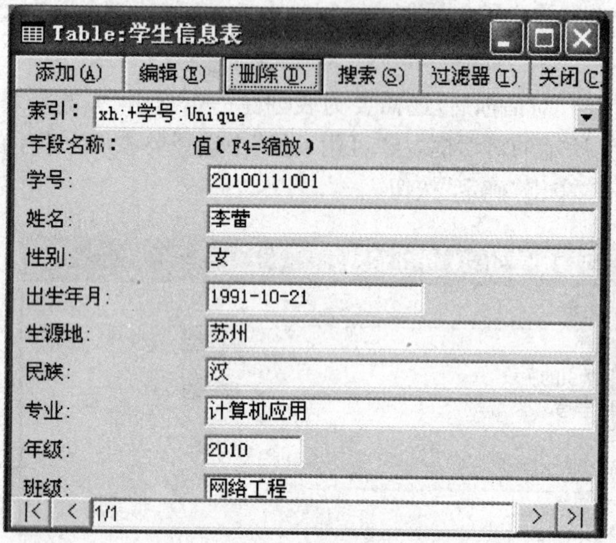

图 11 – 7　"数据编辑"窗口

11.2.2　用 Microsoft Access 建立数据库

现在简单介绍一下在 Access 2003 中创建数据库和创建表的过程。

1. 创建数据库

打开 Access 以后,可选中启动对话框中的"空 Access 数据库"单选按钮,再单击"确定"按钮,弹出"文件新建数据库"对话框;在对话框的"保存位置"框中选择数据库的存储位置,在"文件名"框中输入数据库文件名,然后单击"创建"按钮,即可在指定位置创建一个空白的 Access 数据库,如图 11 – 8 所示。

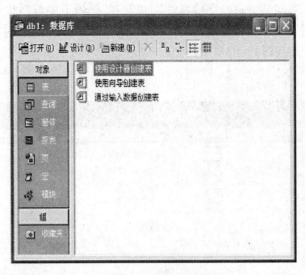

图 11 - 8　Access 数据库窗口

2. 创建表

创建表是数据库设计的首要任务。下面以创建学生成绩数据库为例,简单介绍创建"学生表"、"课程表"和"选课成绩表"的过程。

用户在 Access 中可以通过以下四种方法来创建表:一是单击数据库窗口中的"新建"按钮;二是选择"插入"菜单中的"表"选项;三是单击工具栏中"新对象"按钮右边的向下箭头,在下拉菜单中选取"表"选项;四是在数据库窗口的列表中选择相应的选项。

当用户按照上述前三种方法的任何一种来创建数据库表时,都会进入如图 11 - 9 所示的"新建表"对话框;在该对话框中,Access 为用户提供了五种方式来建立一个新表。下面介绍用"设计视图"方式来创建表的操作方法。

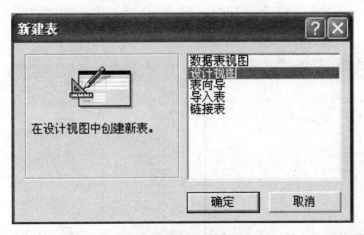

图 11 - 9　"新建表"对话框

在数据库窗口右边的对象列表框中双击"使用设计器创建表",或在"新建表"对话框中选择"设计视图",再单击"确定"按钮,则弹出"表1:表"窗口;在"字段名称"列中输入字段的名称,然后按 Enter 键,此时在"数据类型"列中显示一个向下箭头按钮,单击此按钮并在弹出的下拉菜单中选择字段类型;在"字段属性"的"常规"选项卡中可以设置"字段大小"、"格式"等属性;按照上述方法完成所有字段的设置后,执行"文件"菜单中的"保存"命令或单击工具栏中的"保存"按钮,在打开的对话框中输入"表名称",再单击"确定"按钮。创建好的表的结构如图 11-10 所示。

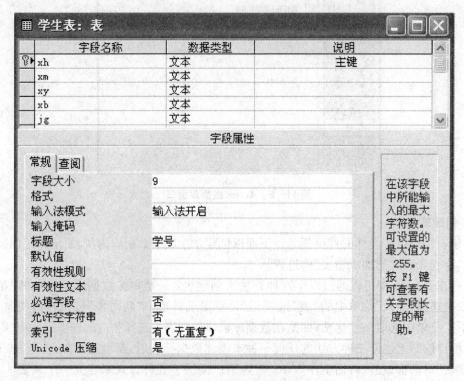

图 11-10 "学生表"表结构窗口

用同样的方法分别创建"课程表"和"选课成绩表",表结构分别如图 11-11 和图 11-12 所示。

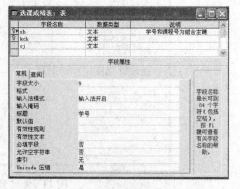

图 11-11 "课程表"表结构窗口   **图 11-12 "选课成绩表"表结构窗口**

(1) 向表中添加数据

向表中添加记录时,表必须处于打开状态,然后再向表中添加记录。

① 打开表

首先要打开数据库,然后单击数据库窗口中的"表"选项,在数据表列表中选择表,再单击"打开"按钮,进入"表"窗口。

② 为空表添加记录

将光标置于第一条记录第一个字段的开始处,向空表中输入第一条记录的第一个字段的内容,按回车键或 Tab 键,光标自动跳到下一个字段,再输入下一个字段的内容;每输完一条记录,按回车键或 Tab 键,光标自动跳到下一条记录的第一个字段的开始处,继续输入下一条记录。添加记录后的"学生表"如图 11-13 所示。以同样方法向刚创建的"课程表"和"选课成绩表"添加记录,如图 11-14 和图 11-15 所示。

图 11-13	图 11-14
"学生表"窗口	"课程表"窗口

(2) 建立表间关系

在 Access 数据库中为每个主题都设置了不同的表后,同时还要明确表间的"关系",否则,一个独立的数据表对于数据库的整体操作是没有什么真正用处的。为了实现这个目的,首先需要定义表间的关系,然后通过创建查询、窗体及报表来从多个表中显示信息。

在定义表间的关系之前,应该关闭所有要定义关系的表,因为不能在已打开的表之间创建关系或对关系进行修改。定义表间的关系后,必须在关闭该窗口之前保存"关系"窗口的布局。执行"文件"菜单中的"保存"命令实现保存。学生成绩数据库中各数据表的关系如图 11-16 所示。

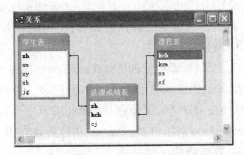

图 11-15 "选课成绩表"窗口　　　图 11-16 "学生成绩数据库"表关系窗口

11.3　使用数据控件访问数据库

数据控件是 VB 编程中访问数据库的强有力工具,它提供不需编制程序就能够访问已有数据库的功能,使开发数据库应用程序的复杂工作变得更为简单。VB 中的数据控件主要有 Data 和 Adodc 两类数据控件，数据控件也同 VB 中的其他控件一样，首先应在窗体中画出数据控件，然后通过对其属性的设置来连接数据库及数据库中的数据。

11.3.1　Data 控件

Data 数据控件 DAO(Data Access Objects,数据访问对象)数据控件的具体体现，Data 控件通过 MS Jet 数据库引擎来访问 Access,Visual FoxPro 等小型数据库，它是 VB 最早为用户提供的数据控件，通常用于单机版小型应用软件的开发中。

Data 控件是 VB 控件工具箱中的标准控件，在窗体上创建 Data 控件对象后，其默认的对象名为 Data1。

1.　Data 控件常用属性

（1）Connect 属性：Connect 属性用于指定 Data 控件连接的数据库类型，缺省 Access 数据库文件。

（2）DataBaseName 属性：DataBaseName 属性用于指定所连接数据库的路径和数据库名称。

（3）RecordSource 属性：RecordSource 属性用于指定 Data 控件所访问的数据库表或某条 SQL 语句。

（4）RecordsetType 属性：RecordsetType 属性用于指定 Data 控件连接的记录集类型，包括表、动态集、快照。如果使用 Microsoft Access 数据库，则应选择表类型。

（5）Readonly 属性：Readonly 属性用于设置 Data 控件记录集的只读属性。当 Readonly 属性设置为 True 时，记录集的只读属性为真，不能对记录集进行写操作。

（6）Exclusive 属性：Exclusive 属性用于设置被打开的数据库是否被独占，即已被打开的数据库是否允许被其他应用程序共享。若 Exclusive 属性设置为 True,表示该数据库被独占，此时其他应用程序将不能再打开和访问该数据库。

2.　Data 控件的常用方法

（1）Refresh 方法：如果数据控件在设计状态没有对控件的有关属性全部赋值，或当程序运行时 RecordSource 被重新设置后，必须用 Refresh 方法激活这些变化。

（2）UpdateControls 方法：UpdateControls 方法可以将数据从数据库中重新读到被 Data 数据控件绑定的控件内，以终止用户对绑定控件内数据的修改。

3.　数据绑定控件

在设置 Data 控件的 DataBaseName 属性和 RecordSource 属性之后，必须在窗体上添加数据绑定控件来显示数据库中的记录。常用的绑定控件有：标签、文本框、检查框、组合框、列表框、图片框、图像框、DBList、DBGrid,最后再设置这些绑定控件的 DataSource 属性和 DataField 属性。DataSource 属性必须在设计时通过属性窗口设置。

4.　数据访问

由于 Data 数据控件在默认的情况下所能使用的 Access 数据库版本较低，不能使用 Microsoft Access 2000 以上版本的数据库，因此本节不再对 Data 数据控件的使用作详细的介绍。

11.3.2 ADODC 控件

1. 加载 ADODC 数据控件

ADODC 控件不是 VB 的标准控件,若要使用该控件,必须先将该控件添加到 VB 的工具箱中。添加 ADODC 控件的方法是:在工具箱中的控件上或空白处单击鼠标右键,或通过单击 VB 窗口中的"工程"菜单,选择"部件"选项,在弹出的"部件"对话框的列表中选中 "Microsoft ADO Data Control 6.0(OLEDB)"前面的复选框,如图 11-17 所示,然后单击 "确定"按钮。

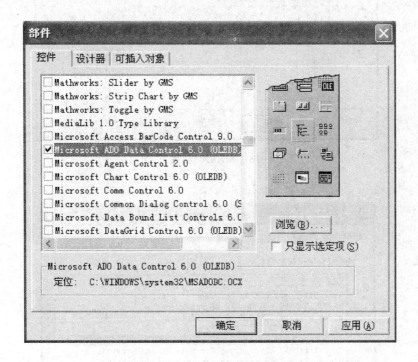

图 11-17 VB 添加"控件"对话框

2. 连接数据库及指定记录源

ADODC 数据控件与数据库的连接有三种方式:使用"DataLink 文件"、"使用 ODBC 数据资源名称"、"使用连接字符串",与 Access 数据库建立连接的常用方式是"使用连接字符串"。

连接数据库和指定记录源操作步骤如下:

(1) 将 ADODC 数据控件添加到窗体上,右击该控件,在弹出菜单中选择"ADODC 属性"菜单项,打开如图 11-18 所示的"属性页"对话框。

(2) 在"属性页"对话框的"通用"选项卡中选择"使用连接字符串",单击"生成"按钮,打开如图 11-19 所示的"数据链接属性"对话框。在"提供程序"选项卡的列表中选择 "Microsoft Jet 4.0 OLE DB Provider",单击"下一步",切换到如图 11-20 所示的"连接"选项卡。

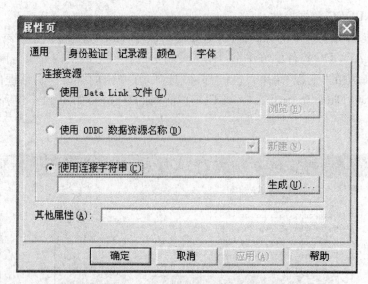

图 11 - 18　ADODC "属性页" 对话框

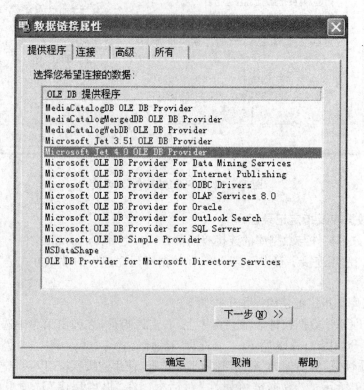

图 11 - 19　选择提供程序

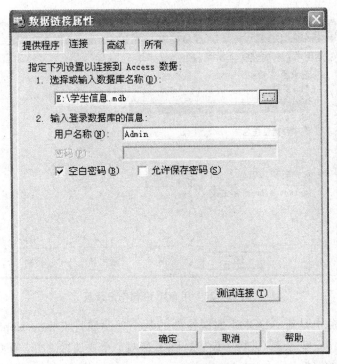

图 11 - 20 连接数据库

(3) 在"连接"选项卡中单击"1.选择或输入数据库名称"输入框右侧的 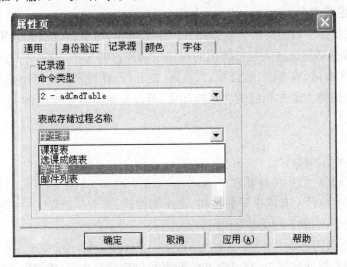 按钮,在弹出的"连接 Access 数据库"对话框中选择数据库,单击"打开"按钮后返回"连接"选项卡,单击"测试连接"按钮,成功后单击"确定",完成连接数据库的设置,返回"属性页"对话框。

(4) 单击"属性页"对话框"记录源"选项卡,显示如图 11 - 21 所示的界面,在"记录源"选项卡中设置命令类型为"2 - adCmdTable",然后在"表或存储过程名称"下拉列表中选择数据表。也可以设置命令类型为"1 - adCmdText"或"8 - adCmdUnknown",然后在"命令文本(SQL)"文本框中输入 SQL 语句,如图 11 - 22 所示。最后单击"确定"按钮完成设置。

图 11 - 21 用数据表作记录源

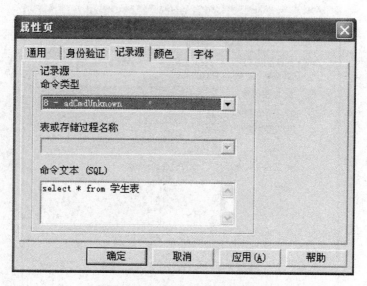

图 11 - 22　用 SQL 语句作记录源

上述操作实际上是对 ADODC 数据控件的两个重要属性 ConnectionString（连接字符串）和 RecordSource（记录源）进行了设置。除了这两个重要属性之外，ADODC 数据控件还有以下几个常用的属性：

- ❑ CommandTimeout 属性：返回或设置数据提供者等待从服务器返回一个命令的时间，默认为 30 秒。
- ❑ ConnectionTimeout 属性：返回或设置连接持续的时间，默认为 15 秒。
- ❑ Password 属性：Password 属性用于设置控件所连接的数据库密码口令，当用 ADODC 控件连接一个受保护的数据库时，必须输入数据库的密码口令。
- ❑ Visible 属性：在数据库应用程序中，一个窗体通常需要创建多个 ADODC 控件以便连接多个数据库中的数据，因此通常要将 ADODC 数据控件的 Visible 属性设置为 False。

3. 数据绑定控件

ADODC 数据控件只能连接到数据库并产生记录集，而不能显示记录集中的数据，要显示记录集中的数据必须通过能与它绑定的控件来实现。能与 ADODC 控件绑定的数据控件主要有：标签、文本框、检查框、组合框、列表框、图片框、图像框、DataGrid、DataList、Chart、DataCombo。在窗体上添加相应的绑定控件后，再设置相应绑定控件的 DataSource 属性和 DataField 属性。

4. 数据访问

（1）如何移动记录指针

① 使用 ADODC 数据控件移动

ADODC 数据控件上有四个导航按钮，依次为首记录、上一记录、下一记录、末记录。使用这些按钮移动记录指针无须编写代码。

② 使用程序代码移动

有时因为用户界面的需要，将 ADODC 数据控件隐藏起来，只能通过编写代码实现记录指针的移动。具体步骤如下：

　　在窗体上放置四个命令按钮，分别为首记录、上一记录、下一记录、末记录。

　　在上述按钮的单击事件中，分别用记录集对象（ADODC 数据控件的 Recordset 属性）的 Move 方法组移动记录：

Adodc1. Refresh

Adodc1. Recordset. MoveFirst　　　　　　　　'首记录

Adodc1. Recordset. MovePrevious　　　　　　'上一记录

If　Adodc1. Recordset. BOF = True Then　Adodc1. Recordset. MoveFirst

Adodc1. Recordset. MoveNext　　　　　　　　'下一记录

If　Adodc1. Recordset. EOF = True Then　Adodc1. Recordset. MoveLast

Adodc1. Recordset. MoveLast　　　　　　　　'末记录

说明：

❑ 使用 ADODC 数据控件的记录集之前必须首先调用记录集的 Refresh 方法，该方法主要用于激活或刷新 ADODC 数据控件中的数据。

❑ BOF 和 EOF 是记录集的两个重要属性。BOF 是记录开始标志，其值为 True 时，表示记录指针已指向记录开始标志，若再向前（MovePrevious）移动，将发生错误。EOF 是记录结束标志，其值为真时，表示记录指针已指向记录结束标志，再向后（MoveNext）移动，将发生错误。

（2）记录操作

① 记录添加

使用记录集（Recordset）的 AddNew 方法可以向数据表中添加新的记录，操作代码如下：Adodc1. Recordset. AddNew，当添加一条记录时，Adodc 控件将清除与之绑定控件中的内容，以便接受新的记录，并把本条记录作为新的记录。当记录指针移动到其他记录或调用 Update 方法时，新记录被添加到数据库中。使用 CancelUpdate 方法可以撤消对新记录的修改。

【例 11 - 1】　用记录集的 AddNew 方法添加记录。

Adodc1. Refresh

Adodc1. Recordset. AddNew

Adodc1. Recordset("xh") = "2010XD001"

Adodc1. Recordset("xm") = "李晓晓"

Adodc1. Recordset. Update

说明：记录添加完成后，必须调用记录集的 Update 方法，才能将当前记录保存到数据库中。

② 记录删除

使用 Delete 方法可以删除记录集中的记录，语法格式如下：

记录集. Delete [AffectRecords]

其中，AffectRecords 参数（受影响的记录）可取以下值：

AdAffectCurrent：默认。仅删除当前记录。

AdAffectGroup：删除满足记录集 Filter 属性设置的记录。

AdAffectAll：删除所有记录。

AdAffectAllChapters：删除所有子集记录。

【例 11－2】　用记录集的 Delete 方法删除当前记录。

Adodc1. Refresh

Adodc1. Recordset. Delete

Adodc1. Recordset. MoveNext

If Adodc1. Recordset. EOF And Adodc1. Recordset. RecordCount ＞ 0 Then

　　Adodc1. Recordset. MoveLast

End If

说明：删除当前记录后，数据绑定控件（如文本框等）仍将保持已被删除的记录内容而不刷新。将记录指针移动到下一条记录时，系统自动调用 Update 方法更新数据库。

③ 记录修改

将记录指针移到要修改的记录，进行相应的修改后，再移动记录指针就可以自动完成记录的修改。也可以代码的方式为记录的字段重新赋值从而实现记录的修改。

为字段赋值的常用形式：

记录集（"字段名"）＝ 新值

记录集！字段名＝ 新值

记录集. Fields（索引）＝ 新值

例如：

Adodc1. Refresh

Adodc1. Recordset("xh") ＝ "2010GJ001"

Adodc1. Recordset("xm") ＝ 　"李艳"

Adodc1. Recordset. Update

或者：

Adodc1. Recordset. Fields(0) ＝ 　"2010GJ001"

Adodc1. Recordset. Fields(1) ＝ "李艳"

Adodc1. Recordset. Update

说明：Fields 是记录集的字段集合，索引从 0 开始。修改记录后，应调用记录集的 Update 方法更新数据库。

④ 记录查找

使用 Recordset 记录集对象的 Find 方法可以查找指定的记录，并指定查询的内容。Find 方法的语法格式如下：object. Find(criteria, skiprows, searchdirection, start)

各参数的具体含义如下：

❑ criteria（准则）：用来指定查找中使用的字段、比较运算符（＞、＜、＝、LIKE 子句）以及数值。

❑ skiprows（跳行）：可选项，缺省值为 0。用来指定从当前行或从"start"参数指定的位置开始的偏移量。

❑ searchdirection（搜索方向）：可选项，指定搜索方向以及搜索是从当前开始还是从下一行开始。

❑ start（搜索点）：可选项，指定搜索的起始位置。它的值可以是当前记录、第一条记录或最后一条记录。

【例 11 - 3】 用记录集的 Find 方法查找记录，RecordCount 为记录总数。

```
Adodc1. Refresh
If Adodc1. Recordset. RecordCount > 0 Then
    Adodc1. Recordset. MoveFirst
    Adodc1. Recordset. Find "xm = '李艳'"
    If Adodc1. Recordset. EOF = True Then
        MsgBox "未查到姓名为李艳的记录。"
    Else
        MsgBox   Adodc1. Recordset("xm") & "的学号是" & Adodc1. Recordset("xh")
    End If
End If
```

11.3.3 数据绑定控件的使用

ADODC 数据控件本身并不能显示记录集中的数据，必须通过能与它绑定的控件来显示数据。可被 ADO 数据控件绑定的控件对象有文本框、标签、图像框、图形框、复选框、DBList、DBCombo、DBGrid、MsChart 和 OLE 容器等，其中最常用的是 DataGrid 和文本框。

1. 数据绑定控件的相关属性

要使绑定控件与数据库建立联系，必须在设计或运行时对这些控件的 DataSource 属性和 DataField 两个属性进行设置：

DataSource(数据源)属性：通过指定一个有效的数据控件将绑定控件连接到一个数据源上。

DataField(数据字段)属性：绑定到特定字段。绑定后只要移动指针，自动将修改内容写入数据库。

2. 在属性窗口设置绑定控件属性

在属性窗口将数据绑定控件的 DataSource 属性设为 ADODC 数据控件(如 Adodc1)。如果是单字段显示控件(如文本框等)，还需将控件的 DataField 属性设置为特定字段。DataGrid 控件属于多字段显示控件，没有 DataField 属性。

【例 11 - 4】 用 ADODC 数据控件和 DataGrid 控件创建一个简单的数据访问窗体，显示学生信息数据库中"学生表"的内容。

右击工具箱，在弹出菜单中选择"部件"命令，在对话框"控件"选项卡的列表中选中"Microsoft ADO Data Control 6.0"和"Microsoft DataGrid 6.0"，单击"确定"。选择工具箱中新增加的 ADO 数据控件和 DataGrid 控件，将其添加到窗体上，默认名称分别为 Adodc1 和 DataGrid1。按第 11.3.2 章小节所描述步骤建立 Adodc1 与学生信息数据库的连接，并设 Adodc1 的记录源为"学生表"。将 DataGrid1 控件的 DataSource 属性设为 Adodc1。程序运行效果如图 11 - 23 所示。

提示：DataGrid1 控件的使用：

(1) 改变 DataGrid 数据表格列数(DataGrid 数据表格默认为 2 列，至少 1 列)

右键单击窗体上的 DataGrid 控件，在弹出的菜单中选择"编辑"命令，然后再右键单击 DataGrid 控件，在弹出的菜单中选择"追加"或"删除"命令，可改变 DataGrid 数据表格的列数。

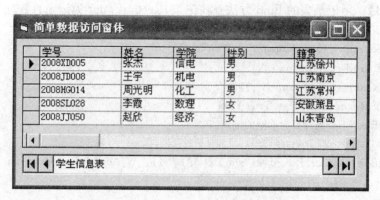

图 11 - 23   使用 DataGrid 控件显示数据

（2）改变 DataGrid 数据表格的列标头

右键单击窗体上的 DataGrid 控件，在弹出的菜单中选择"属性"命令，在弹出的"属性页"对话框中选择"列"选项卡，如图 11 - 24 所示，在"列"下拉列表中，选择要修改的列标头，在"标题"栏中输入要修改的标题，在"数据字段"下拉列表中选择相应的字段，单击"应用"和"确定"按钮。

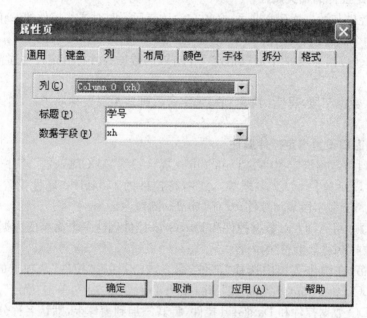

图 11 - 24   DataGrid"列"选项卡

11.4   使用 ADO 对象访问数据库

ADO(ActiveX Data Objects, ActiveX 数据对象)是 VB6.0 提供的访问数据库的最新技术，它是一种建立在最新数据访问接口 OLE DB(Object Linking and Embedding Database)上的高性能的、统一的数据访问对象，通过它可以方便快速地对各种数据源进行访问。与使用 ADO 数据控件相比，使用 ADO 对象具有高度的灵活性，可以编制复杂的数据库应用程序。

11.4.1　ADO 对象模型概述

使用 ADO 对象,需要先在 VB 中引用此对象,引用方法如下:

在"工程"菜单中的选择"引用"命令,打开如图 11 - 25 所示的"引用"对话框,在此对话框的列表中选中"Microsoft ActiveX Data Objects 2. 8 Library"前的复选框,单击"确定"按钮。

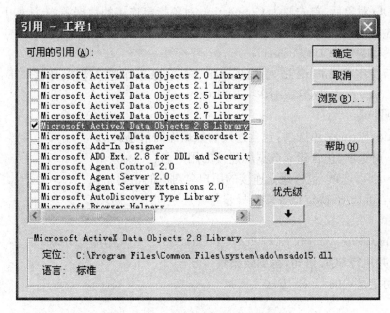

图 11 - 25　ADO 对象"引用"对话框

ADO 对象模型定义了一个可编程的分层对象集合,它共包含七个对象,其中Connection 对象、Command 对象和 Recordset 对象是独立对象,可以单独存在;Field 对象、Parameter 对象、Property 对象和 Error 对象是非独立对象,它们必须与其他独立对象连接才能使用。ADO 对象模型中最核心的是三个独立的对象,它们的含义如下:

(1) Connection 对象

该对象用于建立与数据源的连接,通过连接可以从应用程序中访问数据源。

对象变量声明示例:

Dim cnn As New ADODB. Connection

(2) Command 对象

该对象用于对数据源执行指定的命令,如数据的添加、删除、更新或查询等。

对象变量声明示例:

Dim cmm As New ADODB. Command

(3) Recordset 对象

该对象用来存储数据操作返回的记录集,主要用于记录指针的移动和记录的查找、添加、修改或删除等操作。

对象变量声明示例:

Dim rs As New ADODB. Recordset

11.4.2 使用 ADO 对象访问数据库的具体步骤

1. 创建 ADO 对象

Dim cnn As New ADODB. Connection   '声明连接对象

Dim rs As New ADODB. Recordset   '声明记录集对象

2. 与数据库建立连接

创建 ADO 对象后,首先要为 Connection 对象指定连接的数据源,方法如下:

(1) 首先声明 connection 对象,如:

Dim cn AS NEW ADODB. Connection

(2) 然后应用 Connectiosn 对象的 open 方法与数据库建立连接,语法如下:

Cn. open ConnectionString,Userid,Password,Options

参数说明:

ConnectionString:可选项,包含连接的数据库的信息。

Userid:可选项,包含建立数据库连接的用户名。

Password:可选项,包含建立连接的用户名对应的密码。

Options:可选项,决定该连接是异步打开还是同步打开。

例如:

cn. Open "provider=Microsoft. Jet. OLEDB. 4. 0;Data Source=E:\学生信息. mdb"

3. 构造并执行 SQL 语句,得到结果集

(1) 使用记录集的 Open 方法

语法:

Recordset. Open Source,ActiveConnection,CursorType,LockType,Options

其中:

Recordset 为所定义的记录集对象的实例。

Source:可选项,指明了所打开的记录源信息。可以是合法的命令、对象变量名、SQL 语句、表名、存储过程调用或保存记录集的文件名。

ActiveConnection:可选项,合法的已打开的 Connection 对象的变量名或者是包含 ConnectionString 参数的字符串。

CursorType:可选项,确定打开记录集对象使用的指针(游标)类型。

LockType:可选项,确定打开记录集对象使用的锁定类型。

Options:可选项,用于指示提供者如何计算 Source 参数。

(2) 使用 Connection 对象的 Execute 方法

Set recordset=Connection. Execute(CommandText,RecordsAffected,Options)

其中:

CommandText:一个字符串,通常为要执行的 SQL 语句、表名。

RecordsAffected:可选项,长整型值,返回操作所影响的记录数。

Options:可选项,长整型值,指明如何处理 CommandText 参数。

打开了 Recordset 对象之后,我们就可以使用它的 Addnew、Delete、Update、Movenext、Find 等方法。

4. 关闭并释放 ADO 对象

使用 ADO 完成了全部工作后，在应用程序结束之前，应调用 Connection 或 Recordset 对象的 Close 方法关闭并释放分配给 ADO 对象的资源，语法如下：

```
cnn. Close
rs. Close
Set rs = Nothing
Set cnn = Nothing
```

【例 11 - 5】　使用 ADO 对象访问 Access 数据库

本例以数据库"学生信息. mdb"中的"学生"表为基础，设计简单的学生信息管理程序。

【程序代码】如下：

```
Dim cnn As ADODB. Connection
Dim rs As ADODB. Recordset
Dim cmm As ADODB. Command
Private Sub Form_Load()
    Set cnn = New ADODB. Connection          '设置连接对象实例
    cnn. CursorLocation = adUseClient
    '打开数据源连接
    cnn. Open "provider=Microsoft. Jet. OLEDB. 4. 0;Data Source=e:\学生信息. mdb"
    '设置记录集对象实例
    Set rs = New ADODB. Recordset
    Set rs. ActiveConnection = cnn
    '打开记录集
    rs. Open "select * from 学生表", cnn, adOpenStatic, adLockOptimistic
    '设置命令对象实例
    Set cmm = New ADODB. Command
    Set cmm. ActiveConnection = cnn
End Sub
Private Sub Command1_Click()                  '在表尾添加空白记录
    rs. MoveLast '记录集中的移动方法，指针移动到记录集的末尾
    rs. AddNew '添加新的记录
    Text1. Text = "": Text2. Text = "": Text3. Text = "": Text4. Text = "": Text5. Text = "":
    Text1. SetFocus
End Sub
Private Sub Command2_Click()                  '更新当前记录
    If Text1. Text = "" Or Text2. Text = "" Or Text3. Text = "" Or Text4. Text = "" Or Text5 =
"" Then
        MsgBox "信息输入不完整，请输入完整", vbOKOnly + vbExclamation, "提示"
    Else
        rs! xh = Text1
        rs! xm = Text2
        rs! xb = Text3
```

```
        rs! xy = Text4
        rs! jg = Text5
        rs. Update '将上面所有的信息存储到数据库中
    End If
  End Sub
  Private Sub Command3_Click()                '按学号删除
    Dim xuehao As String
    xuehao = InputBox("请学号")
    rs. MoveFirst
    rs. Find ("xh=" & "'" & xuehao & "'")
    If rs. EOF Then
      MsgBox "没有所要删除的纪录,不能完成删除操作"
    Else
      rs. Delete
      rs. MoveNext
    End If
  End Sub
  Private Sub Command4_Click()                '按学号查找
    Dim xuehao As String
    xuehao = InputBox("请学号")
    rs. MoveFirst
    rs. Find ("xh=" & "'" & xuehao & "'")
    If rs. EOF Then
      MsgBox "没有所要找的纪录。"
    Else
      Text1. Text = rs! xh
      Text2. Text = rs! xm
      Text3. Text = rs! xb
      Text4. Text = rs! xy
      Text5. Text = rs! jg
    End If
  End Sub
```

程序运行界面如图 11 - 26 所示。

11.5 数据报表

对数据库中数据的操作,有时不仅需要将查询结果在界面显示出来,还把查询结果打印出来,VB 中提供了数据环境设计器(Data Evironment)和数据报表控件(Data Report)两类对象来完成此项操作。

11.5.1 创建简单报表

创建数据报表时通常需要借助数据环境设计器(Data Evironment)为报表提供数据源,

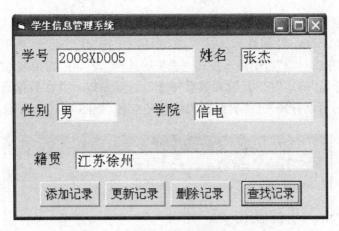

图 11 - 26 学生信息管理系统

下面通过实例说明创建报表的一般步骤。

【例 11 - 6】 预览和打印"学生信息.mdb"数据库中的"学生表"。

（1）新建工程，在窗体上放置两个命令按钮，设其 Caption 属性分别为"报表预览"和"报表打印"。

（2）执行"工程"→"添加 Data Evironment"菜单命令，在当前工程中添加一个默认名称为 DataEvironment1 的数据环境对象，系统自动打开如图 11 - 27 所示的数据环境设计器窗口。

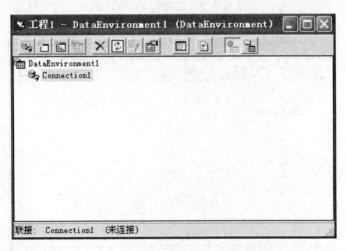

图 11 - 27 数据环境设计器

右击该窗口中的连接对象 Connection1，选择弹出菜单中的"属性"菜单项，打开如图 11 - 19 所示的"数据链接属性"对话框。在"提供程序"选项卡的列表中选择"Microsoft Jet 4.0 OLE DB Provider"，单击"下一步"按钮，切换到如 11 - 20 所示的"连接"选项卡。在"连接"选项卡中单击"1. 选择或输入数据库名称"输入框右侧的按钮，在弹出的"连接 Access 数据库"对话框中选择数据库，单击"打开"按钮后返回"连接"选项卡，单击"测试连接"按钮，成功后单击"确定"，完成连接数据库的设置，返回数据环境设计器窗口。

（3）再次右击连接对象 Connection1，选择弹出菜单中的"添加命令"菜单项，在

Connection1 下创建一个默认名称为 Command1 的命令对象。右击该对象,打开如图 11-28 所示的"Command1 属性"对话框。在对话框中选定"数据源"项下的"数据库对象"单选按钮,在"数据库对象"右侧的下拉式列表框中选择"表",在"对象名称"下拉式列表框中选择"学生表",单击"确定"按钮,返回数据环境设计器窗口。并在数据环境设计器中展开 Command1 对象,可以看到来自"学生表"中的所有字段,如图 11-29 所示。

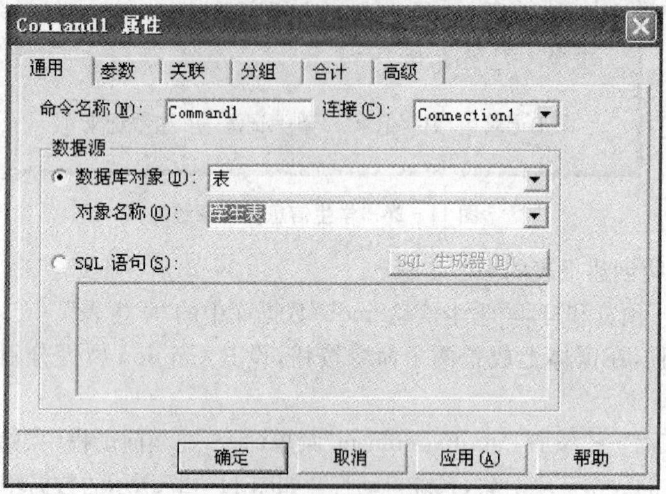

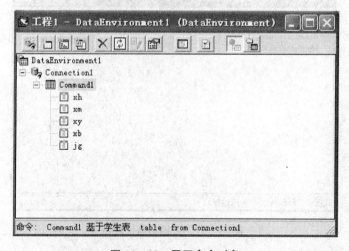

图 11-28　设置命令对象属性

图 11-29　展开命令对象

　　(4) 执行"工程"→"添加 Data Report"菜单命令,在当前工程中添加一个默认名称为 DataReport1 的报表对象,系统自动打开如图 11-30 所示的报表设计器窗口,同时工具箱切换为【数据报表】专用控件。在如图 11-31 所示的"属性"窗口中,将数据报表对象 DataReport1 的 DataSource 属性设为第 2 步建立的数据环境对象 DataEvironment1,将 DataMember 属性设为第 3 步建立的命令对象 Command1。

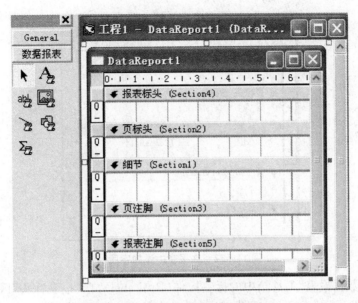

图 11 - 30　报表设计器及其专用控件

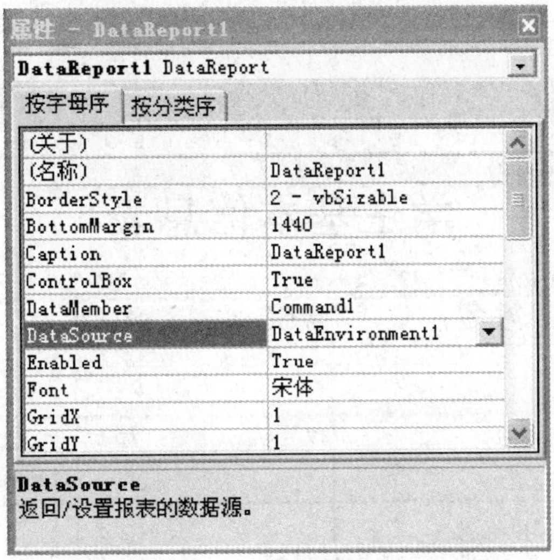

图 11 - 31　"Data Report"属性对话框

(5) 将图 11 - 29 所示的数据环境设计器中 Command1 对象下面的字段(如"xh")拖放到报表设计器的"细节"区,此时该区将同时添加两个控件。如图 11 - 32 所示,左侧控件是用作标题的标签(RptLabel),右侧控件是用于显示字段数据的文本框(RptTextBox,含有"[Command1]"字样)。将标签控件拖放到"页标头"区,并将标签与对应的文本框对齐,同时将标签控件("xh")的 Caption 改为"学号"。用同样的方法将需要在报表中显示的字段添加到报表设计器中。报表中各记录之间的行距取决于"细节"区的高度,拖动该区的下边界即可调整行距(应尽量使"细节"区的高度接近文本框控件的高度)。

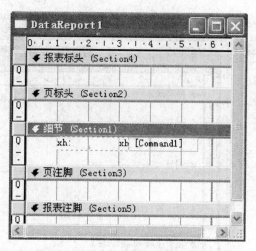

图 11-32　在报表中添加字段

（6）选择"数据报表"工具箱中的标签控件（RptLabel），在"报表标头"区添加一个标签作为报表的标题，设其 Caption 属性为"学生基本信息表"，通过 Font 属性为其设置字体。在"页标头"区中的字段标题下面用直线（RptLine）控件画一条横线。设计完成的报表如图11-33 所示。

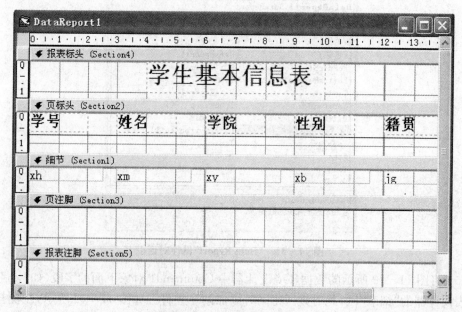

图 11-33　设计报表布局

（7）在工程主窗体"报表预览"按钮的单击事件过程中加入以下代码：

```
DataReport1. Show
```

在"报表打印"按钮的单击事件过程中加入以下代码：

```
DataReport1. PrintReport True                    'True 参数表示显示打印对话框
```

如图 11-34 所示为程序运行时单击"报表预览"按钮后显示的界面。

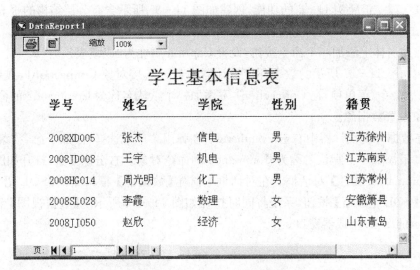

图 11-34 报表打印预览窗口

11.5.2 创建含有分层结构的报表

如图 11-35 所示为一个含有分层结构的报表,该报表显示了每位学生的各科成绩。在数据库应用中经常会处理类似的信息,如每位客户的所有订单、同类商品的不同生产厂家等。下面通过实例说明创建分层结构报表的一般步骤。

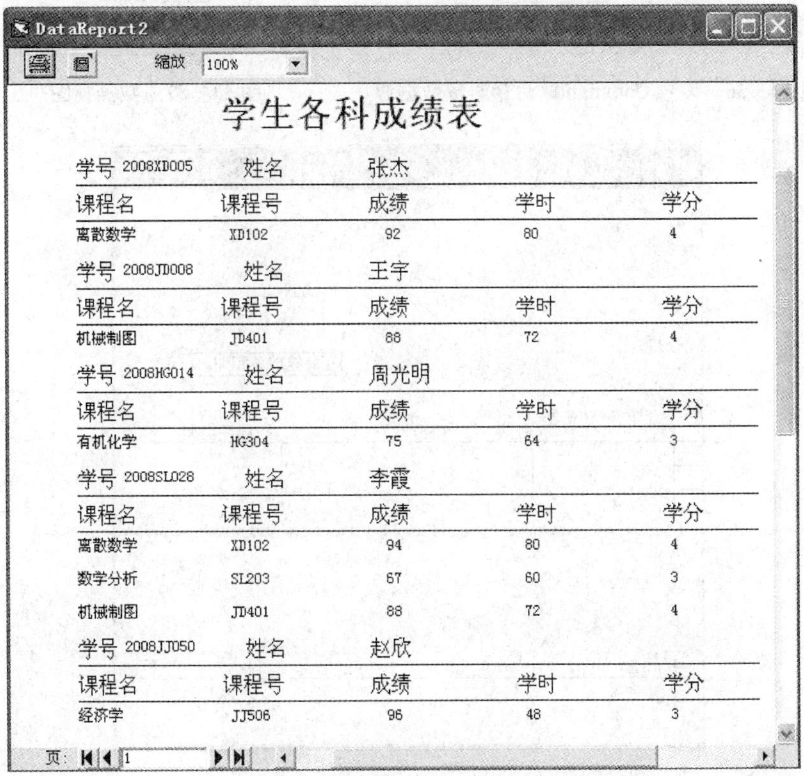

图 11-35 分层结构报表

【**例 11 - 7**】　扩展例 11 - 6 的功能，创建如图 11 - 35 所示含有分层结构的报表"学生成绩表"。

（1）在主窗体上添加一个命令按钮，设置 Caption 属性为"成绩表预览"。

（2）在如图 11 - 27 所示的数据环境设计器中右击连接对象 Connection1，在弹出菜单中选择"添加命令"菜单项，在 Connection1 下添加一个默认名称为 Command2 的命令对象，并为该对象设置数据源。

（3）在数据环境设计器中右击 Command2，在弹出菜单中选择"添加子命令"菜单项，在 Command2 下添加一个默认名称为 Command3 的命令对象。右击该对象，打开如图 11 - 36 所示的【Command3 属性】对话框。在对话框中选定【数据源】框架中的【SQL 语句】单选按钮，单击【SQL 生成器】按钮，系统将同时打开如图 11 - 37 所示的【数据视图】窗口和图 11 - 38 所示的 SQL 生成器窗口。

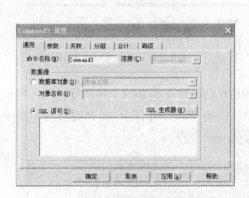
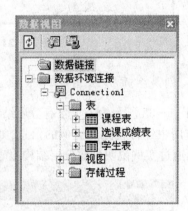

图 11 - 36　设置 Command3 命令对象数据源　　　图 11 - 37　数据视图

图 11 - 38　SQL 生成器

（4）将如图 10-37 所示的"数据视图"窗口中的"选课成绩表"和"课程表"拖放到如图 11-38 所示的 SQL 生成器"在此拖放表和列"窗格中，然后将如图 11-39 所示"选课成绩表"内的"kch"字段拖放到"课程表"内的"kch"字段上，使两张表建立联系。

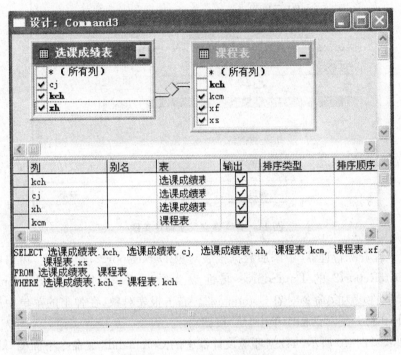

图 11-39　生成 SQL 语句

（5）在如图 11-39 所示的"生成 SQL 语句"窗口的"选课成绩表"和"课程表"中选中要输出的字段，生成 SQL 语句，关闭 SQL 生成器窗口，在弹出的提示保存对话框中选择"是"按钮，完成 SQL 语句的设置。此时在数据环境设计器窗口中可以看到如图 11-40 所示的含有层次结构的命令对象，其中 Command2 是父命令，其数据源为"学生表"，带有"SQL"标志的 Command3 是子命令，其数据源为 SQL 语句。

（6）在如图 11-40 所示环境设计器中再次右击 Command3，在弹出的对话框中选择"属性"菜单项，打开如图 11-41 所示的"Command3 属性"对话框。在对话框中选择"关联"选项卡，在该选项卡中选中"与父命令对象相关联"选项，在"父命令"下拉列表中选择"Command2"。在"关联定义"框架中将"父字段"和"子字段/参数"均设为"学号"。单击"添加"按钮，将关联定义添加

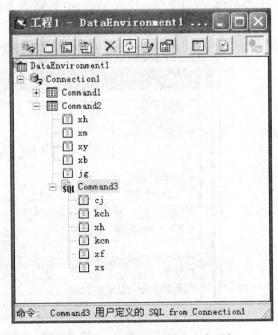

图 11-40　含有层次结构的命令对象

到下面的列表中,最后单击"确定"按钮。

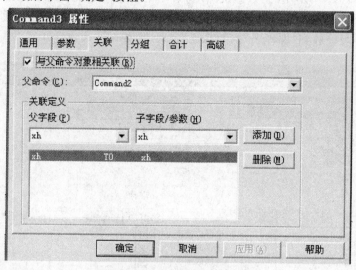

图 11 - 41   建立父子命令关联

(7) 在"工程资源管理器"中添加数据报表对象 DataReport2,在"属性"窗口中,将数据报表对象 DataReport2 的 DataSource 属性设为数据环境对象 DataEvironment1,将 DataMember 属性设为父命令对象 Command2。右击报表对象,在弹出的菜单中选择"检索结构"菜单项,在打开的对话框中单击"是"按钮。

(8) 将如图 11 - 40 所示的数据环境设计器中的 Command2 父命令下面的"xh"和"xm"字段拖放到报表设计器的"分组标头"区。将 Command3 子命令下的"kcm"、"kch"、"cj"、"xs"、"xf"字段拖放到报表设计器的"细节"区,并将其中的所有的标签控件都放到"分组标头"区,并将所有标签控件的 Caption 标题改为相应的中文,在报表设计器的各个分区中用直线控件画出表格线。设计完成的报表如图 11 - 42 所示。

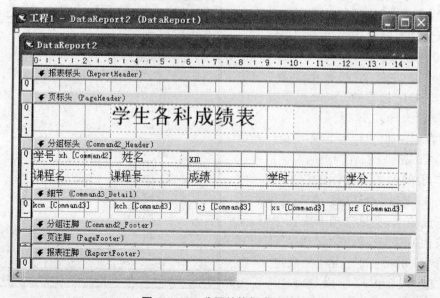

图 11 - 42   分层结构报表设计

（9）在工程主窗体"成绩表预览"按钮的单击事件过程中加入以下代码：

DataReport2. Show

运行时，单击"成绩表预览"按钮即可显示如图 11-35 所示的分层结构报表。

11.6　本章小结

本章主要介绍了数据库的基本概念、创建 Access 数据库的两种方法以及 VB 访问数据库的基本操作。

本章重点介绍了 VB 两种访问数据库的方法：一种是非编程方式，即采用数据控件（Data 控件或 Adodc 控件等）并结合数据绑定控件进行协同工作，因此不需要编写或编写很少的代码即可方便地实现对数据库中的记录进行浏览、添加、删除、修改和查询等操作。另一种是编程方式，即 ADO 对象编写代码来实现更加灵活和更复杂的操作。

由于有时需要将数据库的操作结果在界面上显示或打印出来，本章还介绍了如何利用 VB 提供的数据环境设计器（Data Evironment）和数据报表控件（Data Report）两类对象来实现数据报表的操作。

11.7　习题

11.7.1　选择题

（1）VB 6.0 支持的数据库类型是（　　　）。

A. 层次型　　　　　　B. 网状型　　　　　　C. 关系型　　　　　　D. 面向对象型

（2）下述关于数据库系统的叙述中正确的是（　　　）。

A. 数据库系统减少了数据冗余

B. 数据库系统避免了一切冗余

C. 数据库系统中数据的一致性是指数据类型一致

D. 数据库系统比文件系统能管理更多的数据

（3）数据库 DB、数据库系统 DBS、数据库管理系统 DBMS 之间的关系是（　　　）。

A. DB 包含 DBS 和 DBMS　　　　　　B. DBMS 包含 DB 和 DBS

C. DBS 包含 DB 和 DBMS　　　　　　D. 没有任何关系

（4）VB 6.0 提供的数据引擎默认支持的数据库格式是（　　　）。

A. Access　　　　　B. FoxPro　　　　　C. Excel　　　　　D. SQL Server

（5）以下控件中不能作为数据绑定控件的是（　　　）。

A. Label（标签）　　　　　　　　　B. TextBox（文本框）

C. OptionButton（单选按钮）　　　　D. ListBox（列表框）

（6）VB 的数据控件（Data）不能通过 Connect 属性对数据库（　　　）直接访问。

A. Microsoft Access　　　　　　　B. FoxPro

C. dBASE　　　　　　　　　　　　D. Microsoft SOL Server

（7）根据控件具有下列（　　　）属性，就能判断该控件是否可以和数据控件绑定。

① RecordSource　　② DataSource　　③ DataField　　④ DatabaseName

A. ①③　　　　　B. ②③　　　　　C. ③④　　　　　D. ①④

（8）用 ADO 数据控件建立与数据源的连接，必须对其设置的属性是（　　　）。

A. ConnectionString 和 RecordSource　　　B. DatabaseName 和 RecordSource

C. RecordSource 和 DataSource　　　　　　　D. ConnectionText 和 RecordSource

11.7.2　填空题

(1) 数据库能够将大量的数据按照一定的格式进行存储,集中管理和统一使用,实现_____。

(2) 表由若干记录组成,每一行称为一个_____,每一列称为_____。

(3) 创建 Access 数据库的方法有_____。

(4) VB 应用程序与数据库进行通信的主要机制称为_____。

(5) 使用文本框与 Data 数据控件绑定用于显示字段值,必须对其设置的属性是_____和_____。

(6) 将 ADO 数据控件添到工具箱中的方法是_____。

(7) ADO 数据模型中一般可通过 Connection 对象的_____方法对数据库中的基本表进行增加、删除、修改等不返回结果集的操作。

(8) 假设 ccn 为一个 Connection 对象,那么在 VB 程序中声明 ccn 的语句是_____。

(9) 添加数据环境设计器(Data Evironment)的方法是_____。

(10) 添加数据报表控件(Data Report)的方法是_____。

11.7.3　编程题

(1) 在【例 11-5】"学生信息管理系统"的功能上进行扩展,在图 11-26 的界面上添加四个命令按钮,其 Caption 标题分别是"首记录"、"下一条记录"、"上一条记录"和"尾记录",在它们的单击事件中编写适当的代码,能实现记录指针的移动。

(2) 创建简单的工资管理系统。要求系统具有以下功能:

① 人员管理功能:能对人员进行添加、删除和修改管理。人员信息表包括:人员的职位、姓名、性别、出生日期、工作日期等。

② 职位管理功能:能对职位进行添加、删除和修改管理。职位信息表包括:基本工资和津贴等。

③ 其他项功能:能对其他项进行添加、删除和修改管理。其他项信息包括:职工号、职工出勤情况、项目提成情况等。

④ 工资发放功能:能对工资进行查询、生成、打印功能。工资信息包括:职工号、基本工资、其他工资、扣除项、应发工资等。

⑤ 工资打印功能:能对员工资进行按月打印、按季度打印功能。

第 12 章　程序调试与错误处理

在程序设计的过程中,难免会出现错误,程度越复杂,发生的错误的机率也就越大,因此,必须对程序进行调试。程序调试的目的就是在程序中查找和改正错误,程序调试与错误处理也是程序设计的重要内容之一。为了方便编程人员进行调试和分析程序,VB 提供了功能强大的程序调试工具,通过设置断点、观察变量和过程跟踪等手段,来发现并处理程序中出现的错误。

12.1　错误的类型

VB 程序中出现的错误类型一般可分为编译错误、运行错误和逻辑错误三种。

12.1.1　编译错误

编译错误也称语法错误,这种错误是由于在书写程序时违反了 VB 的语法规则而引起的,例如:关键字写错、遗漏标点符号、括号不匹配、语句使用语法格式不对等。当出现编译错误时,VB 会在 Form 窗口中弹出一个对话框,如图 12-1 所示,提示出错信息,出错的那一行变成红色。这时,用户必须单击"确定"按钮,关闭出错提示对话框,然后才能对出错行进行修改。编译错误比较容易排除,VB 提供了自动语法检查功能,能指出并显示这些错误,帮助用户纠正语法错误。

图 12-1　编译错误提示框

12.1.2　运行错误

运行错误是指程序在编辑或编译时并未出现任何语法错误,但在程序运行的时候发生的错误。例如,除法运算中除数为零,数组下标越界、类型不匹配、访问文件时文件夹或文件找不到等。这种错误在程序设计的阶段较难发现,只有在程序运行时才能被发现。例如下面的一段程序在运行时,会产生数据下标越界错误,如图 12-2 所示。

```
Private Sub Form_Click()
    Dim a(5) As Integer, i As Integer
    For i = 1 To 5
        a(i) = i
    Next i
    Print a(i)
End Sub
```

图 12-2　数组下标越界错误提示框

12.1.3　逻辑错误

　　逻辑错误指的是虽然程序可以执行,但就是得不到用户所要求的结果。这类错误往往是由于程序设计时本身存在的逻辑缺陷而导致的,如定义了错误的变量类型、运算符使用不正确、语句的次序不对、循环语句的起始、终值不正确等。通常,逻辑错误不产生错误提示信息,故错误较难排除,因此,对于逻辑错误一般要使用单步执行和监视的方法来查找错误的根源。

　　例如,要求 10!,若采用以下代码:

```
Private Sub Command1_Click()
    Dim f As Integer
    For i = 1 To 10
      f = f * i
    Next i
    Print f
End Sub
```

　　运行程序时,输出的结果是 0,这并不是用户想要的结果。通过仔细分析程序并调试后发现程序结果错误的原因是由于在使用累乘器变量 f 时没有为其赋初始值 1,因为数值型变量若定义时没有赋值,系统则自动为其赋初值为 0。

12.2　程序调试

　　程序调试是查找并修改程序错误的过程,在学习处理错误之前,必须先掌握程序调试。

12.2.1　VB 调试工具栏

　　使用 VB 的调试工具栏的方法是:执行菜单命令"视图"→"工具栏"→"调试",也可以在标准工具栏的空白处单击鼠标右键,然后在弹出的菜单中选择"调试"。调试工具栏的外观如图 12-3 所示,工具栏中各按钮的名称和功能见表 12-1 所示。

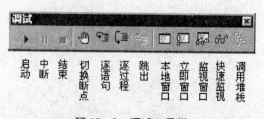

图 12-3　调试工具栏

表 12 - 1　调试工具栏中各按钮的名称和功能

按　　钮	功　　　　能
启动	启动应用程序,使程序进入运行模式
中断	中断程序,使程序进入中断模式
结束	结束程序运行,使程序返回到设计模式
切换断点	设置或删除断点,程序执行到断点处将停止执行
逐语句(调试)	单步执行程序的每个代码行,如果执行的代码行为调用其他过程语句,则单步执行该过程中的每一行。
逐过程(调试)	单步执行程序的每个代码行,如果执行的代码行为调用其他过程语句,则整体执行该过程,然后继续单步执行。
跳出	执行完当前过程的余下代码,返回至调用该过程语句的下一行处中断执行
本地窗口	显示局部变量的当前值
立即窗口	当应用程序处于中断模式时,允许执行代码或查询变量的值
监视窗口	显示选定表达式的值
快速监视	当应用程序处于中断模式时,可显示光标所在位置的表达式的当前值
调用堆栈	当处于中断模式时,弹出一个对话框显示所有已被调用的但尚未结束的过程

12.2.2　VB 的三种工作模式

1. 设计模式

在设计模式下,可以建立应用程序的用户界面,设置控件的属性,编写程序代码等。

2. 运行模式

在运行模式下,可以测试程序的运行结果,也可以与应用程序对话,还可以查看程序代码,但不能修改程序。

3. 中断模式

在中断模式下,可以利用各种调试手段检查或更改某些变量或表达式的值,或者在断点附近单步执行程序,以便发现错误或改正错误。

12.2.3　VB 的调试窗口

VB 有三个调试窗口,它们分别是:"立即"窗口、"监视"窗口和"本地"窗口。可单击"视图"菜单中的对应命令或在"调试"工具栏中单击相应的按钮打开这些窗口。

1. "立即"窗口

"立即"窗口用于显示当前过程中的某个属性或者变量的值,也可以对表达式求值,或为变量或属性赋值等。

在"立即"窗口中显示变量、对象的属性或表达式的值有两种方法:

方法 1:直接在"立即"窗口中输入代码并使用 print 方法。如在"立即"窗口中输入:

```
    Dim i as Integer
    i=123
    print i
```

按回车键后,i 的值则显示在"立即"窗口中。

方法 2：在程序中使用 Debug.print 语句显示。

【例 12 - 1】 在"立即"窗口中显示 n! 的求解过程。

【程序代码】如下：

```
Private Sub Command1_Click()
    Dim f As Integer, i As Integer
    f = 1
    For i = 1 To 5
      f = f * i
      Debug.Print Str(i) & "! =" & f
    Next i
End Sub
```

运行结果如图 12 - 4 所示。

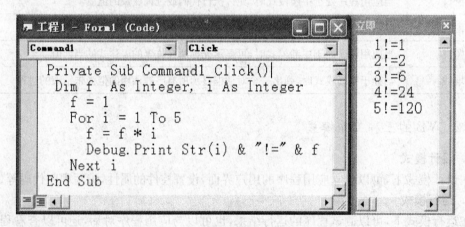

图 12 - 4　在"立即"窗口中显示运行结果

2. "监视"窗口

"监视"窗口用于查看用户指定表达式的值,用户指定的表达式称为"监视表达式"。可使用"调试"菜单中"添加监视"命令或"编辑监视"命令来添加或修改"监视表达式"。

如图 12 - 5 所示是使用"添加监视"命令打开的"添加监视"对话框,用户可根据需要在"添加监视"对话框中添加"监视表达式"并进行相应的选择。当使用单步执行的方式运行程序时,可以在"监视"对话框中观察到"监视表达式"值的变化,如图 12 - 6 所示。

3. "本地"窗口

"本地窗口"用于显示当前过程中所有变量和活动窗体的所有属性值,如图 12 - 7 所示。

第一行的 Me 代表当前窗体;单击"＋"号或"－"号,将打开窗体及窗体中各个控件对象的属性树,即可查看各个属性的当前值,如图 12 - 8 所示。

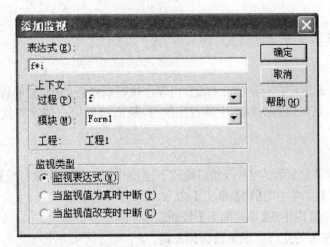

图 12 - 5 "添加监视"对话框

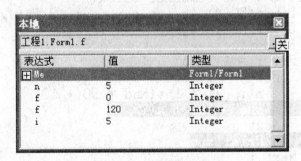

图 12 - 6 "监视"对话框

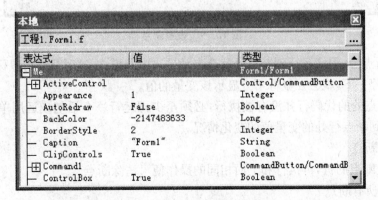

图 12 - 7 "本地"窗口

图 12 - 8 通过"本地"窗口查看窗体中的对象的属性值

12.2.4　断点与单步调试

1. 断点

断点是 VB 挂起程序执行的一个标记,当程序执行到断点处(即暂停程序的运行),进入中断模式。利用断点可以有选择的中断程序执行,从而帮助用户快速查找到有错误的程序代码。

(1) 设置断点

将插入点放在要设置断点的行,然后使用下述操作之一便可为该行设置断点:

① 选择【调试】菜单中的【切换断点】命令。

② 单击调试工具栏中的【切换断点】按钮。

③ 在代码行左边的空白区域单击鼠标左键。

④ 按 F9 键。

为某一行设置了断点后,该行代码将以红底白字显示,并在边界指示条中出现一个红色的圆圈,表示这一行代码已被设置了断点。如图 12-9 所示。

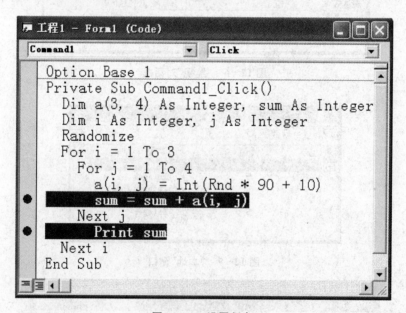

图 12-9　设置断点

在设置断点后,程序运行到断点处就会自动进入中断模式,这时只要将鼠标指向所指定的变量处,稍停一下,就会在鼠标下方显示该变量的值。

注意:断点处的代码行并没有被执行,必须至少再运行一个语句或运用单步调试的方法,才能观察到断点行处的变量值的变化情况。

(2) 清除断点

对已设置断点的行,再执行和上面相同的操作便可清除断点。

(3) 清除所有断点

选择"调试"菜单中的"清除所有断点"命令,或按 Ctrl+Shift+F9 键。

2．单步调试

如果不能确定程序出错的位置，就只能通过单步调试方法跟踪程序的执行结果来分析程序错误的原因。单步调试程序的方式主要有逐语句调试和逐过程调试两种。

（1）逐语句调试

逐语句调试是逐条语句地执行代码，即每次运行一行代码。要使用逐语句调试程序，可选择"调试"菜单中的"逐语句"命令或单击调试工具栏中的"逐语句"按钮或直接按 F8 键。

当逐语句执行代码时，执行点将移动到下一行，且该行将以黄底黑字显示，同时在边界指示条中还会出现一个黄色的箭头。

（2）逐过程调试

逐过程调试将过程作为一个基本单位，即当程序单步执行到过程调用语句时，并不进入到该过程内部，而是将该过程调用当作一个普通的语句来执行。要使用逐过程调试程序，可选择"调试"菜单中的"逐过程"命令或单击调试工具栏中的"逐过程"按钮或直接按 Shift＋F8 键。

（3）跳出过程

若想提前退出当前的逐语句调试或逐过程调试，可选择"调试"菜单中的"跳出"命令或单击调试工具栏中的"跳出"按钮或直接按 Ctrl＋Shift＋F8 键。

12.3　错误处理

为了使开发出来的应用程序具有一定的健壮性，程序员应该对程序中可能出现的错误预先进行处理，以便程序在发生错误时，不会中断程序的执行，而是去执行相应的错误处理程序，并给出错误提示信息，以便用户能对程序产生的错误进行处理。

VB 提供了强大的对错误捕获和处理的能力，其错误处理一般步骤是：

❑ 用 On Error 语句设置错误陷阱、捕捉错误。

❑ 利用 Err 对象记录错误的类型和出错原因等。

❑ 编写错误处理程序，根据可预知的错误类型决定采取何种措施。

1．On Error 语句

On Error 语句是 VB 提供的设置错误陷阱的语句，主要有如下三种形式：

（1）On Error Resume Next：当发生错误时，忽略错误行，继续执行下一语句。

（2）On Error GoTo 标号：使程序转跳到语句标号所指定的程序块，指定的语句标号必须和 On Error 语句在同一个过程内，否则会发生编译时间错误。

（3）On Error GoTo 0：取消对当前过程中错误捕获。

注意：GoTo 0 中的"0"不是指程序的第 0 行。

2．Err 对象

Err 对象是全局性的固有对象，用来保存最新运行时的错误信息，其属性主要有以下三个：

（1）Number 属性：为数值类型，范围为 0～65535，保存返回当前错误的错误号。

（2）Source 属性：为字符串，指明错误产生的对象或应用程序的名称。

（3）Description 属性：为字符串，用于记录错误信息描述。

Err 对象常用方法主要有：

（1）Clear 方法：用于清除 Err 对象的当前所有属性值。

（2）Raise 方法：模拟产生一个指定的错误，主要用于调试错误处理程序段（见表 12 - 2 所示），其语法格式为：Err. Raise 错误号

表 12 - 2   VB 中常见错误码及其描述

错误码	错误信息	错误码	错误信息
5	无效的过程调用或参数	35	过程或者函数未定义
6	溢出	52	错误的文件名
7	内存溢出	53	找不到指定的文件
9	数组下标越界	55	文件已经被打开
10	数组长度固定或者临时被锁定	61	磁盘已满
11	除数为 0	68	设备没有准备好
13	类型不匹配	71	磁盘没有准备好
18	出现用户中断	76	路径未找到

例如，执行语句 Err. Raise 55 将产生 55 号运行时错误，即"文件已打开"错误。

3. 编写错误处理程序

在捕获到程序运行时的错误后，接下来的工作就是要编写错误处理程序，并去执行错误处理程序。在错误处理程序的编写和处理过程中，我们要根据错误的类型，向用户提供解决的方法，然后根据用户的选择，进行相应的处理。

在 VB 中，每当产生错误的时候，都会将当前错误的编号和描述存储在 Err 对象中。因此，我们可以通过这个对象来判断当前产生的是什么错误。

【例 12 - 2】 Resume 语句在错误处理程序中的应用。

【程序代码】如下：

```
Private Sub Command1_Click ()
    Dim r As VbMsgBoxResult
    On Error GoTo eh
    ChDrive "A"
    FileCopy "readme. txt", "d:\readme. txt"
    Exit Sub
eh:
    Select Case Err. Number
      Case 53
      r = MsgBox("找不到文件,请重试", vbRetryCancel + vbCritical, "缺少文件!")
      If r = vbRetry Then Resume
      Case 71
      r = MsgBox("请插入软盘!", vbRetryCancel + vbCritical, "缺少软盘!")
      If r = vbRetry Then
          Resume
      Else
```

```
        Resume Next
      End If
    End Select
End Sub
```

我们经常使用 Select Case 语句来判断错误的类型。对于不同的错误类型,程序将向用户提示不同的信息。在本例中,对于"磁盘没有准备好"的错误,程序将向用户提示插入软盘,当用户单击"重试"按钮时,程序使用 Resume 语句返回到产生错误的行 ChDrive "A"。如果这时用户已经插入软盘,这行语句将不会再产生错误,因此程序将继续执行。但是,如果用户单击"取消"按钮,则程序将使用 Resume Next 语句返回到产生错误的下一行 FileCopy "readme. txt", "d:\readme. txt"继续执行。

【例 12－3】 处理除数为零和结果溢出产生的错误。

【程序代码】如下:

```
Private Sub Command1_Click()
    Dim x As Integer, y As Integer
    On Error GoTo e1                    '开始错误捕获
      x = InputBox("")
    On Error GoTo e1                    '开始错误捕获
      y = InputBox("")
    Print x / y
    Exit Sub
e1:                                     '进行错误处理
    If Err. Number = 6 Or Err. Number = 11 Then '如果输入的值溢出或者除数为 0
        MsgBox ("输入的值无效,请重新输入!")
    End If
    Resume Next                         '忽略错误行,继续执行后续语句
End Sub
```

12.4　本章小结

本章主要介绍了 Visual Basic 程序错误的类型和程序调试的工具、方法。错误(Bug)和程序调试(Debug)是每个程序员都会遇到的,对于初学者而言,遇到错误不要害怕,关键是如何找出错误并且解决它。上机的目的,不仅是为了验证编写程序的正确性,还要通过上机调试,学会查找和纠正错误的方法。

12.5　习题

12.5.1　选择题

(1) 当语句不符合语法规则时,会出现(　　)错误。

A. 逻辑错误　　　　B. 运行错误　　　　C. 语法错误　　　D. 以上都不对

(2) VB 程序中通常不会产生错误提示的错误是(　　)。

A. 编译错误　　　　B. 实时错误　　　　C. 运行时错误　　D. 逻辑错误

(3) VB 程序的编译错误一般可通过 VB 集成环境的何种设置进行自动检测(　　)。

A. 要求变量声明　　　　　　　　　　B. 自动语法检测

C. 自动显示快速信息　　　　　　　　D. 根本无法自动检测

（4）下列叙述中正确的是（　　）。

A. 中断点只能在设计过程中设置

B. 中断点只能在执行过程中设置

C. 中断点可以在设计过程中设置，也可以在执行过程中设置

D. 中断点可以在设计过程中设置，也可以在执行过程或中断过程中设置

（5）VB 程序中设置断点的按键是（　　）。

A. F5 键　　　　　　B. F6 键　　　　　　C. F9 键　　　　　　D. F10 键

（6）下列属性中，不属于 Err 对象的是（　　）。

A. Number　　　　　B. Caption　　　　　C. Description　　　　D. Raise

（7）Err 对象中，用来表示错误描述的属性是（　　）。

A. ErrNo　　　　　　B. Description　　　　C. Number　　　　　D. Source

（8）On Error GoTo ErrLB 语句中，ErrLB 的含义是（　　）。

A. 行标识号　　　　　　　　　　　　B. Sub 过程名

C. Function 过程名　　　　　　　　　D. 错误号

12.5.2　填空题

（1）VB 中的程序错误类型主要有编译错误_____、_____、_____三种。

（2）VB 的运行模式主要有_____、_____、_____三种。

（3）VB 调试窗口主要有_____、_____、_____三种。

（4）设置断点快捷键是_____。

（5）设置逐语句执行的快捷键是_____。

（6）设置逐过程执行的快捷键是_____。

（7）VB 中用于关闭错误捕获机制的语句是_____。

（8）VB 中错误码为 11 表示发生的错误是_____。

12.5.3　编程题

（1）编写一段程序，如果出现数组下标越界或除数为零错误时，则给出错误的描述。

（2）编写向软盘拷贝文件的程序，要求使用错误捕捉的方法，对当软盘不存在或存储空间已满的异常情况进行处理。

（3）程序改错题。

① 本程序的功能是查找 100～200 范围内的特殊十进制数，其特点是该十进制数对应的八进制数为回文数。例如：十进制数据 105 对应的八进制数为 151，151 属于回文数，所以 105 就是符合要求的数。下列是含有错误的程序源代码，请运用程序错误调试的方法改正并运行程序。

```
Option Explicit
Private Sub Command1_Click()
Dim i As Integer, hw As string, fg As Boolean
Dim st As String
For i = 80 To 150
  fg = False
  Call hw8(i, hw, fg)
  If fg Then
```

```
        st = CStr(i) & "==>" & hw & "&o"
        List1. AddItem st
      End If
    Next i
  End Sub
  Private Sub hw8(n As Integer, hw As String, f As Boolean)
    Dim k As Integer, st() As String * 1, i As Integer
    hw = ""
    Do
        k = k + 1
        ReDim Preserve st(k)
        st(k) = n Mod 8
        hw = st(k) & hw
        n = n \ 8
    Loop Until n < 0
    For i = 1 To UBound(st) / 2
        If st(i) <> st(UBound(st) - i + 1) Then Exit For
    Next i
    f = True
End Sub
```

② 本程序的功能是找出指定范围内, 本身及其平方数均由不同数字组成的整数。下列是含有错误的程序源代码, 请运用程序错误调试的方法改正并运行程序。

```
Option Explicit
Private Sub Command1_Click()
    Dim n As Integer, k As Long, st As String
    For n = 500 To 800
      k = n ^ 2
      If validate(n) And validate(k) Then
          st = n & "^2=" & k
          List1. AddItem st
      End If
    Next n
End Sub
Private Function validate(n As Long) As Boolean
    Dim p As String, i As Integer, a() As Integer, j As Integer
    p = Str(n)
    ReDim a(Len(p))
    For i = 1 To Len(p)
        a(i) = Mid(p, i, 1)
    Next i
    For i = 1 To UBound(a)
      For j = i + 1 To UBound(a)
```

```
        If a(i) = a(j) Then Exit for
    Next
  Next i
validate = True
End Function
```

第 13 章　Visual Basic 应用程序的发布

在创建 VB 应用程序后，往往需要通过存储介质或网络等途径将其安装到其他计算机上并运行，这个过程称为 VB 应用程序的发布。

13.1　编译与打包

13.1.1　编译应用程序

编译应用程序就是将一个应用程序制成一个可执行文件，即.EXE 文件。一般情况下，可以将这个可执行文件发布到其他没有安装 VB 环境的计算机上运行。

编译方法：单击"文件"菜单中的"生成工程 1.exe"选项，出现"生成工程"对话框，在其中输入需要的文件名，然后单击"确定"按钮就可以了。

13.1.2　打包应用程序

一般情况下，VB 的 EXE 文件可以脱离 VB 环境单独运行。如果在运行的计算机上没有 VB 运行所需要的特定的运行库，或者没有在程序设计过程中使用的 ActiveX 控件或 ActiveX 部件等，那么 VB 的可执行文件就不能在其他计算机上正常使用。最好的解决办法是利用 VB 自带的"打包和展开（Package & Development）向导"或第三方打包工具将应用程序进行打包生成安装程序，然后将安装程序安装到其他计算机上就可以运行了。

1. 启动"打包和展开向导"

"打包和展开向导"是 VB 自带的一种工具，它能将用户创建的 VB 应用程序打包成一个或多个.cab 文件，CAB 文件中包含了用户安装和运行应用程序所需的被压缩的工程文件和任何其他必需的文件，并将它们安装到最终用户的机器上。

启动方法如下：

方法 1：单击"开始"菜单，选择"所有程序→Microsoft Visual Basic 6.0 中文版→Microsoft Visual Basic 6.0 中文版工具→Package & Development 向导"，即可启动安装向导。启动界面如图 13-1 所示。

从如图 13-1 所示的界面可以看出，打包应用程序首先需要选择所要发布的工程文件名，可以直接输入 VB 工程文件(.vbp)的路径及文件名。也可以通过"浏览"按钮选择所需要的工程文件。

在选择了工程文件后，安装向导提供了针对该工程的三种操作：

（1）打包：将所选择的工程文件打包成可以展开的.cab 文件，即制作应用程序的安装软件，并生成相应的打包脚本。

（2）展开：将制作好的安装软件展到磁盘指定的位置上，并生成相应的展开脚本。

（3）管理脚本：管理由打包或展开操作生成的脚本，包括删除、重命名等。

方法 2：打开想要打包的工程，从"外接程序"菜单中选择"外接程序管理器"，在弹出的

"外接程序管理器"对话框中,单击列表中的"打包和展开向导",选中"加载行为"栏中的"加载/卸载"选项,单击"确定"按钮,如图 13-2 所示。

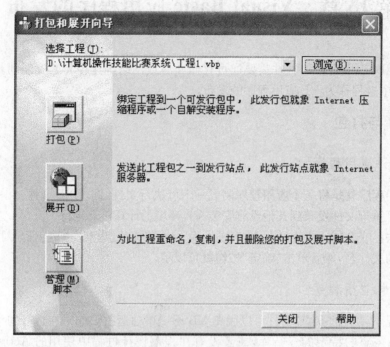

图 13-1 打包和展开向导

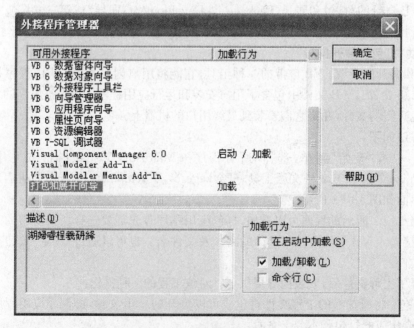

图 13-2 外接程序管理器

然后从"外接程序"菜单中选择"打包和展开向导",弹出"打包和展开向导"对话框,如图 13-1 所示。

2. 打包

(1) 在"打包和展开向导"对话框中(如图 13-1 所示),选择"打包"按钮,若安装向导没有找到选定工程文件的 EXE 文件,则会提示查找 EXE 文件或编译并生成 EXE 文件。

(2) 在确认生成工程文件的 EXE 文件后,出现"选择包类型"的对话框,如图 13-3 所示。

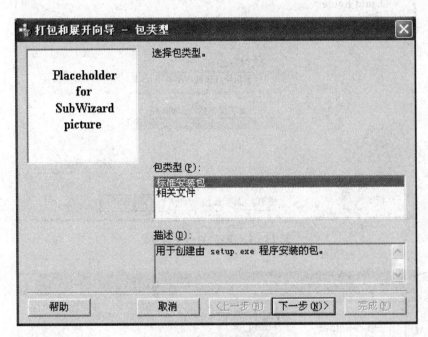

图 13-3　选择"包类型"

"标准安装包"选项将应用程序打包,生成应用程序包文件,再由 VB 创建 setup.exe 文件,该程序采用标准方式将应用程序包文件展开并安装至指定的计算机目录下。

"相关文件"选项仅创建从属文件(.dep),该文件包括了关于应用程序或控件运行时必要条件的信息,如需要哪些文件、如何登记这些文件、将文件安装到用户计算机的哪个目录下等。有关从属文件的详细说明请查阅有关资料。

(3) 选择"打包文件夹"

在如图 13-3 所示的对话框中单击"下一步"按钮,出现选择"打包文件夹"对话框,如图 13-4 所示。在该对话框中选择一个文件夹,打包后的应用程序包及相关安装文件将保存在该文件夹中。该文件夹可以是已存在的文件夹,若指定的文件夹不存在,则安装向导会提示是否要创建该文件夹。

(4) 选择"包含文件"

在如图 13-4 所示的对话框中单击"下一步"按钮,会出现选择"包含文件"对话框,如图 13-5所示。在该对话框选择要安装的应用程序需要包含的所有文件。安装向导会将工程文件需要的文件自动列出并选中。用户可根据自己的需要选择添加或不选择安装向导列出的文件。典型的如一些配置文件(.ini)等;例如,若用户计算机上已装载 VB 运行环境,则可以不选择 VB 动态链接库等。当然,添加与不添加包含文件需要有相应的专业知识,因此建议初学者不要轻易修改该对话框中的选项,以免造成安装后的程序不能正常运行。

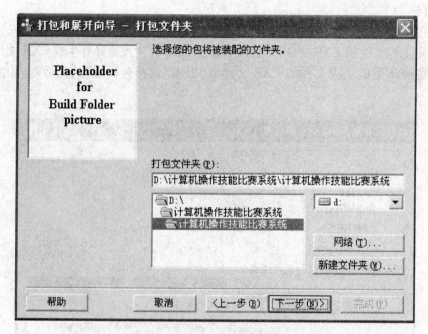

图 13 - 4　选择"打包文件夹"

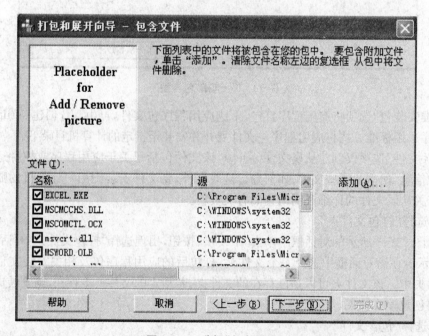

图 13 - 5　选择"包含文件"

（5）选择"压缩文件选项"

在如图 13 - 5 所示的对话框中单击"下一步"按钮，出现选择"压缩文件选项"对话框，如图 13 - 6 所示。

如果需要用光盘或在网络上发布应用程序，应选择"单个压缩文件选项"。此时安装向导会将相应的文件压缩到一个文件中（. cab）。

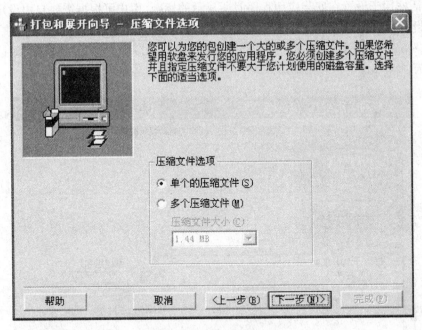

图 13-6　"压缩文件选项"

如果需要用软盘的形式发布应用程序,应选择"多个压缩文件"用于制作多个安装软件盘,大小选为 1.44MB。

（6）设置"安装程序标题"

在如图 13-6 所示的对话框中单击"下一步"按钮,出现设置"安装程序标题"对话框,如图 13-7 所示。

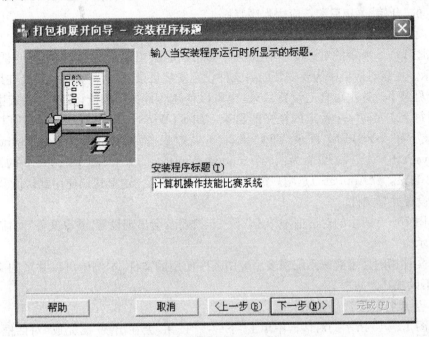

图 13-7　设置"安装程序标题"

该对话框用于设置在安装应用程序时所显示的标题,用户可根据需要自由设定。

(7) 设置"启动菜单项"

在如图 13-7 所示的对话框中单击"下一步"按钮,出现设置"启动菜单项"对话框,如图 13-8 所示。

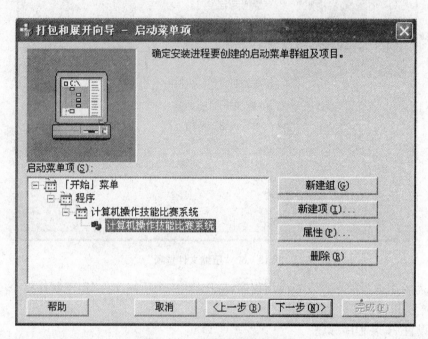

图 13-8　设置"启动菜单项"

当应用程序安装后,在"开始"菜单中设置相应的运行程序组和程序项,以便在 Windows 的"开始"菜单启动该应用程序。

(8) 设置安装位置

在如图 13-8 所示的对话框中单击"下一步"按钮,会出现设置"安装位置"对话框,如图 13-9所示。在该对话框中为要安装的各文件设定安装目录,即这些文件应安装在用户计算机的哪个目录下。这里可自己设置目录,也可以使用 VB 提供的宏,或在这些宏上进行修改。其中每个宏对应一个特定的含义的目录。如 $(WinSysPath)对应的是计算机上操作系统目录下的 SYSTEM 目录,即如果计算机中操作系统目录为:c:\windows,则 $(WinSysPath)对应的目录为:c:\windows\system 或 Windows NT 下的 \winnt\System32 目录,$(AppPath)是用户指定的应用程序目录。这里建议使用默认值。

(9) 设置共享文件

在如图 13-9 所示的对话框中单击"下一步"按钮,会出现设置"共享文件"对话框,如图 13-10所示。

共享文件指的是可能被系统中多个应用程序使用的文件,本例中可以共享的文件有两个,建议不设置其为共享。

(10) 生成打包报告

在如图 13-10 所示的对话框中单击"下一步"按钮,会在出现"已完成"对话框中,单击"完成"按钮,弹出"打包报告"窗口,如图 13-11 所示。

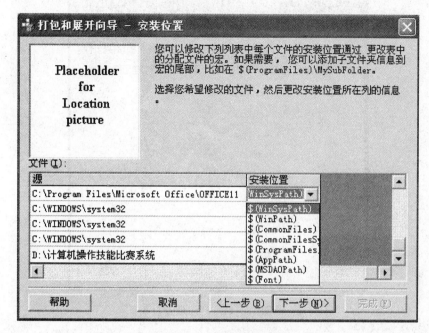

图 13 - 9　设置"安装位置"

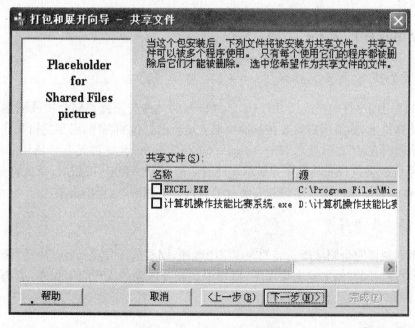

图 13 - 10　设置"共享文件"

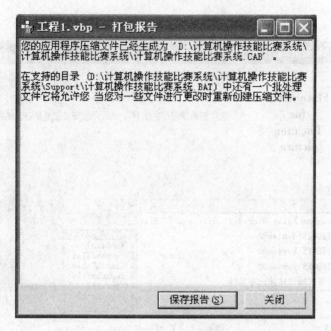

图 13-11　打包报告

打包报告记录了前面应用程序安装软件制作过程中设置的所有参数,如"工程名称"、"打包类型"以及"共享文件"等。这样做的目的是:当改动了应用程序需要重新制作安装软件时,可以直接调用该报告进行安装程序的制作,不但节省了时间,而且还保持了应用程序发布的一致性。

13.2　应用程序的发布

13.2.1　运行并检测安装程序

当 VB 应用程序打包完成后,用户可以将打包的文件夹通过存储介质或网络等途径发布到其他计算机上,如果用户需要在其他机器上运行已打包的程序,必须进行程序安装。首先找到压缩包所在的目录,然后双击 Setup. exe(不是 Support 文件夹下的 Setup. exe)文件,Windows 系统就会执行安装程序并显示欢迎对话框,单击"确定"按钮后,系统将显示"安装程序"对话框。接下来的安装步骤和安装其他软件方法相同,这里不再赘述。

13.2.2　卸载安装程序

如果用户想要完全删除所安装的 VB 应用程序,则要选择"控制面板"中的"添加或删除程序"组件,在打开的"添加或删除程序"窗口中找到要删除的 VB 应用程序,单击"更改/删除"按钮即可完全删除所安装的程序。

13.3　本章小结

本章主要介绍了 Visual Basic 应用程序的编译与打包、发布等相关知识点。

13.4　习题

13.4.1　选择题

(1) 应用程序打包后,其包文件的后缀为(　　)。

A.. exe　　　　　B.. txt　　　　　C.. cab　　　　　D.. ocx

(2) 将调试通过的工程经"文件"菜单下"生成. exe 文件"编译成. exe 后,将该可执行文件移动到其他机器上不能运行的主要原因是(　　)。

A. 运行的机器上无 VB 系统　　　　　B. 缺少. frm 窗体文件

C. 该可执行文件有病毒　　　　　D. 以上原因都不对

(3) 在 VB 中,为了使应用程序在任何机器上都能运行,还需要运行打包和展开向导来制作并且发布应用程序的(　　)。

A. 安装程序　　　　　B. 动态链接库　　　　　C. 控件　　　　　D. 窗体

(4) 下列命令不属于打包和展开向导的是(　　)。

A. "打包"命令　　　　　B. "压缩"命令

C. "展开"命令　　　　　D. "管理脚本"命令

(5) 使用打包和展开向导的哪个命令来发布应用程序(　　)。

A. "打包"命令　　　　　B. "压缩"命令

C. "展开"命令　　　　　D. "管理脚本"命令

13.4.2　填空题

(1) 要为 Visual Basic 应用程序制作安装程序,可使用 Visual Basic 6.0 自带的_____来完成。

(2) 发布 VB 应用程序时,必须经过_____、_____两个步骤。

(3) 在 VB 应用打包过程中,可以选择的包类型有_____和_____两种。

(4) 如果希望用软盘的形式发布应用程序,应选择"多个压缩文件"用于制作多个安装软件盘,大小一般选为_____。

(5) 在 VB 应用程序编译完成后,将产生一个独立于 VB 集成开发环境的可执行文件,但是,该可执行文件可能在没有安装 VB 6.0 的计算机上运行,因为缺少应用程序运行所必需的_____。

13.4.3　简答题

(1) VB 应用程序编译和打包的区别是什么?

(2) VB 应用程序打包的一般步骤是什么?

(3) 如何将打包的 VB 应用程序发布?

附录 A　Visual Basic 字符集与保留字

1. Visual Basic 字符集

Visual Basic 字符集是指使用 Visual Basic 语言编写程序时能使用的符号的集合。Visual Basic 语言中能使用的字符包括字母、数字和专用符号三大类，共计 89 个字符。

（1）字母：大字英文字母 A～Z；小写英文字母 a～z。

（2）数字：0～9。

（3）专用字符，共 27 个，见下表。

符号	说　　明	符号	说　　明
%	整型数据类型说明符	=	赋值号、判断是否相等号
&	长整型数据类型说明符 字符串连接运算符	(	左圆括号
!	单精度数据类型说明符	)	右圆括号
#	双精度数据类型说明符	'	单引号
$	字符串类型说明符	""	双引号
@	货币类型数据说明符	,	逗号
+	加号、字符串连接运算符	;	分号
—	减号	.	英文句号（小数点）
*	乘号	:	冒号
/	除号	?	问号
\	整除号	_	下划线
^	乘方号	〈CR〉	回车键
>	大于号	·	空格键
<	小于号		

2. VB 保留字

VB 保留字，又称 VB 关键字，在 VB 语法上有固定的含义。VB 保留字是 VB 语言重要的组成部分，往往表示系统提供的标准过程、函数、运算符、常量等。在 VB 中，约定保留字的首个字母为大写。

VB 中的保留字分类总结如下：

（1）编译命令类关键字

作用关键字

定义编译常数　　　　　　　　　　#Const

编译程序代码中的选择区块	♯If…Then…♯Else

（2）变量与常数类关键字

作用关键字

指定值	Let
声明变量或常数	Const，Dim，Private，Public，New，Static
声明模块为私有	Option Private Module
判断	Variant，IsArray，IsDate，IsEmpty，IsError，IsMissing，IsNull，IsNumeric，IsObject，TypeName，VarType
引用当前对象	Me
变量强制声明	Option Explicit
设置缺省数据类型	Deftype

（3）运算符类关键字

作用关键字

算术	^，－，＊，/，\，Mod，＋，&
比较	＝，＜＞，＜，＞，＜＝，＞＝，Like，Is
逻辑运算	Not，And，Or，Xor，Eqv，Imp

（4）错误类关键字

作用关键字

产生运行时错误	Clear，Error，Raise
取得错误信息	Error
提供错误信息	Err
返回 Error 变体	CVErr
运行时的错误处理	On Error，Resume
类型确认	IsError

（5）Collection 对象类关键字

作用关键字

建立一个 Collection 对象	Collection
添加对象到集合对象中	Add
从集合对象中删除对象	Remove
引用集合对象中的项	Item

（6）金融类关键字

作用关键字

计算折旧率	DDB，SLN，SYD
计算未来值	FV
计算利率	Rate
计算内部利率	IRR，MIRR
计算期数	NPer
计算支付	IPmt，Pmt，PPmt
计算当前净值	NPV，PV

（7）程序流程控制类关键字

作用关键字

分支	GoSub...Return, GoTo, On Error, On...GoSub, On...GoTo
退出或暂停程序	DoEvents, End, Exit, Stop
循环	Do...Loop For...Next, For Each...Next, While...Wend, With
判断	Choose, If...Then...Else, Select Case, Switch
使用过程	Call, Function, Property Get, Property Let, Property Set, Sub

（8）目录和文件类关键字

作用关键字

改变目录或文件夹	ChDir
改变磁盘	ChDrive
复制文件	FileCopy
新建目录或文件夹	MkDir
删除目录或文件夹	RmDir
重新命名文件、目录或文件夹	Name
返回当前路径	CurDir
返回文件的日期、时间	FileDateTime
返回文件、目录及标签属性	GetAttr
返回文件长度	FileLen
返回文件名或磁盘标签	Dir
设置有关文件属性的信息	SetAttr

（9）日期与时间类关键字

作用关键字

设置当前日期或时间	Date ,Now, Time
计算日期	DateAdd, DateDiff, DatePart
返回日期	DateSerial, DateValue
返回时间	TimeSerial, TimeValue
设置日期或时间	Date, Time
计时器	Timer

（10）输入与输出类关键字

作用关键字

访问或创建文件	Open
关闭文件	Close, Reset
控制输出外观	Format, Print, Print ♯, Spc, Tab, Width ♯
复制文件	FileCopy
取得文件相关信息	EOF, FileAttr, FileDateTime, FileLen, FreeFile,

	GetAttr，Loc，LOF，Seek
文件管理	Dir，Kill，Lock，Unlock，Name
从文件读入	Get，Input，Input ♯，Line Input ♯
返回文件长度	FileLen
设置或取得文件属性	FileAttr，GetAttr，SetAttr
设置文件读写位置	Seek
写入文件	Print ♯，Put，Write ♯

(11) 数据类型类关键字

作用关键字	
设置数据类型	Boolean，Byte，Currency，Date，Double，Integer，Long，Object，Single，String，Variant（default）
检查数据类型	IsArray，IsDate，IsEmpty，IsError，IsMissing，IsNull，IsNumeric，IsObject

(12) 数学函数类关键字

作用关键字	
三角函数	Atn，Cos，Sin，Tan
一般计算	Exp，Log，Sqr
产生随机数	Randomize，Rnd
取得绝对值	Abs
取得表达式的正负号	Sgn

(13) 数组类关键字

作用关键字	
确认一个数组	IsArray
建立一个数组	Array
改变缺省最小值	Option Base
声明及初始化数组	Dim，Private，Public，ReDim，Static
判断数组下标极限值	LBound，UBound
重新初始化一个数组	Erase，ReDim

(14) 注册类关键字

作用关键字	
删除程序设置	DeleteSetting
读入程序设置	GetSetting，GetAllSettings
保存程序设置	SaveSetting

(15) 类型变换类关键字

作用关键字	
ANSI 值变换为字符串	Chr
大小写变换	Format，LCase，UCase
日期变换为数字串	DateSerial，DateValue
数字进制变换	Hex，Oct

数值变换为字符串	Format，Str
数据类型变换	CBool，CByte，CCur，CDate，CDbl，CDec，CInt，CLng，CSng，CStr，CVar，CVErr，Fix，Int
日期变换	Day，Month，Weekday，Year
时间变换	Hour，Minute，Second
字符串变换为 ASCII 值	Asc
字符串变换为数值	Val
时间变换为数字串	TimeSerial，TimeValue

(16) 字符串处理类关键字

作用关键字	
比较两个字符串	StrComp
变换字符串	StrConv
大小写变换	Format，LCase，UCase
建立重复字符的字符串	Space，String
计算字符串长度	Len
设置字符串格式	Format
重排字符串	LSet，RSet
处理字符串	InStr，Left，LTrim，Mid，Right，RTrim，Trim
设置字符串比较规则	Option Compare
运用 ASCII 与 ANSI 值	Asc，Chr

(17) 其他类关键字

作用关键字	
处理搁置事件	DoEvents
运行其他程序	AppActivate，Shell
发送按键信息给其他应用程序	SendKeys
取消某对象变量与实际对象的关联	nothing
发出警告声	Beep
系统	Environ
提供命令行字符串	Command
Macintosh	MacID，MacScript
自动	CreateObject，GetObject
色彩	QBColor，RGB

附录 B　常用字符与 ASCII 码对照表

ASCII 码值	字　符	ASCII 码值	字　符	ASCII 码值	字　符	ASCII 码值	字　符
0	NUL	32	(space)	64	@	96	、
1	SOH	33	!	65	A	97	a
2	STX	34	”	66	B	98	b
3	ETX	35	#	67	C	99	c
4	EOT	36	$	68	D	100	d
5	ENQ	37	%	69	E	101	e
6	ACK	38	&	70	F	102	f
7	BEL	39	,	71	G	103	g
8	BS	40	(	72	H	104	h
9	HT	41	)	73	I	105	i
10	LF	42	*	74	J	106	j
11	VT	43	+	75	K	107	k
12	FF	44	,	76	L	108	l
13	CR	45	—	77	M	109	m
14	SO	46	.	78	N	110	n
15	SI	47	/	79	O	111	o
16	DLE	48	0	80	P	112	p
17	DCI	49	1	81	Q	113	q
18	DC2	50	2	82	R	114	r
19	DC3	51	3	83	S	115	s
20	DC4	52	4	84	T	116	t
21	NAK	53	5	85	U	117	u
22	SYN	54	6	86	V	118	v
23	TB	55	7	87	W	119	w
24	CAN	56	8	88	X	120	x
25	EM	57	9	89	Y	121	y
26	SUB	58	:	90	Z	122	z
27	ESC	59	;	91	[	123	{
28	FS	60	<	92	\	124		
29	GS	61	=	93	]	125	}
30	RS	62	>	94	^	126	~
31	US	63	?	95	—	127	DEL

注：ASCII 码表中的 0～31 号字符及第 127 号字符（共 33 个）是控制字符或通讯专用字符，它们的输入方法及含义见下表所示。

字符	含义	输入方法	字符	含义	输入方法	字符	含义	输入方法
NUL	空字符		VT	垂直制表	^K	SYN	同步空转	^V
SOH	标题开始	^A	FF	走纸控制	^L	ETB	信息组传送结束	^W
STX	正文开始	^B	CR	回车	^M	CAN	取消	^X
ETX	正文结束	^C	SO	移位输出	^N	EM	缺纸	^Y
EOY	传输结束	^D	SI	移位输入	^0	SUB	换置	^Z
ENQ	询问	^E	DLE	空格	^P	ESC	换码	Esc
ACK	承认	^F	DC1	设备控制1	^Q	FS	文字分隔	^\
BEL	报警	^G	DC2	设备控制2	^R	GS	组分隔	^]
BS	退格	^H	DC3	设备控制3	^S	RS	记录分隔	^6
HT	横向列表	^I	DC4	设备控制4	^T	US	单元分隔	^_
LF	换行	^J	NAK	否定	^U	DEL	删除	Del

参 考 文 献

[1] 牛又奇,孙建国. 新编 Visual Basic 程序设计教程. 苏州：苏州大学出版社,2008

[2] 孙建国. 新编 Visual Basic 实验指导. 苏州：苏州大学出版社,2008

[3] 李雁翎,周东岱,潘伟. Visual Basic 程序设计教程. 北京：人民邮电出版社,2007

[4] 龚沛曾,陆慰民,杨志强. Visual Basic 程序设计简明教程(第二版)北京：高等教育出版社,2004

[5] 江苏省高等学校计算机等级考试中心. 二级考试试卷汇编——Visual Basic 语言分册[M]. 苏州：苏州大学出版社,2009

[6] 张艳. 新编 Visual Basic 程序设计教程. 徐州：中国矿业大学出版社,2009

[7] 崔武子,朱立平等. Visual Basic 程序设计. 北京：清华大学出版社,2006

[8] 王温君,汪洋等. Visual Basic 程序设计教程. 北京：清华大学出版社,2005

[9] 白康生等. Visual Basic 程序设计. 北京：清华大学出版社,2006

[10] 徐进华,李海燕等. Visual Basic 程序设计教程. 北京：清华大学出版社,2009

[12] 尹贵祥. Visual Basic 6.0 程序设计案例教程. 北京：中国铁道出版社,2005

[13] 蒋加伏,张林峰等. Visual Basic 程序设计(第三版). 北京：北京邮电大学出版社,2006